JN415369

벼

[Asian rice]

외떡잎식물 벼목 화분과의 한해살이풀

쌀은 우리 민족의 주식으로써
이용되어 왔으며 그 밖에도
양조 · 제과 · 떡 · 공업용 녹말 등의
원료로 사용되어 왔다.

목차

I 벼

병 해

목차

해 충

생 리 장 애

목차

Ⅱ PLS(농약허용물질관리제도)

벼 PLS(농약허용물질관리제도)

부록

III 식물병원체

식물병원체

IV 천적 이용 방제편

천적 이용 실천 전략

노지재배에서 천적 보호

부록

Ⅳ 천적 이용 방제편

대량증식 천적 이용

시설작물 해충의 천적

진딧물의 천적

잎응애의 천적

가루이의 천적

총채벌레의 천적

부록

Ⅳ 천적 이용 방제편

시설작물 해충의 천적

잎굴파리의 천적

나비목 해충류의 천적

작은뿌리파리의 천적

천적 이용의 클레임과 대책

Ⅴ 잡초관리

벼
[Rice]

학명 *Oryza sativa* L.

식물학적 특성

벼는 외떡잎식물 벼과의 한해살이풀로 동남아시아가 원산지이다. 논이나 밭에 심는 식량작물로 전 세계 인구의 40%가 주식량으로 한다. 인도에서는 기원전 3800년경에 중국에서는 기원전 3000년경에 재배되었다고 하며 우리나라에서는 기원전 33년에 벼농사가 있었다는 기록이 있다. 초장은 80cm 에서 1m 정도이다. 4월 하순경 못자리를 설치하여 6월 중에 모를 심는다. 분얼기를 거쳐 8월 상 · 중순에 성숙하면 줄기 끝에 이삭이 나와 꽃이 핀 후 열매를 맺는다.

식품가치 및 이용

나락을 찧어 멥쌀은 밥을 지어 먹고 찹쌀은 술, 떡, 과자 엿 등의 원료로 한다. 볏짚은 가마니, 새끼 등의 짚 세공용, 제지원료, 섬유공업원료, 외양깃 등에 쓰인다. 왕겨는 전충(塡充)재료, 연료나 퇴비로 쓰인다. 쌀겨는 착유원료(함유율 15~20%), 사료, 비료 약용 등으로 이용된다.

유기농 쌀 품종 선택

유기농업에서 품종의 선택은 벼 재배에서 가장 중요한 부분의 하나로 품종에 따라 파종시기, 비료사용량, 도복의 정도, 병해충 발생, 수확량에 이르기까지 이 모든 것이 결정된다 해도 과하지 않기 때문이다.

유기재배에 적합한 벼 품종 선택

유기 재배를 위한 벼 품종의 선택은 일반 관행재배에서보다 더 여러가지 측면을 고려하여야 한다. 유기재배에서는 관행 재배에 비하여 드물게 심고 풋거름 작물로 공급한 유기물의 분해가 생육 초기에는 충분하지 않아 초기 생육이 더디기 때문에 충분한 수량 확보를 위해서 새끼치기가 잘되는 수수형(穗數型) 품종을 선택하는 것이 유리하다. 또한 병해충 예방과 치료를 위해 화학농약을 사용할 수 없고 유기농업자재를 이용한 병해충 방제는 한계가 있기 때문에 기본적으로 품종부터 병해충과 각종 재해에 저항성을 가진 품종을 선택하는 것이 중요하다. 품종의 재배적 특성과 더불어, 유기 벼 품종선택 기준으로 가장 중요한 것은 밥맛이라고 할 수 있다. 유기농 쌀을 찾는 소비자의 기대에 부응할 수 있도록 쌀 품질과 밥맛이 최고인 품종을 우선적으로 고려하는 것이 좋다.

성묘 기계이앙에 적합한 품종

중묘 및 성묘기계이앙은 활착 가능한 한계온도가 낮아 활착에 유리하다. 또한 새끼치는 위치가 낮아 분얼이 왕성하여 조기에 유효수수를 확보할 수 있다는 장점이 있다. 그러나 중묘 기계이앙을 하게 되면 최고분얼기가 늦게 올 수가 있고, 출수기도 늦어지는 경향이 있다. 또한 고온, 다습조건에서 모를 기르게 되므로 웃자라기 쉽고, 연약하게 생장하므로 병해, 생리장해 등이 발생될 우려가 있다. 이와 같은 점을 고려하여 품종선택이 이루어져야 한다.

잡초와의 경합력이 큰 품종

잡초와의 경합력이 큰 품종의 선택도 매우 중요하다. 토성이나 기후 조건에 잘 적응하는 벼 품종이 잡초와의 경쟁에 유리할 것이다. 키가 크고 잎이 처지며, 빠른 생장, 그리고 분얼 능력이 큰 품종이 잡초와의 경합능력이 크다. 조생종인 오대벼와 오봉벼 등은 만기품종인 일미벼와 대산벼에 비해 잡초경합에 따른 수량감소가 적다. 이것은 조생종이 만기품종에 비해 잡초와 경합하는 기간이 20~30일 정도 짧기 때문이다.

표 1-1. 벼 국가목록 등재 품종(229품종, 2013년 1월 현재)

구분	구분	조생종	중생종	중만생종
밥쌀용	최고품질	운광	고품,하이아미	미품,삼광,진수미,칠보,영호진미,호품
	최고품질	고운,그루,금영,금오,금오벼3호,남원,대진,돈내,만나,만안,만추,만호,문장,보석,산들진미,삼백,삼천,상미,상산,상주,새상주,소백,신운봉,신운봉1호,오대,오대1호,오봉,운두,운미,운봉,운장,인월,조광,조령,조아미,조안,조운,조평,주남조생,중산,중화,진미,진부,진부올,태봉,태성,평원,한들,한설,화동,황금보라,진봉	간척,강백,금안,금오벼1호,금오벼2호,내풍,농안,대평,동보,동해,만월,만종,만풍,해찬물결,미광,보라미,봉광,삼덕,상옥,서안,서안1호,서진,석정,소비,수라,신백,안산,안중,영해,원황,장안,주안,중모1009,진보,청남,청명,청아,청안,팔공,풍미,풍미1호,해오르미,해평,화봉,화성,영,화중,화진,광안,삼평,안성,중안,진품,화안	계화,금남,낙동,남강,남평,농호,다미,다청,대산,대안,대야,대청,동안,동진,동진1호,동진2호,동해진미,만금,말그미,세계화,새누리,새추청,서간,서평,수진,신동진,영남,온누리,일미,일품,종남,주남,주안1호,진백,청담,청청진미,청해진미,청호,추청,친농,탐진,평안,호농,호안,호진,호평,황금노들,하남,화남,화랑,화명,화삼,화신,화신1호,황금누리
특수미	기능성	-	고아미3호,영안,큰눈	고아미2호,고아미4호
	다수성(13)	남일	남천,다산,다산1호,다산2호,아름,안다,한아름	드래찬,세계진미,큰섬,한마음,한아름2호
	찰벼(16)	상주찰,설백,월백,진부찰	눈보라,보석찰,신선찰,한강찰1호,해평찰,화선찰	동진찰.만미,백설찰,백옥찰,백진주,백진주1호
	유색미(10)	동진찰,만미,백설찰,백옥찰,백진주,백진주1호	홍진주,흑광,흑설	건강홍미,보석흑찰,흑남,흑향
	향미(6)	향미벼2호	설향찰	미향,아랑향찰,향남,향미1호
	기타(5)	-	대립벼1호	고아미,단미,설갱,양조
	사료용(2)	-	녹양	목우
	밭벼	-	농림나1호.상남밭벼	-

표 1-2. 내병 및 내충성 품종 (농촌 진흥청, 2013)

구분	조생종	중생종	중.만생종
도열병	진부,진부올,둔내,신금오,대진,향미벼2호,그루,상주찰,상미,만추,새상주,운광,만나,신운봉1호,오대1호,산들진미,조광,평원,한들,보석,조아미,금영,조운,설백,월백,조평,청백찰,설레미,조은흑미,눈큰흑찰,산호미,새오대,진미찰	남천,다산,안다,대평,한아름,보석찰,다산1호,큰섬,한강찰1호,해찬물결,다산2호,미광,새일미,다보,미면,팔방미	대산,수진,목우,세계진미,호농,건강홍미,한아름2호,새고아미,청운
흰잎마름병	운광,금오3호,주남조생,운미,조평,산호미,화왕	안중,화영,영해,소비,삼평,해평,화안,만월,석정,영안,삼덕,상옥,강백,다산1호,한강찰1호,해찬물결,보라미,해오르미,미광,진보,청남,동보,수려진미,신백,대보,새일미,선향흑미,건양2호,다보	화삼,신동진,주남,호진,동진1호,세계화,서간,삼광,서평,평안,화랑,고품,청호,한마음,동진2호,온누리,하남,화신1호,다미,동해진미,말그미,호품,황금누리,백설찰,새누리,황금노들,다청,드래찬,백옥찰,진백,진수미,목우,보람찬,세계진미,영호진미,호농,수안,안미,친농,한아름2호,소다미,수광,희망찬,수보,청운,친들,현품,흑수정
줄무늬잎마름병	신금오,조령,대진,향미벼2호,화동,흑진주,금오3호,주남조생,운미,조광,조평,중생골드,산호미,화왕	안중,화영,화선찰,화중,금오벼1호,다산,금오벼2호,서진,영해,광안,안다,원황,화봉,소비,해평,영안,대평,삼덕,한아름,상옥,보석찰,풍미,해평찰,풍미1호,다산1호,큰섬,한강찰1호,해찬물결,보라미,해오르미,다산2호,만종,진보,청남,강찬,동보,수려진미,신백,대보,맛드림,새일미,건양2호,다보,미면,팔방미	만금,영남,대야,향미1호,화남,금남,대안,일미,대산,동안,화삼,남강,남평,아랑향찰,화명,흑남,농호,동진찰,호안,수진,신동진,주남,흑향,삼광,서평,평안,화랑,청호,동진2호,온누리,하남,화신1호,녹양,동해진미,말그미,호품,황금누리,새누리,칠보,황금노들,다청,드래찬,백옥찰,진수미,목우,보람찬,서명,세계진미,영호진미,호농,건강홍미,미품,수안,안미,친농,한아름2호,소다미,수광,희망찬,수보,청운,친들,현품,흑수정
벼멸구	-	광안,안다,다산2호,팔방미	녹양,다청,안미,친농,친들

표1-3. 벼 키다리병에 대한 포장에서의 저항성 검정(농촌진흥청, 2004)

저항성 정도	발병주율(%)			
	저항성(0)	중간저항성(0.9-10.2)	중간감수성(11.1-29.6)	감수성(44.4)
시험품종	남평벼 동진1호 농호벼 화신벼 만금벼	일품벼 화남벼 새추청벼 삼천벼 추청벼 계화벼 화동벼 호안벼 대안벼 간척벼 동진찰벼 신선찰벼 새계화벼 서진벼 금호벼2호 서안벼 화삼벼 대진벼 수진벼 광안벼 남강벼 금오벼	주남벼 대산벼 오대벼 금남벼 화영벼 동진벼 화성벼 상주벼 화봉벼 문장벼 동안벼 그루벼 수라벼 내풍벼 중화벼 원황벼 태봉벼 상주찰 상미벼	일미벼
	등 5품종	등 22품종	등 19품종	1품종

표 1-4. 내냉성품종 (농촌진흥청, 2013)

조생종	중생종	중만생종
상주,신운봉,진부,진부올,둔내,삼백,운장,삼천,그루,상주찰,화동,운두,인월,중산,새상주,태성,조안,고운,운광,만나,신운봉1호,오대1호,산들진미,주남조생,황금보라,평원,한들,호반,보석,한설,청백찰,진미찰,화왕	안중,화영,화선찰,화중,금오벼1호,서진,수라,원황,중안,해평,화안,만월,영안,다산1호,청아,큰섬,고아미3호,보라미,청안,하이아미,진보,신백	백설찰,칠보,백옥찰,진수미,청청진미,청해진비

표 1-5. 내만식성(한해)품종 (농촌진흥청, 2003)

조생종(11)	중생종(9)
오대,운봉,금오,진부,상주,대진,신운봉,그루,운두,만안,문장벼	금오벼2호,화영,안산,서진,영해,소비,해평,금오벼1호,만풍벼

표 1-6. 도복에 특히 강한 품종

조생종	중생종	중만생종
삼천,그루,대진,문장,상산, 상주,운두,화동벼	고품,주안,수라,안성,장안,화봉, 내풍벼	호품,삼광,동진1호,일품,남평,일미, 동안,대산,대안,동진찰,화남벼

고품질 품종의 선택

고품질 쌀은 외관 품위, 이화학적 성분, 식미, 도정특성 등의 기준에 따라 분류된다. 고품질 쌀 생산을 위해서는 품종의 선택과 함께, 그해의 기상 및 토양환경, 재배기간, 질소사용량, 적기수확여부가 중요하며, 수확 후 건조, 저장, 도정 등의 기준에 의해서도 쌀의 품질이 결정된다.

표 1-7. 밥쌀용 최고품질 품종 및 주요특성

품종명	개발 년도	숙기	주요특성	주요재배지역
삼광벼	2003	중만생	- 외관 품질과 밥맛이 매우 우수 - 주요 병해 복합내병성	경기도 등 중부
운광벼	2004	조생	- 조생종 중 밥맛이 가장 뛰어남 - 내도복성 및 내병성	철원 등 중북부및 부산간지
고품벼	2004	중생	- 쌀 외관 품질이 특히 뛰어남 - 밥맛 극히 양호	경기도 등 중부
호품벼	2006	중만생	- 외관 품질과 밥맛이 매우 양호 - 내도복 직파 적응성, 3대 병해 복합내병성	전남북, 경남 등 남부
칠보벼	2007	중만성	- 고품위 및 고식미 - 단간,내도복성, 줄무늬잎마름병 저항성	경남북 등 남부 여주 등 중부
하이아미	2008	중생	- 쌀 외관, 밥 윤기 및 식미양호 - 필수아미노산 강화	경기도 등 중부지역
진수미	2008	중만생	- 쌀 외관이 매우 양호, 밥맛이 우수 - 3대 병해 복합내병성	경남북 등 남부
영호진미	2009	중만생	- 쌀 외관이 매우 양호, 밥맛이 우수 - 주요 병해 복합내병성	남부지역
미 품	2010	중만생	- 쌀 외관이 매우 양호 밥맛이 우수 - 단간,내도복성, 줄무늬잎마름병 저항성	충남,전남북,경남 보급중
수 광	2011	중만생	- 쌀 외관 및 밥맛 양호 - 직파적응성, 복합내병성	충남,전남북,경남
대 보	2011	중생	- 쌀 외관 둥근 단원립 저단백미, 밥맛 양호 - 단간 다수성, 복합내병성(도열병 저항성 보통)	경기,충북 경남북(동남부해안지)
현 품	2012	조생	- 쌀 외관 둥근 단원립. 밥맛 양호 - 흰잎마름병, 줄무늬잎마름병 강	서남부해안지 평택이남평야지

출처 : 농업기술길잡이 - 유기농 쌀 생산 2015년12월 30일, 농촌진흥청

주요 농작업

생육과정(주요농작업)

1월	2월	3월	4월	5월	6월	7월	8월	9월	10월	11월	12월
			모기를때								
				모내기때			이삭팰때	익음때	수확할때		
객토, 퇴비주기		토양 개량 제주기, 논갈이		밑거름		이삭거름				볏짚갈이, 논갈이	
					새끼칠거름						
				손 및 왕우렁이 투입							
		논물가두기		물깊이대기		중간 물떼기	물걸러대기	완전 물떼기			

병충해 방제

1월	2월	3월	4월	5월	6월	7월	8월	9월	10월	11월	12월
			종자소독	잎도열병, 벼물바구미, 애멸구, 끝동매미충, 이화명나방			잎도열병, 입잘무늬마름병, 이화명나방, 멸구류(흑명나방)				

기상재해 및 예상되는 문제점

1월	2월	3월	4월	5월	6월	7월	8월	9월	10월	11월	12월
가뭄 ···			여름철 가뭄, 고온			장마					
침관수, 태풍 ···					이삭수감소	이삭패기지연, 여뭄불량					
저온 ···			모생육부진	이삭수감소	이삭패기지연, 벼알수감소		여뭄불량				

※ 농촌진흥청 농사로 인용

본답 준비 및 관리 (전년 9월~5월)

논갈이 및 객토 (전년10월~3월) 논갈이는 추수가 끝나고 빨리하는 것이 좋다(18cm정도의 심경) 점질 함량이 25% 이상인 붉은 산흙으로 객토함

유기물시용 (전년10월~4월) 적정 유기물 함량이 3~4% 되도록 함. 유기물 함량이 2.5% 이하인 논에 생산된 볏짚 전량을 주고 깊이 갈이 함

규산질비료 시용 (3월~4월) 규산 함량 130mg/kg 이하인 논이나 규산 시용이 4년 이상 경과한 논 및 객토지에 10a당 200kg 정도 시용

녹비작물 재배 (9월~익년 5월) 자운영 재배는 파종시기 8월 하순~9월 중순(벼 입모종 파종)이고 파종량은 3~4kg/10a 이다. 갈아엎는 시기는 5월 중순(개화최성기, 모내기 2주전)이다. 생초 예상 수확량은 1,500~2,500kg/10a(질소성분량:7.5kg/10a)이다. 헤어리베치 재배 파종시기는 입모중 파종(8월 하순~9월 중순) 로터리 후 산파(10월 상순~중순)이다. 파종량은 6~9kg/10a 이고 갈아엎는 시기는 5월 중순 (개화최성기, 모내기 2주전)이다. 생초 예상 수량은 2,500~3,500kg/10a 질소성분량(14.6kg/10a) 이다. 생초 수량이 2,500kg/10a 이상이면 질소 과잉으로 쓰러짐이 우려되므로 일부는 채취하여 가축 조사료로 이용한다.

종자 준비 및 소독

볍씨 준비 4kg 내외/10a 이다. 종자 선별은 소금물가리기(전년 11월~4월)하고, 소금 4.5kg를 물 18L에 녹여 비중이 1.15가 되도록 염도를 조절하거나 달걀을 띄워 달걀이 옆으로 눕도록 소금물 염도를 맞춘 소금물로 종자를 선별함

볍씨 소독 및 싹틔우기 4월 중순이고, 볍씨로 전염되는 도열병, 세균성벼알마름병, 키다리병, 벼잎선충 등을 사전 방제함. 온탕침지법은 정선된 볍씨를 냉수에 침종하지 않고 마른상태로 60℃ 온수에 10분간 또는 65℃ 온수에 7분간 담가 소독한다. 싹틔우기는 볍씨 소독이 끝나면 상온의 물에서 충분한 기간 동안 서서히 수분을 흡수(23%정도)시킨 다음 물에서 꺼내어 32℃ 온도에서 싹을 틔우되 볍씨가 비둘기 가슴처럼 되기(2mm)까지 하며 날씨가 추울 때는 싹과 뿌리가 나올 때까지 해야 좋다.

종자 준비 및 소독

모판 흙 준비 및 씨앗 넣기 4월 중~하순이고, 토양 산도가 4.5~5.5 정도의 흙을 1개월 전에 채토하되 풀씨가 없는 산흙을 이용하는 것이 좋다. 씨앗 넣는 시기는 모내기 전 30~35일 전이며 상자당 100g 내외로 드믈게 파종하여 건전한 묘를 육성함

논둑 만들기와 써레질 논둑 만들기는 30cm이상 논둑 조성하고, 써레질은 2회 실시하여 잡초를 조기에 발아시켜 제거한다. 1차 써레질은 모내기 15~20일 전에 하고, 2차 써레질은 모내기 3~5일 전에 한다.

본답 관리 및 수확

자운영 등 녹비를 토양에 환원할 때 자운영 1,700kg/10a에 주었을 때는 출수 25일 전 혼합유박(4-2-1)50kg/10a 시용하며, 헤어리베찌 2,500kg/10a 주었을 때는 추비는 일절 금한다. 10a당 유기질비료(퇴비) 시용은 농업기술센터에서 발급한 시비처방서에 따라 시용한다.

모내기 모내는 시기는 6월1일~6월 20일 사이고, 재식밀도는 3.3m2당 50~60주를 심되 주당 본수는 3~4개로 한다.

물관리 초기 물 관리는 7~10cm이상 깊이 대주어 잡초 발아억제 함, 중간 물떼기는 이식 패기 40일전(7월 중~하순)에 7일 정도하며 논바닥에 작은 균열이 생기고 밟으면 가볍게 발 자욱이 날 정도로 한다. 완전 물 떼기는 이삭 팬 후 30~40일경 (모래 논은 수확 7일전)에 한다.

잡초관리 기술 왕우렁이를 이용한 잡초 방제법은 왕우렁이 투입시기를 모낸 후 5~7일 이내에 중패(250~300개/kg)3kg/10a당 또는 정지작업 후 치패(약2,000개/kg)1kg/10a를 투입한다.

수확 후 관리 수확 적기는 한 이삭에서 벼알이 90%이상 익을 때 이고, 수확 후 관리는 저장 시 수분함량은 15% 이하로 하고 저장온도는 15℃, 습도는 70% 이하로 한다.

벼 병해

01 벼 줄무늬잎마름병

(縞葉枯病 Rice stripe)

병징 이 병은 본 논 초기부터 발생하는데 특히 분얼성기에 많이 발생한다. 병든 벼는 새 잎이 나올 때 잎이 펴지지 않고 돌돌 말린 채로 비틀리며 활모양으로 늘어지고 결국에는 말라죽는다. 이미 나온 잎은 황록색 또는 황백색의 줄무늬가 생긴다. 수잉기에 발생하면 잎에 황백색의 줄무늬가 나타날 뿐 심엽(心葉)이 말라죽는 경우가 없고 이삭은 패다 말거나 또는 팬 이삭일지라도 기형이 되거나 여물지 않는다.

생태 병원체는 Rice stripe virus(RSV) 이며 병원 바이러스 입자는 가지를 친 실 모양으로 크기는 400~8㎚이다. 기주식물은 벼, 보리, 밀, 귀리, 호밀, 조, 옥수수, 기장, 목초, 바랭이 등 30여종 이다. 이 바이러스는 애멸구에 의하여 영속적으로 매개되며 기계적 전염이나 종자, 토양, 등에 의한 전염은 일어나지 않는다. 보독충은 애멸구에 의하여 경란 전염되며 보독식물로 20여종이 알려져 있다. 보독충은 논두렁의 잡초, 밀, 보리밭, 자운영 밭 등에서 약충으로 월동하고 봄에 못자리에 날아와 바이러스를 매개한다.

방제 본 논 초기에 살충제를 뿌려 애멸구를 구제한다. 초기감염에 의하여 병든 벼는 곧 제거하고 건전모를 보식한다. 질소비료의 과다한 사용을 피하고 특히 조기, 조식재배에서 피해가 많으므로 모심는 시기를 늦춘다. 모내기 할 때는 1본식을 하지 않아야 한다. 낙동벼 등의 이 병에 저항성품종을 심는 것이 가장 좋은 방제법이다.

02 벼 오갈병

(萎縮病 Rice dwarf)

병징 이 병은 대체로 모 심은 후 본 논에서 발생한다. 잎에 진한 녹색을 띠며 잎맥을 따라서 많은 흰빛의 작은 반점이 나타난다. 병든 벼는 생장이 아주 나빠 이삭이 팰 때가 되어도 초장이 건전한 벼의 절반 정도 밖에 안되며 분얼이 퍽 많아져 뭉툭하게 (부채살 모양) 보인다. 본 논 초기에 감염된 것은 거의 패지 않거나 패더라도 벼알은 거의 여물지 못한다. 전신성 병이기 때문에 한 개의 모가 병에 걸리면 거기에서 나온 새끼는 모두 발병하게 된다. 병든 식물의 엽육조직 세포에서는 다수의 X-체가 관찰된다.

생태 병원체는 Rice dwarf virus (RDV) 이며 리보핵산 함유 바이러스로 지름 70nm의 구형입자 이다. 이 바이러스는 끝동매미충과 번개매미충에 의해서 매개되며 기계적 전염이나 종자, 토양 등에 의한 전염은 일어나지 않는다. 매개충이 병든 묘에서 바이러스를 획득하는데 소요되는 시간은 약 1일간이며 12~25일간의 매개충 안에서의 잠복기를 거쳐서 전염능력을 갖게 된다. 이러한 보독충이 건전모를 30분~1시간 흡즙하면 바이러스를 매개한다. 이 바이러스는 끝동매미충에 의해 경란 전염되며 보독충 체내에서 월동하여 다음해에 제1차 전염원이 된다. 보독충은 자운영, 밀, 보리 등의 월동 작물이나 논둑의 잡초 등에서 약충 또는 어른벌레로 월동을 하고 봄에 못자리로 날아 들어와서 바이러스를 옮긴다.

방제 겨울 동안 또는 이른 봄에 논두렁의 잡초를 태워 보독식물과 월동충을 죽인다. 자운영 밭에는 끝동매미충이 많으니 그 가까이에 못자리를 만들지 않도록 한다. 절간생장기 이후에는 감염 하더라도 거의 피해가 없으며 못자리 때부터 본 논 초기에 감염하면 피해가 크니 이 시기에 살충제를 뿌려 매개충을 철저히 구제한다. 병든 벼는 발견 즉시 제거하고 건전모를 보식한다.

03 벼 검은줄오갈병

(黑條萎縮病 Black-streaked dwarf)

병징 이 병은 1973년 경북 선산지방에서 처음으로 발견되어 1975년 검은줄오갈병으로 확인된 후 남부지방은 물론 중부지방까지 확산되어 피해를 주었으며 남부 이모작 지대에서 피해가 심했다. 병든 식물체의 초기 증상은 잎의 색깔이 짙고 초장이 짧아지고 위축증상을 보인다. 출수기에는 잎 뒷면의 엽맥 부분과 줄기에 백색의 돌기가 생기고 진전되면 갈색 또는 흑색으로 변한다. 생육초에 감염되면 출수가 거의 되지 않고 후기에 감염되면 출수는 하지만 이삭이 충실치 못한다. 이 병은 전 생육기간을 통하여 감염하나 감염률이 가장 높은 시기는 이앙 후 11~20일(6월 5~15일) 사이였으며 이 기간은 애멸구의 제2화기 발생성충의 본답 비래시기와 밀접한 관계가 있는 것으로 생각되었다. 청청 벼에서 이병에 걸린 벼가 정상적인 벼 보다 10% 위축되면 수량이 30%이상 감수하였고 20%이상 위축일 때는 60%정도 감수하는 경향이었다.

생태 병원체는 Rice black-streaked dwaf virus (RBSDA) 로 레오비리대 그룹에 속하는 구형바이러스이다. 매개충인 애멸구와 번개멸구 등에 의하여 주로 옮기며 전염경로는 먼저 병 걸린 벼로부터 5 세대 애멸구 약충이 바이러스를 획득하여 가을에 보리에 감염시키거나 월동 후 애멸구가 3~4월에 이동하여 보리에 감염 발병시켜서 중간 전염원이 된다. 또한 월동 애멸구 성충에 의하여 산란된 알이 부화 후 약충이 되어 보리에 병이 걸린 그루로부터 바이러스를 획득한 다음 보독충이 되어 묘판 말기나 본 논 전기에 벼에 비래하여 감염시키기도 한다. 이 때문에 그 해의 이 병에 대한 피해정도는 월동 애멸구량과 보독충율이 크게 좌우한다고 볼 수 있다. 기주식물로는 화본과 작물로서 벼, 보리, 밀 등 25종이며 잡초에서는 돌피, 바랭이 등이 있다. 1줄기의 벼가 이 병에 감염되면 거기에서 분얼한 모든 줄기는 이 병에 걸리게 되지만 모를 심을 때 4~5본을 심는 관계로 전체가 다 걸리는 경우는 발생이 심한 지역이나 심한 해를 제외하고는 드문 일이다.

방제 저항성 품종을 재배하고 논에 잡초를 제거하기 위하여 이른 봄에 논을 갈도록 한다. 또한 매년 발생하는 지역에서는 밀, 보리 등의 재배를 피하고 병든 식물체는 발견 즉시 제거한다. 잡초가 많은 논둑 또는 보리밭 근처에 모판 설치를 금하고 매개충인 애멸구를 철저히 방제한다.

04 벼 그래시위축병
(Grassy stunt)

병징 처음에는 위쪽 잎이 누런 녹색~붉은기 도는 누런색이 되고, 그 잎의 일부가 갈색으로 변하여 더러운 얼룩이 된다. 그 위쪽 잎은 약간 퇴색해서 누런 녹색으로 보인다. 초장은 짧아지고 그루터기에서 이상분얼이 생긴다. 이삭이 나오는 시기에는 열매 여물기가 나빠지고 갈색 내지 검은 갈색의 이삭이 생긴다. 또한 품종에 따라 병징에 차이가 있다.

생태 벼그래시위축바이러스 Rice grassy stunt tenuivirus (RGSV) 바이러스 입자는 폭 6~8nm, 길이 200~2,400nm의 고리모양으로 된 사상(糸状)이다.

방제 RGSV는 벼멸구에 의해서 매개된다. 매개충 몸속에 바이러스의 잠복기는 1주일 전후이며, 영속적으로 매개한다. 초기감염은 장마철의 습윤하고 온난한 남서풍을 타고 날아오는 멸구에 의해서 일어나고 2~3주 후에 발병한다. 이 발병포기가 전염원이 되어 급속히 증식하는 멸구에 의해서 2차 전염이 일어나고 주변의 포기에 감염이 확산된다.

05 벼 래기드위축병
(Ragged stunt)

병징 포기가 위축되고 잎의 뒷면 및 잎집의 잎맥이 약간 솟아올라서 우윳빛, 회백색, 검은 갈색의 짧은 줄무늬가 생긴다. 줄기에서는 줄무늬가 눈에 띄지 않는다. 잎은 짙은 녹색으로 울퉁불퉁하게 되고, 잎몸 및 잎끝이 뒤틀린다. 초장의 짧아지는 정도는 품종에 따라서 차이가 있다. 이삭은 나오지만 열매 여물기는 불량해진다.

생태 벼래기드위축바이러스 Rice ragged stunt reovirus (RRSV) 바이러스 입자는 지름 65nm(절편)의 공 모양, 내열한계 60℃ 이하, 희석한계 10^{-5}이다.

방제 RRSV는 벼멸구에 의해서 매개된다. 바이러스의 충 체내 잠복기는 1주일 전후, 영속적으로 매개한다. 초기감염은 장마철 해외에서 날아온 보독 충에 의해서 일어나고 3~4주 후에 발병한다. 이 발병포기가 전염원이 되고 가을까지 1회 감염이 일어나는 것으로 보인다.

06 벼 퉁그로바이러스병

(Waika)

병징 분얼기의 중간 잎에 일시적으로 갈색 얼룩무늬가 나타나며 잎 끝이 말리고, 잎몸의 경사각이 증가하며 새잎에서는 잎집 신장이 억제된다. 일반적으로는 8월 중순경, 맨 끝 잎부터 2, 3번째의 잎몸에 비료조각 모양의 가벼운 황화가 생긴다. 초장은 신장 불량 상태가 되어서 편평해 보인다. 출수기에 이삭의 높이가 다소 낮아져서 발병 포기는 주로 편평한 모양으로 발생한다. 심하게 발생할 때에는 밭 전체가 울퉁불퉁한 모양이 된다.

생태 벼퉁그로바이러스 Rice tungro spherical seguivirus (RTSV) 본 병은 동남아시아에 분포하는 tungro병 중의 공 모양 입자에 의한 감염이다. 바이러스 입자는 지름 약 30nm의 공 모양이다.

방제 끝동매미충, 두점끝동매미충 등에 의해서 반 영속적으로 매개된다. 매개체는 감염된 벼의 즙을 빨아들인 직후에 일어나고 매개지속 기간은 1일이며, 2일에 이르는 것은 드물다. 월동한 감염 그루터기에서 자라 나온 싹이 1차 전염원이 되고 1세대 매개충은 여기서 획득한 바이러스를 육묘기 또는 모내기가 빠른 논의 벼에 매개한다. 이것에 의해서 감염이 일어나면 그 감염 포기가 전염원이 되고 2, 3세대 매개충의 밀도 증가와 함께 주변 포기에 감염이 확산된다.

07 벼 내영갈변병

(內穎褐變病 Bacterial palea browning)

▲ 내영갈변립

병징 이 병의 발생 특징은 발생초기에 벼알의 속껍질이 갈색으로 변하며 그 후에 2차 기생균에 의하여 벼알 전체가 갈색으로 변하는 것도 볼 수 있다. 발생 벼알 비율은 발생이 많을 경우에는 30%를 넘는 경우도 있으나 평균 15~25%이다. 현미의 증상은 건전한 것에 비하여 크기가 좀 작고 전체가 오렌지색에서 담갈색을 띤다. 1000알 무게는 건전에 비교하여 30~40%정도 가벼워서 벼알의 충실도가 떨어진다. 주된 피해는 쇄미 (碎米)에 의한 수량의 감소이다. 본 세균은 벼의 어느 부분에든 항상 존재하여 이삭이 나오는 시기에 비가 계속내리면 벼(낟알)를 감염한다.

생태 병원세균은 *Puntoea herbicola* 로 본래 병원성이 약한 균이지만 이상고온 등에 의하여 침입이 조장된다. 병원균은 벼의 고사 조직에서 증식을 반복하여 최종적으로 개화기의 벼알에 도달하는 것으로 생각된다. 이 병의 감염시기는 출수, 개화기이며 개화전의 약(葯)에는 감염되지 않는 점이 세균성벼알마름병과는 다르다. 또한 출수기부터 수전기의 고온 다습, 강우에 의하여 약(葯)의 병원세균의 증식을 활발하게 하여 이병을 조장하기도 한다. 이 병은 종자전염성 병이며 끝동매미충에 의하여 전염된다는 보고가 있다. 질소질 비료의 시용량이 많았을 때 발생이 많은 경향이었다.

방제 방제 대상의 병해는 아니지만 출수기의 기상환경이 발병에 좋은 조건일 때는 목도열병 방제와 동시방제로 가스가민제를 뿌린다.

08 벼 흰잎마름병

(白葉枯病 Bacterial leaf blight)

병징 생육 기간 중 언제나 발병하지만 특히 벼의 출수기를 전후하여 발병 최성기를 이루며 태풍이나 홍수가 지나간 후에는 반드시 이 병의 피해를 입게 된다. 어린잎에 발생했을 때는 잎이 세로로 말려들어 얼마 후에 죽어버리며 또한 감수성이 높은 품종에서는 모낸 후부터 분얼최성기까지의 벼가 누런빛을 띠면서 갑자기 말라죽는 급성형 병징(Kresek)이 나타나기도 한다. 분얼최성기 이후 성숙된 잎에 나타난 병증상은 잎의 가장자리로부터 5~6㎝ 아래쪽으로 잎맥을 따라 누런색의 줄무늬가 생기고 진전됨에 따라 흰빛 또는 회백색으로 변하여 말라죽는다. 오래된 병무늬 위에서는 쉽게 세균누출을 관찰할 수 있다. 잎에서의 발병은 아랫잎에서 위쪽 잎으로 진전 되므로 초기 발병을 예찰하기 위해서는 벼를 헤쳐보아야 한다..

생태 병원균은 *Xanthomonas oryzae* 이며 그람음성의 호기성 세균으로 단극모를 가지고 있고 막대모양이다. 몇 가지 판별품종에 따라 Ⅰ-Ⅴ 군의 병원균형으로 나누고 있으며 그중에서 Ⅰ군의 분포가 가장 많으며. 병원세균의 생육 최적온도는 26~30℃ 이다. 병원세균은 수로나 저수지에 흔히 볼 수 있는 잡초 중에 겨풀, 나도겨풀의 근권이나 병든 볏짚에서 월동한다. 월동한 병원 세균들이 1차 전염원이 되어 논물에 유입된 후에 수면에 접촉된 벼 잎의 기공으로 침입하여 병무늬를 형성하게 된다. 병무늬에서 증식된 병원세균이 2차 전염원이 되어 논물 속으로 배출되거나 직접 병무늬와 건전한 벼 조직의 접촉에 의하여 전염된다. 7월 평균기온이 22~24℃로 저온일 때, 7월의 강수량이 200㎜ 이상으로 많은 비가 올 때, 15m/sec 이상의 강풍이 불 때 이 병의 발생이 심하다. 모판이나 본 논에서 질소비료를 많이 주게 되면 벼가 감수성으로 되어 이 병의 발병을 촉진시킨다.

방제 저수지나 관개수로에 기주식물인 겨풀이나 나도겨풀이 자생하고 있을 경우에는 사전에 제거한다. 질소비료의 과다 사용을 피하고 퇴비를 많이 사용함으로써 벼의 균형 잡힌 생육을 꾀해야한다. 홍수 때 벼가 물에 잠기지 않게 하고 만약 잠기게 되면 최대한 빨리 물을 빼주어 침수시간을 짧게 해준다. 상습 발병지나 발병이 우려되는 지역에서는 저항성 품종을 심는다. 세균성 병의 약제 방제효과는 곰팡이병의 방제효과에 비교하면 떨어지는 편이나 발병 초기의 방제효과는 크므로 약제를 살포하되 환경요인, 감수성 품종, 박테리오파지법 등으로 발생예찰을 철저히 해서 그 시기를 결정해야한다.

09 벼 세균성벼알마름병

(籾枯性細菌病 Bacterial grain rot)

이 병은 1955년 일본 후쿠오카 현에서 처음으로 발생이 확인된 이래 대만, 태국, 말레이시아 및 스리랑카 등의 아시아 지역의 미작지대와 남미에서 보고되었으며 우리나라에서는 1986년 이 병의 발생이 처음으로 보고된 이래 전국적으로 확산 발병하고 있다.

병징 종자전염성 병으로 육묘시의 묘 부패와 본 논에서의 벼알마름 증상으로 나타난다. 주로 벼 알에 발생하나 엽초에도 병징이 보인다. 벼알은 기부부터 황백색으로 변색되며 포장에서 일찍 감염된 이삭은 전체가 엷은 붉은색을 띠고 고개를 숙이지 못하고 꼿꼿이 서 있으며 벼알은 배의 발육이 정지되고 쭉정이가 된다. 후기감염의 경우 사미(死米)나 불완전립이 되며 이들 불완전립이나 사미에는 건전부와 병환부 경계에 갈색의 가로 또는 대각선 띠가 생기는데 이 줄이 이 병 진단의 중요한 지표가 된다. 감염된 종자를 파종 하면 발아하지 못하거나 부패되며 감염 정도가 경미한 종자에서 발아한 모는 잎이 전개되지 못 하거나 엽초가 갈변되며 생장이 나빠 고사한다.

▲ 세균성벼알마름병에 의한 묘부패병

▲ 세균성벼알마름병 병립

생태 병원균은 *Burkholderia glumae*로 막대모양의 그람음성 세균으로 최적 생장온도는 30~35℃로 다른 식물 병원세균 보다 비교적 고온에서 잘 자란다. 이 병원균은 종자에서 월동하며 침종 시 건전 종자로 전염되며 짚 등에서 월동하여 다음해 포장의 전염원이 된다. 모판에서 고온 다습하면 병 걸린 종자로부터 유묘 부패현상을 일으킨다. 본 논에서는 외견상 건전한 상태로 병원균이 엽초 등에서 잠복하다가 출수기에 발병에 좋은 조건이 되면 벼알에 침입한다. 본 논에서는 출수 2일 후에 초기 병징이 발현되어 점차 진전되어 출수 후 2~3주에 발병 최성기가 된다. 일반적으로 출수 전후 1주일간의 최저기온이 23℃이고 강우기간이 3일 이상의 고온다습의 기상환경에서 발병이 잘된다. 우리나라의 벼 품종 간에 저항성의 차이는 알려지지 않았다.

방제 볍씨는 반드시 건전한 곳에서 채종한 종자를 사용하여야 한다. 발병포장에서 채종한 종자는 외견상 건전한 것 같이 보여도 병원균이 잠복해 있는 경우가 많으므로 철저한 종자 소독이 필요하다. 최아 및 육묘관리는 병원균의 최적 생장온도(30~35℃)를 피해 관리하고 병 걸린 묘는 빨리 제거한다.

10 벼 도열병
(稻熱病 Blast)

이 병은 우리나라에서 벼의 병해 가운데 가장 무서운 병해로 벼의 전 생육기를 통하여 잎, 마디, 이삭 목, 이삭 가지, 벼알 등에 발생하여 큰 피해를 준다.

병징

모도열병 못자리 때나 본 논 초기 보식용 모춤에서 발생한다. 전년도 감염종자를 종자소독이 되지 않은 상태에서 파종했을 때 종자가 발아하면서 싹의 기부나 중앙부위에서 갈색의 병무늬가 나타나 말라죽게 된다. 5월 초순~하순에 고온 다습한 환경조건에서 병이 빠른 속도로 진전되기 쉽다.

잎 도열병 잎에는 암녹갈색의 작은 병무늬가 생겨 진전되면 장방추형으로 되며 서로 합쳐져서 불규칙한 병무늬가 된다. 병무늬색은 회녹색에서 회갈색이 되고 오래되면 병징 가운데 회백색 테두리는 갈색으로 된다. 잎도열병의 병무늬는 갈점(褐點)형 내지 백점(白點)형(저항성), 급성(急性)형, 만성(慢性)형이 있으며 그 가운데 급성형 병무늬는 장마철에 많이 나타나며 방추형으로 회백색을 보인다. 이 급성형 병무늬는 한개의 병무늬에서 수많은 포자를 형성하며 한세대가 매우 짧아 병 진전이 아주 빠른 위험한 병무늬이다. 발병이 심할 때는 온 포기가 자라지 않고 주저앉는다(座地)

이삭도열병 목도열병 및 벼알, 가지도열병을 포함하는데 그중 목도열병이 가장 치명적이다. 삭목이 도열병균의 침입을 받으면 양분과 수분이 공급되지 않아 침해를 받은 위쪽은 말라버려 벼알이 불임(不妊)이거나 쭉정이가 되며 이삭전체가 하얗게 말라버린다. 가지나 벼알이 침해를 받으면 부분적으로 병징을 보여 회백색이나 갈색의 포자가 둘러 싸여 있는 것을 볼 수 있다.

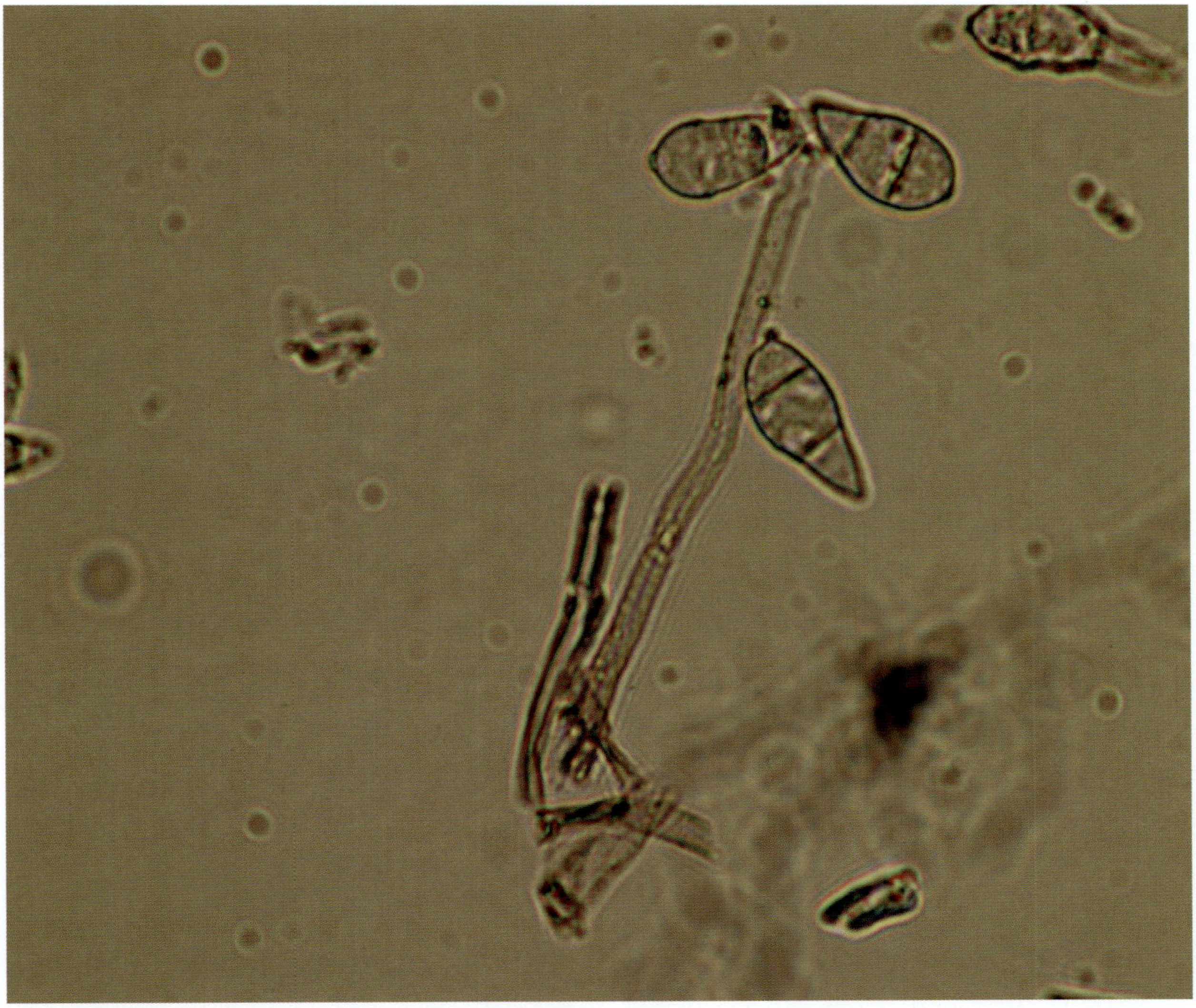

▲ 도열병분생포자

생태 병원균은 *Magnaporthe grisea. Pyricularia grisea* 로 진균계의 자낭균문에 속하며 주로 분생포자로 존재한다. 무색에 가까운 분생 포자는 서양배 모양으로 2개의 격막을 가지고 있다. 이 병원균은 볏짚 또는 볍씨의 병든 부위에서 균사 또는 분생포자 상태로 월동하여 다음해 1차 전염원이 되며, 1차 전염원에 의하여 형성된 병무늬에서 많은 분생포자가 형성하여 바람에 날려 새로운 기주에 도착 한다. 기주에 도착한 병원균은 벼잎이 젖은 상태의 수분이 있으면 발아관을 내고 다시 부착기를 형성하여 각피 또는 기공을 통하여 침입 병을 일으킨다. 병원균의 균사 발육온도는 25~28℃이고 침입에 소요되는 시간은 24℃에서 6시간 28℃에서는 8시간 정도이다. 이 병원균의 1세대를 경과하는데는 빠르면 4~5일 늦으면 7~8걸리며 벼농사 기간에 8~11회 정도의 불완전 세대를 경과한다. 병원균은 많은 레이스(병원형)들이 분화되어 있어 품종에 따라 발병정도가 매우 다르다. 이 병의 발병조건은 비가 자주 오고 일조가 부족하며 냉량(冷凉)하고 음습한 일기가 계속될 때, 토양의 온도가 낮고 토양수분 함량이 적으며 질소질 비료를 과다 사용했을 때, 밀식 재배로 통풍이 불량하고 이앙기가 늦었을 때 병 발생이 많다

방제 도열병균은 균사 상태로 벼알에서 월동하므로 건전종자를 선별하고 종자를 소독하여 파종한다. 재배시기 및 재식밀도를 조절하고 질소질 비료의 과다 사용을 피하고 균형시비를 하여 튼튼한 벼가 되도록 관리한다. 재배될 포장 내에 찬물이 나거나 들어오면 냉 도열병이 걸리기 쉬우니 물 관리에 주의한다. 유묘기에 병 걸린 모나 보식하기 위하여 논이나 논둑에 둔 모춤은 제거하여 전염원을 줄인다. 발병 상습지에는 저항성 품종을 선택하여 재배한다.

벼 도열병

11 벼 키다리병

(馬鹿苗病 Bakanae disease)

키다리병은 종자전염을 하는 병으로 벼를 재배 하는 모든 나라에서 발생하고 있으며 발생정도는 지역, 품종, 재배양식, 종자소독 여부에 따라 다르다.

병징 못자리 때부터 이삭이 나올 때까지 발생한다. 병든 모든 잎이 엷은 녹색을 띠며 가늘고 길게 자라서 건전한 것의 2배에 달할 때가 있다. 때로는 발아 후 곧 말라죽는다. 병든 식물은 거의 이삭이 나오지 못하고 말라죽는데, 이삭이 나와도 여물지 못한다. 생장한 벼는 분얼이 적고 마디는 담갈색으로 변하며 위쪽 마디에서 뿌리가 나온다. 이와 같은 것은 8월에 들어서서 잎집에 분홍색 곰팡이와 남흑색의 자낭각이 생긴다.

생태 병원균은 *Gibberella fujikuroi* (*Fusarium moniliforme*) 이며 대형 및 소형 분생포자와 자낭각을 형성한다. 대형분생 포자는 초승달 모양으로 보통 3~5개의 격막을 가지고 있다. 발병 최적온도는 35℃이며 균사 발육 최적온도는 27~30℃이다. 벼가 도장하는 것은 이 병원균이 분비하는 대사물질인 지베렐린의 작용이다. 분생포자는 종자에 붙어서 2년간 살 수 있으며 종자가 발아할 때 상처를 통해서 어린 조직에 침입한다. 벼가 꽃필 때 날아온 분생포자는 벼알 속에 침입하거나 종자 표면에 붙어서 월동한다. 이 병은 고온성 병해로 30℃ 이상의 고온에서 잘 발생한다. 꽃필 때에 감염된 종자를 파종하면 심하게 병걸린 종자는 발아 시 고사되고 중간정도 감염된 종자는 키다리 증상을 나타낸다. 경미하게 감염된 종자는 발아해서 어느 정도 생육하며 생육도중에 발병환경이 좋으면 도관 내에 병원균이 무수히 형성되고 밖으로 누출되어 흰가루 모양의 분생자가 무수히 형성되며 이 포자가 이삭이 나올 때 벼알에 감염되어 다음해의 제1차 전염원이 된다.

방제 이 병에 걸리지 않은 포장에서 채종한 종자를 사용하며 종자로 사용할 볍씨는 기계 탈곡을 금한다. 종자소독은 냉온탕침지법(58℃에서 1~2 시간)이나 열탕소독(60℃에서 10분간)한다. 본 논 초기에 키다리병에 걸린 포기는 발견 즉시 뽑아버린다.

12 벼 잎집무늬마름병

(紋枯病 Sheath blight)

초여름부터 발생하기 시작하여 8월에 들어 고온 다습할 때에 많이 발생하는 병으로 벼, 피, 조, 옥수수, 기장, 콩 등의 21과 100여종에 발생하는 다범성 병이다.

병징 잎집에서 타원형 내지 부정형의 반점 혹은 얼룩무늬 증상으로 나타나며 병무늬의 가장자리는 갈색 내지 암갈색을 띠고 내부는 회색 내지 담황색을 띤다. 병이 심하게 진전되면 끝 잎, 이삭에도 발생한다. 오래된 병무늬에서는 구형 내지 편구형의 균핵이 형성되며 심하게 병든 잎과 잎집은 말라죽는다. 이 병에 대한 피해는 주로 등숙장애와 천알무게의 감소로 나타나는데 일반적으로 끝잎이나 엽초까지 발병한 경우 40~50%, 13잎까지 발병할 경우 15~20% 감수된다.

생태 병원균은 *Thanatephorus cucumeris* (*Rhizoctonia solani*) 이며 진균계의 담자균문에 속하며 담자기와 담자포자를 형성한다. 이 균의 무성세대는 분생포자를 형성하지 않으며 균사가 자라는데 균사의 분기점이 약간 잘록하고 이로부터 가까운 곳에서 격막이 형성되는 특징이 있다. 균사가 많이 자라 뭉치게 되면 구형 내지 편구형의 딱딱한 균핵으로 변한다. 병원균은 병든 식물체의 표면이나 토양 속에서 균사 또는 균핵의 형태로 존재하며 균핵은 월동 후 논의 써레질에 의해 물 표면에 떠오르게 된다. 떠오른 균핵은 이앙 후 벼가 자라는 동안에 수면부위의 벼 잎집의 조직 속으로 침입하게 된다. 6~7월에 식물체의 잎집 아래 부위에서부터 발병되기 시작하여 수확기까지 식물체의 위쪽으로 계속 진전되며 고온다습하고 질소질 비료를 많이 사용하게 되면 발생이 심해진다. 이 병의 발병 최적조건은 30~32℃, 상대습도 96% 이상의 고온다습을 좋아하여 장마가 끝나고 기온이 급상승하는 7월 말에서 8월 사이에 병의 진전이 빠르다. 이병에 저항성품종은 없으며 7월 말에서 8월 초에 출수하는 이른 품종에서 피해가 크다. 또한 분얼이 적고, 키가 큰 품종은 분얼이 많고 키가 작은 품종에 비하여 피해가 적다.

방제 써레질 후 논 한쪽에 몰려서 떠있는 균핵을 걷어 땅속에 묻어 제1차 전염원을 줄임으로써 초기 발병을 억제한다. 질소질 비료의 지나친 과다 사용과 밀식을 피하여 벼의 튼튼한 생육을 기하여야한다. 이앙시기를 늦추거나 중만생종을 심어 생육후기에 고온 조건을 회피함으로써 피해를 줄일 수 있다. 이 병에 대한 약제방제 효과는 진균병 가운데서 가장 뚜렷하다. 이병의 방제 시기는 병든 줄기율이 20% 정도 되는 시기이나 그 해의 기상이나 병 발생 예찰 정보에 유의하여 포장을 잘 살펴서 출수 이전에는 방제를 마치도록 한다.

13 벼 깨씨무늬병
(胡麻葉枯病 Brown spot)

병징 잎, 잎집, 이삭줄기, 이삭목, 이삭가지, 벼 알에 발생하나 주로 잎에 많이 발생한다. 깨알같이 작은 암갈색 타원형의 병반이 무수히 형성되어 잎의 초기 병무늬는 주위에 황색의 중독부를 가지고 시간이 지나면 원형의 큰 무늬로 둘레무늬가 있다. 병무늬가 깨알같이 작고 괴사선이 없는 점이 도열병과 다르다. 어린모에 발생하면 초엽이 암갈색으로 변하고 줄무늬 병무늬를 만들며 모의 생육을 저해시킨다. 벼알에는 암갈색의 반점으로 되고 후에는 회백색 붕괴부를 형성하며 벼 알 전체가 갈변하는 일도 있다.

생태 병원균은 *Cochliobolus miyabeanus* (*Bipolaris oryzae*) 이며 진균계의 자낭균문에 속하며 벼를 비롯하여 보리, 옥수수, 수수 등 각종의 벼 과식물에 발생한다. 병원균의 분생포자는 암갈색 방추형이며 6~11개의 격막을 갖고 있다. 발육한계 온도는 2~41℃이며 최적온도는 25~30℃이다. 병든 볏짚, 볍씨에서 분생포자나 균사로 월동하며 먼저 모의 각피 또는 기공으로 침입하여 잎, 벼 알 등에 병무늬를 형성한다. 대표적인 종자 전염성 병해로 노후화된 논에서는 양분의 흡수가 저해되어 병 발생을 많게 하며 규산은 병원균의 침입을 억제시킨다. 벼이삭이 나올 때의 고온과 저녁의 저온, 잦은 비가 지속되면 병 발생이 많아진다. 모래땅이나 유기물이 적은 노후화 된 논이나 염해 논에서 발생이 많다.

방제 종자는 반드시 병 걸리지 않은 건전 포장에서 채종한 종자를 사용하고 못자리나 육묘상에서 병에 걸린 모는 발견되는 대로 제거하고 발병 포장은 수확 후 볏짚을 태우거나 땅속에 묻어 1차 전염원을 제거한다. 객토, 퇴비의 시용으로 토양을 개량해서 비료성분을 갖는 힘을 높여 벼의 후기까지 생육이 튼실하게 하여 발병이 적게 한다. 또한 비료를 나누어 주고 깊이갈이하여 비료를 장기간 안정하게 흡수하도록 한다.

14 벼 이삭누룩병

(稻麴病 False smut)

병징 본 병은 벼알에 발생하며 벼알의 껍질이 약간 열리고 황록색의 돌출물이 보이며 표면에 가루모양의 후막포자가 생긴다. 탈곡하면 후막포자의 가루가 정상적인 벼알에 묻어 벼알 전체가 색택이 좋지 않아 품질을 저하시킨다.

생태 병원균은 *Ustilaginoidea virens* 로 진균계의 자낭균문에 속하며 균사, 후막포자, 분생포자, 분생자병, 균핵 및 자실체를 형성한다. 후막포자는 원형의 단세포로 표면에 작은 돌기를 형성한다. 병 걸린 벼알에서는 균핵이 형성되기도 하는데 미숙한 균핵은 흰색으로 속에 매몰되어 있으나 성숙한 균핵은 흑색을 띠는 쥐똥모양으로 된다. 균핵은 발아하여 자실체를 형성하며 자낭과 자낭포자를 형성한다. 후막포자는 발아하여 무색, 원형의 분생포자를 형성한다. 병원균은 균핵 또는 후막포자의 형태로 월동하여 1차 전염원이 된다. 병 걸린 벼알에 형성된 균핵은 땅속에서 월동하여 다음해 7~8월경 발아하고 자실체를 형성하여 자낭포자가 날아가 수잉기의 엽초에 부착 발병하는 것으로 알려져 있다. 이 병의 기주식물 로는 벼, 옥수수, 야생벼 등이며 낮은 온도와 높은 습도 또는 강우가 발병에 미치는 영향이 큰 것으로 알려져 있다. 질소질 비료의 과다 사용, 산간지등 일조부족 포장, 늦은 품종 혹은 이앙이 늦은 경우 병 발생이 많아진다.

방제 발병되지 않은 건전포장의 종자를 사용한다. 질소질 비료의 과다 사용을 피하고 규산질비료를 사용한다. 발생 상습지는 이른 품종을 재배하여 병 발생을 회피한다.

15 벼 모썩음병

(苗腐病 Seed and seeding rot)

병징 볍씨나 모에 발생하는데 초기에 감염되면 젤라틴 같은 흰 점질액이 생기어 발아하지 못하고 썩는다. 발병된 모에는 볍씨가 붙어있는 부분에 다발 모양으로 흰색의 면모가 생기며 때로는 모가 부패 하지만 그대로 자란 모는 생육이 매우 나쁘고 황백색이 된다. 이 병원균은 논 속에 있는 유기물에 붙어서 잘 번식하는데 못자리의 수온이 낮아져 볍씨의 발아나 모의 생장이 늦어질 때 볍씨에서 번식하게 되며 특히 상처가 있는 볍씨가 피해를 입기 쉽다.

생태 병원균은 *Pythium, Achlya, Dactyucus* 3종이며 이들 병원균은 파종시 싹틔움 정도나 논의 불량환경으로 모가 연약하게 자랐을 때 발병이 심하게 나타난다. 병원균의 분리빈도가 높은 피지움균은 둥그런 유주자의 주머니로부터 형성된 2개의 편모를 가진 유주자가 식물체에 침입한다. 파종 후 논물의 온도가 24℃ 이상일 때는 발병이 현저히 줄어드나 논물 온도가 15℃ 이하일 때 특히 볍씨의 발아 최저온도(13℃)에서 가장 잘 볍씨를 침해한다. 또한 담수 표면산파 보다는 무논골뿌림 재배일 때에 발생이 심하며 파종시기에 일교차가 심한 지역, 기온이 낮은 중부지방의 산간지에서 발생하기 쉽다. 논물의 깊이가 깊을수록 싹을 길게 틔울수록, 상처받은 종자를 파종할 경우에 발병률이 높았다.

방제 상처 난 볍씨나 미숙퇴비, 발효성 유기질 비료의 사용을 자제하여야 한다. 지나친 조기 파종은 저온으로 인한 발병을 조장시킴으로 파종적기를 꼭 지키도록 한다. 철저한 소금물가리기로 건전한 종자만을 침종한다.

16 벼 누른오갈병

(露菌病, 黃化萎縮病 Downy mildew)

▲ 벼과 잡초에 발생한 누른오갈병

이 병은 못자리에서 많이 발생하는 것으로 알려져 있으나 최근에는 침수된 논이나 잦은 강우로 일조가 부족하고 저온 다습한 환경에서 발생되고 있다. 이 병은 전신 감염 병으로 유묘기에 감염되면 전 생육기에 발생되는데 발병적온은 18~20℃ 정도이며 30℃ 이상의 고온에서는 병이 잠복된다. 병든 포기는 이삭이 불규칙하게 나오며 기형이삭이 생겨 감수율이 50% 이상이 되기도 한다.

병징 주로 모에 발생하지만 못자리 또는 모내기 직후의 본 논에서도 발생한다. 감염 초기에는 새 잎에 흰색의 작은 반점으로 나타나는데 퇴록되어 연노랑색을 띠고 병무늬가 합쳐지면 불규칙한 무늬가 된다. 병든 포기는 전체적으로 노랗게 변하고 작은 새잎이 생긴다. 키가 크지 않으며 이삭이 잘 나오지 않고 기형이 되므로 여물지 않는다. 꽃피는 때와 이삭 나오는 때에 병 증상이 뚜렷하며 심하게 감염된 포장은 노랗게 보인다.

생태 병원균은 *Sclerophthora macrospora* (*Phytophthora macrospora*) 로 난균문에 속하며 순활물 기생균으로 벼를 비롯한 벼과 식물의 병든 조직 속에서 난포자 상태로 월동하고 이듬해 다시 1차 전염원이 된다. 운동성이 있는 유주자를 형성하는 병원균으로 노균병이나 역병균과 비슷한 성질을 가진다. 난포자 발아의 최적온도는 19~20℃, 발병 최적온도는 15~20℃이다. 월동한 난포자는 이른 봄에 기온이 10℃ 이상이고 습도가 거의 100%일 때 발아하여 어린 묘를 침해한다. 하루이상 침수된 포장에서 발병이 심하며 저온 다습한 날이 (18~20℃, 100%습도) 계속되면 급격히 번진다. 보리, 밀, 옥수수, 등 거의 모든 벼과 식물을 침해하며 벼과 잡초가 중간 기주가 되기도 한다.

방제 못자리 또는 담수 직파 시는 침수의 우려가 없는 곳에 파종하며 논둑의 벼과 잡초를 없앤다. 볍씨 파종 후 흙이나 소독한 왕겨로 깊게 덮으면 (10㎜) 초기감염을 줄일 수 있다. 병든 식물을 제거하고 예비모를 심어 결주를 보충한다. 저항성 품종을 재배한다.

▲ 벼 누른오갈병 병징

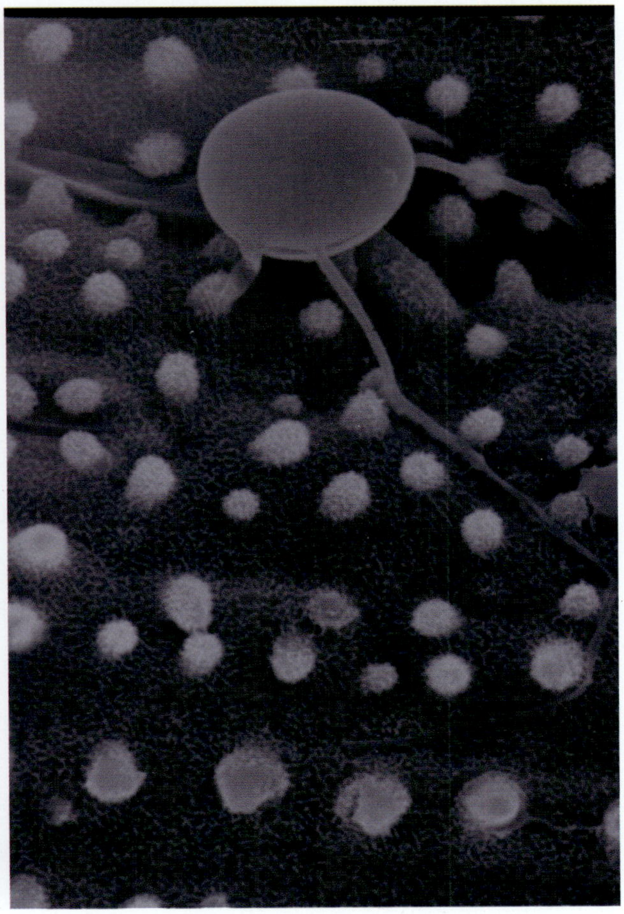

▲ 누른오갈병 포자

17 벼 모입고병

(苗立枯病 모마름병 Seedling blight)

푸사리움균에 의한 모마름병

병징 육묘상자 및 보온절충(折衷折衷)못자리, 밭못자리에서 발생한다. 싹이 나온 후 모의 신장이 나쁘고, 떡잎이나 잎집의 밑동부분이 자주갈색으로 변하고 모는 약간 누렇게 되어 시들고 결국 말라 죽는다. 출아 중에 심하게 감염되면 출아하지 않는다. 병균의 밑동부분에는 흰색 내지 옅은 붉은 흰색의 곰팡이가 생기기도 한다.

병원균 *Fusarium avenaceum* (Corda : Fries) Saccardo, *Fusarium solani* (Martius) Saccardo
병원균은 모두 사상균이다.

전염 양 균 모두 토양 중에 널리 분포하고 식물의 잔해 등에 부생하는 것과 동시에 토양 중에 장기간 생존할 수 있다. 벼에 대한 병원력은 약하고 모가 저온이나 토양 건습(乾湿)의 반복 등으로 쇠약해 졌을 때, 볍씨 등의 상처로 침입해 모종의 밑동부분을 감염한다.

털곰팡이균에 의한 모마름병

병징 육묘상자에서 발생한다. 병징은 털곰팡이균에 의해 모가 마르는 것과 매우 유사하다. 싹이 나오는 시기에 흰 솜털모양의 곰팡이가 모판 흙의 표면을 덮고, 모는 출아불량, 생육불량이 된다. 병에 걸린 모종은 흰색 내지 옅은 갈색이 되며 뿌리의 신장은 나빠지고, 갈색으로 변해 나중에 말라 죽는다. 말라 죽지 않는 경우에서도 모는 생육이 나빠지고 고르지 않게 된다. Rhizopus spp.의 감염보다 장해의 정도는 가볍다.

병원균 *Mucor* sp. 사상균의 일종으로 *Rhizopus* spp.와 같이 접합균류의 털곰팡이과에 속한다. 생육적온은 20~30℃이다.

전염 본 균은 *Rhizopus* spp. 와 같이 토양 중, 식물의 잔해 또는 육묘자재(育苗資材) 표면 등에서 부생생활을 하고 이것이 1차 전염원이 된다. 또, 포자는 공중으로 비산해서 전반한다. 본 균은 본래 벼에 대해서 기생성은 없지만, 육묘상자와 같은 특수 환경에서 이상증식하고 모종의 생육을 저해한다.

벼 모입고병

피시움균에 의한 모마름병

병징 육묘상자나 보온절충(保温折衷) 못자리에서 발생한다. 싹이 나오기 전에 어린 싹이 썩는 것도 있지만, 대부분은 발아 후 생육이 나쁘고, 모종의 기부가 물 번진 모양의 옅은 갈색으로 변하고 속잎은 시들어 아랫쪽 잎부터 갈색으로 변해서 말라 죽는다. 또 본 잎이 2~3장이 되었을 때 갑자기 시들고, 나중에 옅은 누런 갈색으로 변해서 말라 죽기도 한다. 병에 걸린 모종은 뿌리도 갈색으로 변해서 썩는다.

병원균 (1)*Pythium graminicola* Subramanian, (2)*Pythium spinosum* Sawada, (3)*Pythium irregulare* Buisman, (4)*Pythium sylvaticum* Campbell et Hendrix, (5)*Pythium inflatum* Matthews, (6)*Pythium torulosum* Coker et Patterson, (7)*Pythium aristosporum* Vanterpool 난균류에 속한다. *P. graminicola*는 어린 싹의 모종이 선채로 말라 죽는 것과 동시에 2~3잎 시기의 급성 시들음에 관여하고 병원성이 강해서 가장 중요하다. *P. graminicola*의 포자낭은 간생(間生)으로 부풀어 오른 모양, 20℃ 부근으로 유주포자를 만든다. 장란기는 맨 끝에 만든 또는 간생, 공 모양으로 매끄럽고 지름은 20.0~32.5㎛. 장정기는 앞 끝이 부풀어 곤봉형 또는 가지형, 갈고리형, 난포자는 공 모양의 충만성이다. 배지 위의 균총은 흰색으로 생육이 빠르다. 10~36℃에서 생육하지만, 생육적온은 28~30℃이다. *P. graminicola*는 벼 모마름 외에, 밭벼의 연작장해나 옥수수의 줄기썩음병 등 대부분의 벼과식물에 병을 일으킨다.

전염 피시움균은 모두 토양 전염성으로, 난포자는 토양 중이나 또는 감염식물의 잔재물에서 장기간 생존한다. 출아 또는 육묘기간 중의 저온은 발병을 조장한다.

리조프스균에 의한 모마름병

병징 출아 중인 볍씨 주위에 흰곰팡이가 생겨 2, 3일 안에 육묘상자 전면을 덮는다. 모종은 쇠약해지고 누렇게 되며, 그대로 썩어서 말라 죽기도 하지만, 신장해도 잎은 옅은 누런 녹색이 되며 초장도 낮고, 모종은 고르지 않게 된다. 뿌리 앞 끝은 부풀어 올라 신장은 나빠지며 나중에 갈색으로 변해서 썩는다.

병원균 (1)*Rhizopus chinensis* Saito, (2)*Rhizopus arrhizus* Fischer, (3)*Rhizopus oryzae* Went et Prinsen Geerlings, (4)*Rhizopus javanicus* Takeda 병원균은 모두 접합균류에 속한다. 한 육묘상자에서 여러 종이 분리되는 일이 있어, 혼합감염이 있을 것으로 생각된다. *Rhizopus*균은 생육이 매우 빠르고, 균사에서 포복가지가 신장하여 식물조직과 접한 부분에 헛뿌리가 생기며, 거기로부터 포자낭병이 직립해 신장하고, 그 앞 끝에 처음에는 무색, 성숙하면 검은색 공 닮은꼴의 포자낭을 만든다. 포자낭 속에는 어두운 갈색으로 공 닮은꼴 내지 타원형의 단세포로 표면에 많은 줄 모양의 도랑을 가진 포자를 만든다. 또 기중균사가 두 가닥으로 갈라진 곳에서 부풀어 올라 양자가 접합하고 검은색 공 닮은꼴, 표면이 돌기 모양으로 된 접합포자를 만든다. 배지 위에서는 생육이 매우 빠르고 흰색 균총을 만드는데, 나중에는 회색으로 된다. 생육적온은 30~40℃이다.

전염 본 균은 토양 속이나 식물의 잔재물 또는 육묘자재 등에 널리 분포하고 이것이 1차 전염원이 된다. 또 포자가 공중에 비산해서 전반한다. *Rhizopus*균은 모종의 조직 안에는 침입할 수 없지만 고온, 다습, 조밀하게 파종한 육묘상자에서는 급속하게 번식하고 독소를 생산해 모종의 생육을 저해한다.

벼 모입고병

트리코데르마균에 의한 모마름병

병징 육묘상자에서 모판 흙이나 볍씨의 주위에 흰곰팡이가 생기고 나중에 곰팡이는 푸른 녹색이 된다. 병원균은 생육이 매우 빠르고 볍씨는 출아 전에 썩는 것이 많다. 출아하더라도 생육이 나쁘고 모종은 누렇게 되며 나중에 말라 죽는다. 집단적으로 발생한다.

병원균 *Trichoderma viride* Persoon : Fries 병원균은 사상균의 일종으로 불완전균류에 속한다. 분생포자경은 무색으로 기중균사에서 하나씩 만들거나 뭉쳐서 나고 불규칙 또는 바퀴모양으로 분지한다. 분생포자는 녹색의 공 모양 내지 짧은 거꿀달걀꼴로 표면은 거칠고 지름은 3.6~4.5㎛이다. 생육적온은 30℃이다. 이 균은 벼 모종 외 버섯류를 감염하여 큰 피해를 주고 있다.

전염 본 균은 토양 중의 식물 잔재물 등에 널리 분포하며, 오염된 토양이나 오염된 육묘자재가 전염원이 되는 것이 많다. pH4.0 이하의 토양, 보수력이 낮은 토양, 녹화시작 때의 저온은 발병을 조장한다.

18 벼 점무늬병
(斑点病 Helminthosprium spot Blotch)

병징 잎에 길이 1mm 전후의 미세한 검은 갈색의 짧은 선 모양 점무늬가 한 면에 나타나고 잎 끝은 누렇게 되어서 마른다. 이삭에서는 낟알에 검은 갈색의 미세한 점무늬가 많이 생기고 종종 녹아 섞여서 부정형의 병반이 된다. 심한 경우에는 낟알 전체가 갈색으로 변한다. 잎집이나 이삭 축에도 검은 갈색의 미세한 점무늬가 생긴다. 이삭이 감염되면 불임이나 다미(茶米), 청미(靑米) 등의 변색미가 많아진다.

병원균 *Cochliobolus sativus* (Ito et Kuribayashi) Drechsler ex Dastur [*Bipolaris sorokiniana* (Saccardo ex Sorokin) Shoemaker] 병원균은 사상균의 일종으로 자낭균류에 속한다. 완전세대의 위자낭각은 검은색 공 모양 내지 플라스크형, 안에 방추형 내지 원통형의 자낭을 만들고 그 속에 실모양의 자낭포자가 나선모양으로 꽉 차 있다. 자낭포자는 무색 내지 옅은 올리브색으로 6~13개의 격벽을 갖고 크기는 160~360×6~9μm이다. 불완전세대인 분생포자는 어두운 갈색의 방추형 내지 타원형으로 2~11개의 격막을 갖는다. 크기는 40~120×17~28μm. 배지 위의 균총은 처음에 회백색, 나중에 검은 갈색이 된다. 생육의 최적온도는 28℃이다. 벼 외에 맥류, 브롬그라스 등 벼과 목초에도 기생한다.

전염 맥류에서는 종자 전염하지만, 벼에서도 종자전염이 되는지는 밝혀지지 않았다.

19 벼 갈색잎마름병
(褐色葉枯病 Brown leaf blight)

병징 잎에 갈색 내지 적갈색의 부정형 반점이 다수 형성되거나 잎의 끝이나 가장자리로부터 암갈색 내지 회갈색으로 변하여 말라 들어간다. 잎의 끝이나 가장자리로부터 형성된 병무늬는 주로 얼룩무늬 혹은 구름모양으로 나타난다. 병이 진전되면 병무늬는 서로 융합하여 커지고 후에 잎이 말라죽는다. 이 병은 벼의 이삭마름 증상에도 관여하는데 감염된 벼알의 껍질에는 갈색 내지 암갈색의 작은 반점이 형성되고 심하게 감염된 벼알은 암갈색으로 변하여 썩기도 한다.

생태 병원균은 *Monographella albescens*에 의한 자낭균에 속한다. 분생포자의 크기는 6.0~ 15.0×3.0~4.5㎛이고 균사의 생육적온은 24~28℃이다. 병원균은 병든 식물체, 잡초 혹은 종자에서 자낭포자나 균사형태로 월동한 후 온도와 습도가 높아지면 자낭포자 혹은 분생포자를 형성하여 1차 전염원이 된다. 잎이나 지경으로의 침입은 주로 기공을 통하여 이루어지고 벼알이나 이삭의 침입은 표피관통에 의하여 이루어진다. 발병은 잎이 성숙할 때 시작되는데 비가 올 때나 습도가 높은 시기에 병 발생이 증가하고 질소질 비료를 많이 주면 발생이 심해진다. 엽위별로는 지엽보다 차엽에서 산간지가 해안이나 평야지 보다 발병이 많았다. 병원균의 침입적온은 24~26℃이고 분생포자의 비산은 주로 야간에 많이 이루어진다. 품종 간에는 일반계(Japonica형) 품종들은 통일계(Indica형)품종이나 통일계×일반계 품종들에 비하여 저항성이다.

방제 방제방법으로는 종자소독을 하여 파종한다. 이 병의 발생이 심한 지역에서는 저항성 품종을 재배하고 벼 생육 중에는 질소질 비료를 과다하게 주지 않도록 한다.

20 벼 잎집썩음병

(葉鞘腐敗病 Sheath rot)

잎집썩음병은 1922년 사와다에 의해 대만으로부터 처음 보고되었다. 우리나라에서는 오래전부터 발생은 되고 있었으나 공식적인 기록은 1975년 정등에 의해 이루어졌으며 일본 등 동남아 지방에 주로 분포하고 있다. 우리나라는 통일계통의 재배면적이 많았던 당시에 해에 따라서 발생 정도는 다르나 10~20%의 발병을 보였던 해도 있었으나 수량감소는 아주 적었던 것으로 알려져 있다. 이 병은 수잉기에 많이 발병되며 특히 폭풍우 직후 출수기에 낮은 온도가 계속되면 많이 발생하며 발병부위는 주로 엽초이며 마디사이와 알맹이에 침입된다.

병징 학명은 *Acrocylindrium oryzae* Sawada 로 불완전균류에 속하며 분생자경과 포자 모두가 무색이다. 주로 병징은 최상위 엽초에 나타난다. 병반은 초기에는 타원형 또는 약간 부정형으로 0.5~1.5㎝ 크기이다. 병무늬의 중앙부는 회색이고 병무늬 가장자리는 갈색이다. 병진전이 심할 경우에는 작은 병무늬가 융합되어 어린이삭을 감싸고 있는 엽초 전체로 확대되어 출수가 되지 않거나 되어도 충분히 성숙되지 않는다. 피해 받은 엽초의 안쪽과 어린 이삭에는 흰가루 모양의 균사체와 포자가 덮여 있는 것을 볼 수 있다. 피해가 심하면 불임이 되거나 피해 받은 쌀알은 갈색을 띠고 도정율이 떨어진다.

생태 전염경로는 불분명하지만 대체로 피해 짚에서 균사 상태로 월동하여 다음해 제1차 전염원이 되며 균의 생존기간은 이병식물을 실내에 보존할 경우 약1년, 실외에서는 24일 전후 생존한다는 보고가 있다. 이께다(池田) 등에 의하면 적온이 20~28℃이고 포자발아는 23~26℃에서 양호하다. 그리고 분리된 균주에 따라 온도, pH, 탄소원, 질소원에 대한 반응이 다르다고 한다. 병원균은 상처를 주거나 이화명나방의 피해를 받으면 식물체가 연약해져서 피해가 심하다고 한다. 재배환경과 발병과의 관계는 질소질 비료를 증시할수록 피해가 많았고 이앙이 늦을수록 재식밀도는 많을수록 발병이 많았다.

방제 품종 간 저항성에 관한 차이는 인디카(Indica)계통에서 이병성이며 자포니카(Japonica)계통은 거의 발생하지 않는다.

21 벼 잎깜부기병
(黑腫病 Leaf smut)

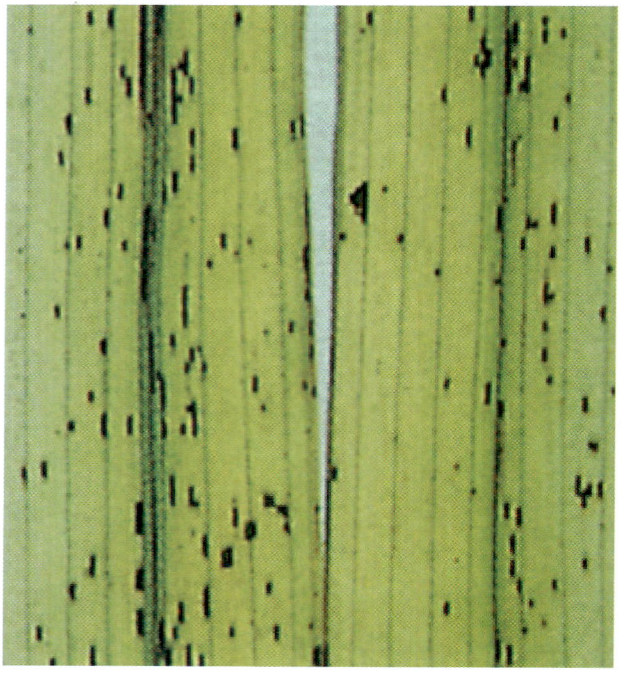

병징 벼의 수확기까지 발생하지만 피해는 많지 않은 병해이다. 병징은 잎에만 발생 하는데 잎의 표면의 잎맥을 따라 깨알처럼 다소 융기한 장타 원형의 흑점이 이어서 발생한다. 흑점의 주위는 황변하고 발생이 심한 경우에는 말라죽는다.

생태 병원균은 *Entyloma oryzae* 이며 후막포자는 구형 또는 다각형이고 암갈색을 띤다. 후막포자의 덩이가 병 걸린 잎에 붙어서 월동하며 다음해 여름 후막포자가 발아하여 소생자를 형성하며 소생자가 잎에 침입하여 발병한다.

방제 비료 기운이 생육후기까지 떨어지지 않도록 비배관리에 주의한다. 또한 피해 볏짚은 퇴비로 만들어 사용한다

22 벼 먹깜부기병

(墨黑穗病 Kernel smut)

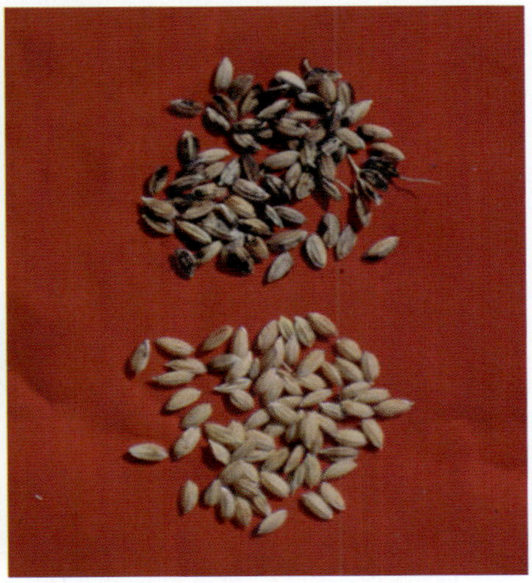

병징 벼알에만 발생한다. 피해 입은 벼알에는 담홍색 또는 황색의 혓바닥 모양의 돌기가 영(穎) 사이에서 생긴다. 영 외면은 흑색으로 오염되고 영 내부에는 흑색의 가루가 들어있다.

생태 병원균은 *Tilletia barclayana* 이며 후막포자를 만든다. 후막포자는 구형으로 담갈색 또는 다갈색을 띠며 표면에 뚜렷한 강모가 있다. 후막 포자는 발아해서 소생자를 형성하며 소생자는 발아하여 균사를 만들며 선단에 2차의 소생자를 만든다. 병 걸린 벼알의 흑색 후막포자의 형태로 벼알에서 월동하며 다음해의 전염원이 된다.

방제 이 병은 벼알에서 월동하므로 병 걸리지 않은 포장에서 수확한 벼를 종자로 사용할 것이며 종자 소독하여 파종한다

23 벼 세균줄무늬병

(褐条病 Bacterial brown stripe)

병징 육묘상자에서 발생한다. 모종의 밑동부에서 폭 1mm 정도의 어두운 갈색 줄무늬가 뻗어서 잎몸에 이른다. 생육은 불량하고 모종은 고르지 않게 된다. 심할 때에는 출아 후 1cm정도의 어린 모종이 물에 잠긴 것 같이 썩는다. 또 살아남아도 잎집 전체가 어두운 갈색으로 변하고 모종은 구부러지며 시들어서 결국은 말라죽는다.

병원균 *Acidovorax avenae* subsp. avenae (1909) Willems, Goor, Thielemans, Gillis, Kersters and De Ley 1992 병원균은 세균의 일종이다. 짧은 막대 모양으로 1개의 단극생 편모를 갖고 크기는 평균 0.9~2.1㎛이다. 호기성의 그람음성으로 배지 중에 녹색 형광색소를 생산하지 않는다. 배지 위에서는 가장자리가 뚜렷하고 가운데가 높으며 축축한 광체를 띠고 우유빛의 둥근 콜로니를 만든다. 생육의 최적온도는 28~30℃이다.

전염 종자로 전염한다. 보균한 볍씨를 뿌린 밭못자리나 육묘상자에서 발병한다. 특히 고온, 다습, 씨앗을 빽빽하게 뿌린 육묘상자에서 발생이 심하다. 샤워 순환식 최아기(催芽機)에 의한 최아는 발병과 전염을 조장한다. 본 논에서는 썩은 잎집에서 생존 혹은 증식하는 것으로 생각된다.

24 벼 그을음무늬병
(煤紋病 Brachysporium blotch, Glume mold)

병징 출수기 때부터 잎, 잎집에 어두운 갈색 또는 검은 갈색의 부정형 병반이 생기고, 병반이 차츰 확대되는 것과 동시에 회색으로 변하고 검은색 우단모양의 곰팡이가 생긴다. 병반이 잎집을 둘러쌀 정도가 되면 이삭은 출수 불능이 되거나 출수해도 불임이 되고 낟알에는 검은색 가루모양의 곰팡이가 생긴다.

병원균 *Brachysporium oryzae* 은 사상균의 일종으로 자낭균류에 속한다. 완전세대의 위자낭각 및 자낭포자는 참깨 잎마름병균의 그것과 유사하다. 불완전세대인 분생포자는 곤봉꼴 또는 긴 타원형~방추형의 4~5 세포로 이루어지고 기부에서 3번째의 세포가 부풀고, 때로는 구부러지는 것이 있다. 양 끝 세포는 옅은 갈색, 가운데 세포는 어두운 갈색이다. 크기는 30~42 × 8~13㎛, 분생포자경은 어두운 갈색 선 모양으로 격막이 있고, 앞 끝은 약간 구부러진다. 크기는 100~250 × 4~6㎛. 벼에 대해 병원성은 약하다.

전염 본 균은 벼를 비롯한 많은 작물이나 잡초 등에서 부생생활을 하고 벼가 어떤 원인으로 상처를 받거나 쇠약한 경우에 감염해 발병한다.

25 벼 갈색균핵병

(褐色菌核病 Brown sclerotium disease)

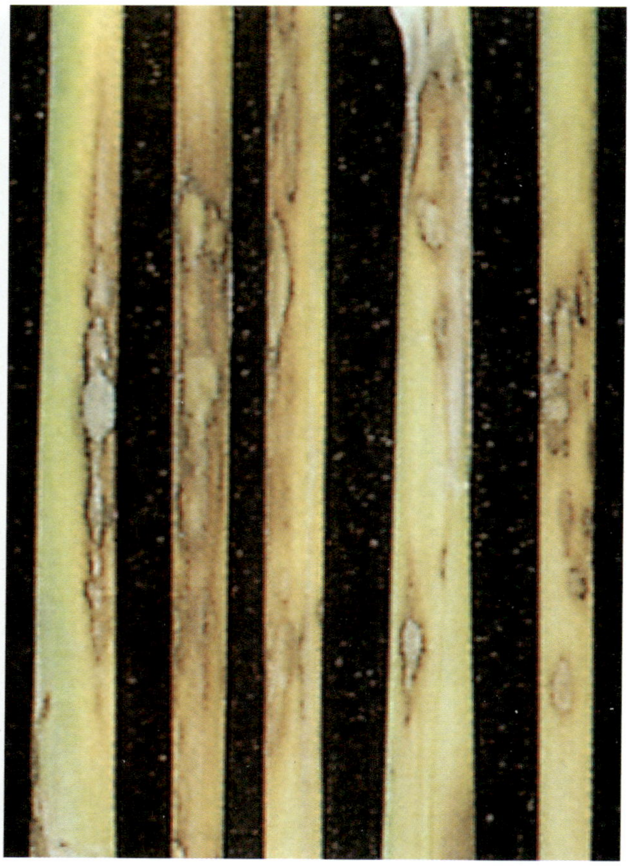

병징 출수기 때부터 발생한다. 그루터기의 잎집에 갈색 타원형의 병반을 많이 만든다. 크기는 0.5~수cm로 병반의 가운데는 회갈색으로 건전부와의 경계는 뚜렷하지 않다. 밑동의 병반은 바랜 녹색 물 번진 모양을 보이고 부정형이 된다. 말라죽은 잎집 조직 안 또는 병에 걸린 줄기의 안쪽에 균핵을 만든다.

병원균 *Ceratobasidium setariae* (Sawada) Oniki, Ogoshi et Araki [*Rhizoctonia oryzae-sativae*(Sawada) Mordue] 병원균은 사상균의 일종으로 담자균류에 속한다. 담자포자와 균핵을 만든다. 잎집 조직 안에 만들어지는 균핵은 둥근 기둥모양, 줄기의 안쪽에 만들어지는 균핵은 공 모양으로 크기는 670~1, 890 × 305~366㎛, 모두가 어두운 갈색 또는 검은색이다. 담자기는 공 모양으로 크기는 13.4~18.8 × 12.3~15.3㎛. 담자기 위에는 뿔 모양의 작은 자루 2개가 생기고, 그 위에 공 모양 또는 달걀꼴의 담자포자를 만든다. 담자포자는 무색으로 크기는 11.6~20.1 × 8.5~12.5㎛이다. 균사는 5~38℃에서 생육하지만, 적당한 온도는 30~33℃이다.

전염 본 균은 감염된 짚 또는 그루터기 위의 균핵 및 균사의 형태로 지표 또는 토양 중에서 월동하고 이것들이 이듬해의 전염원이 된다.

방제 균핵 진균에 의해서 발생하는 병으로 방제는 벼 재배시 질소질비료를 지나치게 많이 주거나 적게 주지 않도록 하며 균핵진균은 벼 수확 후에 남겨진 병든 식물체의 잔재에 균핵 혹은 균사 등의 형태로 많이 남아있기 때문에 가능하면 벼 수확후 남은 볏짚을 제거하거나 태우는 것이 포장내 균핵 진균의 밀도를 떨어뜨려 이듬해 벼 재배시 균핵진균병 발생을 줄이는 효과가 있다. 기타 방제관리는 잎집무늬마름병 방제에 준하여 실시하면 된다.

26 벼 갈색무늬병
(褐紋病)

▲ 인공 접종에 의한 병반

병징 지금까지 밭벼에서만 발병이 확인되고 있다. 잎에 부정형으로 가장자리가 선명하지 않은 옅은 갈색 병반이 생긴다. 병반의 크기는 폭 4~5mm, 길이는 5~6cm에 달하는 것도 있다. 잎집이나 낟알의 갈변(褐變)도 일으키지만, 병반은 뚜렷하지 않다.

병원균 *Nigrospora oryzae* (Berkeley et Broome) Petch 병원균은 사상균의 일종으로 보통 벼 위에서는 불완전세대의 분생포자가 보인다. 분생포자경은 하나씩 또는 뭉쳐나고 어두운 갈색의 염주모양으로 이어진 2~3세포로 구성되고 앞 끝에 분생포자를 하나씩 만든다. 분생포자는 검은색의 공 모양 또는 찌그러진 공 모양으로 단세포, 표면은 매끄럽고, 크기는 12~16㎛. 배지 위의 균총은 처음 회색, 나중에 검은색이 된다. 생육적온은 25~28℃이다. 본 균의 완전세대는 *Khuskia oryzae* Hudson으로 되어 있다.

전염 본 균은 벼의 각부에 항상 존재하며 조직의 표면이 극히 얕은 곳에 기생하고 기공에서 분생포자경을 내고 있지만, 보통 병반을 만드는 것은 없다. 드물게 상처로 침입해서 병반을 만드는 것이 있다. 피해는 거의 없다.

27 벼 포기마름병

(株枯病 Fusarium blight)

병징 밭벼에서 발생한다. 발아 직후부터 발생하지만, 특히 심하게 되는 것은 수잉기 이후이다. 처음에는 포기 전체가 생기를 잃고 녹색 잎이 갈색으로 변하는 동시에 포기 전체가 붉은기 도는 누런색이 되어 말라 죽는다. 그루터기 잎집에는 흰색 내지 옅은 붉은색의 곰팡이가 자라고 있으며, 볏짚을 쪼게 보면 조직은 옅은 검은색으로 변색되어 썩어있다. 때로는 웃자라 있는 볏짚도 볼 수 있다.

병원균 *Gibberella fujikuroi* (Sawada) Ito [*Fusarium moniliforme* Sheldon] 병원균은 사상균의 일종으로 자낭균류에 속하며, 벼 키다리모종 병균과 같은 종이다. 그러나 키다리모종 병균은 증상이 다르고 품종에 대한 병원성도 다르다.

전염 본 균은 밭 상태에서는 토양 중에서 후막포자를 만들어서 월동하고 다음해의 전염원이 되는 것도 생각되지만, 주된 전염경로는 종자전염이다.

28 벼 공균핵병

(球狀菌核病)

병징 일반적으로 곡물 등이 익어가고 있는 후기에 발생하고 아랫쪽의 잎집 및 볏짚을 감염한다. 병에 걸린 포기는 잎집의 아래부터 누런색으로 변하고 차츰 윗부분으로 확산된 후에 잎집 전체가 갈색이 되어 마른다. 잎집 위에 뚜렷한 병반은 형성되지 않는다. 잎집의 표면 또는 조직 안에 갈색 내지 검은 갈색으로 작은 공 모양의 균핵을 많이 만든다. 잎집이 감염되면 내부의 볏짚도 감염되어 안쪽에 많은 균핵을 만드는 경우가 있다. 병에 걸린 포기는 쇠약하더라도 포기 전체가 말라죽는 것은 없다.

병원균 *Sclerotium hydrophilum* Saccardo 병원균은 사상균의 일종으로 불완전균류에 속한다. 분생포자 세대는 알려져 있지 않고 균핵 세대만 알려져 있다. 균핵은 갈색 내지 검은 갈색으로 공 모양, 지름은 245~490㎛이다. 8~37℃에서 생육하지만 적정온도는 25~30℃. 벼 외에 참방동사니, 줄, 바랭이에 기생한다.

전염 자세한 것은 분명하지 않지만, 감염된 짚 위에서 월동한 균핵 및 균사가 다음해의 전염원이 되는 것으로 생각된다. 또 균핵은 토양 중에서 1년 이상 생존이 가능하므로 지상에 떨어진 균핵도 다음해의 1차 전염원이 된다.

방제 균핵 진균에 의해서 발생하는 병으로 방제는 벼 재배시 질소질비료를 지나치게 많이 주거나 적게 주지 않도록 하며 균핵진균은 벼 수확 후에 남겨진 병든 식물체의 잔재에 균핵 혹은 균사 등의 형태로 많이 남아있기 때문에 가능하면 벼 수확후 남은 볏짚을 제거하거나 태우는 것이 포장내 균핵 진균의 밀도를 떨어뜨려 이듬해 벼 재배시 균핵 진균병 발생을 줄이는 효과가 있다. 기타 방제관리는 잎집무늬마름병 방제에 준하여 실시하면 된다.

29 벼 홍변미

(紅變米)

병징 현미의 표면에 붉은색 점무늬가 나타난다. 형상은 고르지 않고 원형, 구름모양, 부정형, 등 쪽을 따라서 세로로 긴 형의 것, 맨 끝부분 또는 기부만 붉은색으로 변하는 것, 배 쪽만 붉은색으로 변하는 것 등 다양하다. 배(胚)에서는 전체가 착색되는 것도 있다. 다른 부분에서는 착색이 전분 층까지 달하는 것은 없다.

병원균 *Epicoccum nigrum* Link 병원균은 사상균으로 불완전 균류에 속한다. 갈색 내지 검은색의 분생포자좌 또는 균사에서 무색 내지 옅은 갈색의 짧은 곤봉꼴 분생포자경을 만든다. 분생포자경 앞 끝에 분생포자를 만든다. 분생포자는 처음에 무색으로 격벽이 없고 표면은 매끄럽지만, 나중에 갈색이나 검은색으로 변하고 가로세로에 불규칙한 격벽이 생긴다. 공 모양, 공 같은 모양, 서양 배 모양 등으로 불규칙하며, 표면은 그물코 모양으로 갈라진 외막으로 덮이고 돌기모양이 된다. 분생포자의 크기는 변이 폭이 크고 7~65 × 6~54μm이다.

전염 본 균은 벼 외에 밭두둑 잡초의 마른 잎 등에서 부생생활을 하며 거기에서 비산한 분생포자가 잎에 떨어져 낟알에 침입해 현미를 감염한다.

30 벼 좀공균핵병

(小黑菌核病 Stem-rot, Culm rot)

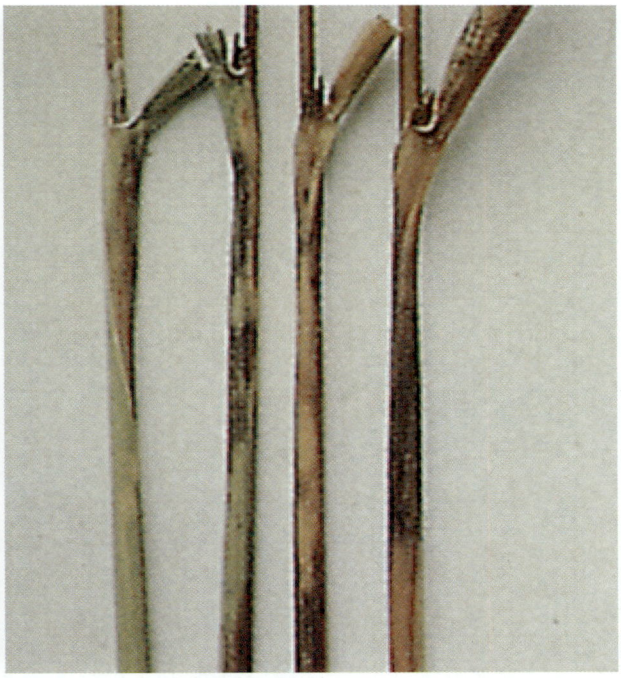

병징 수잉기 때부터 밑동부 잎집에 검은색의 작은 점무늬를 만들고, 그 위아래에 검은 가지가 자란 후에 가장자리가 선명하지 않은 검은색의 얼룩무늬가 되고, 잎집을 둘러쌀 정도로 균은 내부에 침입해서 볏짚에도 감염해 검은 얼룩무늬를 만든다. 또, 마지막 잎 잎집에도 검은색으로 가장자리가 흐릿한 구름모양의 병반을 만든다. 잎에도 작은 갈색 점무늬를 만든다.

병원균 *Helminthosporium sigmoidea* Cavara var. *irregulare* Cralley et Tullis 병원균은 사상균의 일종으로 불완전균류에 속하며, 분생포자와 균핵을 만든다. 잎집 병반 위의 분생포자는 초승달 모양 또는 방추형으로 3개의 격벽이 있고 가운데 2세포는 옅은 갈색, 양 끝의 2세포는 약간 옅은 색이다. 크기는 50~65×9~12㎛. 균핵 위에 만들어진 분생포자는 4개의 격막을 갖고, 맨 끝은 홀쭉한 부리(beak)를 이루고 감긴 모양으로 구부러져 있는 점에서 잎집 병반 위의 것과 다르다. 균핵은 검은색의 부정형으로 크기는 145~180×85~122㎛이다. 10~40℃의 범위에서 생육하지만, 생육적온은 30℃ 부근에 있다. 벼 외에 골풀이나 줄에 기생한다.

전염 감염된 짚 및 그루터기 중의 균핵이 다음해의 1차 전염원이 된다. 균핵은 모내기 시기에 수면 위로 떠올라 그루터기에 붙는다. 수온이 20℃을 넘어설 때부터 잎집에 침입을 시작한다. 또 잎집이나 수면에 늘어진 잎의 병반 또는 수면에 떠있는 균핵 위에 분생포자를 만들어 바람에 의해 비산해서 위쪽의 잎집, 잎과 이삭 등에 떨어진다. 분생포자는 발아해 부착기를 만들고 거기에서 침입균사를 내고, 침입해서 병반을 만든다. 조기(早期), 조식(早植), 조기낙수(早期落水), 칼륨결핍 및 출수기 이후의 고온은 발병을 조장한다.

방제 균핵 진균에 의해서 발생하는 병으로 방제는 벼 재배시 질소질 비료를 지나치게 많이 주거나 적게 주지 않도록 하며 균핵진균은 벼 수확 후에 남겨진 병든 식물체의 잔재에 균핵 혹은 균사 등의 형태로 많이 남아있기 때문에 가능하면 벼 수확후 남은 볏짚을 제거하거나 태우는 것이 포장내 균핵진균의 밀도를 떨어뜨려 이듬해 벼 재배시 균핵진균병 발생을 줄이는 효과가 있다. 기타 방제관리는 잎집무늬마름병 방제에 준하여 실시하면 된다.

31 벼 흰비단병

(白絹病 Southern blight)

병징 본 병은 육묘상자와 밭벼에서 발생한다. 육묘상자에서 모종의 밑동부나 뿌리에 흰 균사가 서로 얽혀 흰 균사 덩어리가 생기며, 나중에 지름 1~2mm 정도의 갈색 공 모양 균핵이 된다. 모종은 생육이 나쁘고 누런 녹색이 되어 시들어 말라죽는다. 밭벼에서는 7~8월에 줄기의 밑동부가 갈색으로 변하고 흰색의 균사를 덮고 있든가 또는 회백색으로 변해서 표면에 작은 공 모양의 균핵이 많이 붙어 있다. 병에 걸린 포기는 시들고 나중에 말라죽는다.

병원균 *Sclerotium rolfsii* Saccardo 병원균은 사상균의 일종으로 불완전균류에 속한다. 콩, 야채, 담배 등의 흰비단병균과 같다.

전염 본 균은 토양 중에서 균핵으로 장기간 생존한다. 대두, 강낭콩 등 밭작물이나 채소류에 널리 기생하므로, 밭토양을 살균하지 않은 채 상토로서 사용하면 발병하기 쉽다. 녹화, 경화기간 중의 고온, 다습은 발병을 조장한다. 물못자리나 논에서는 본 병은 발생하지 않는다.

32 벼 갈색줄무늬병

(条葉枯病 Cercospora leaf spot)

병징 본 논에서 중, 후기부터 발생이 눈에 띄게 된다. 잎에서는 잎맥을 따라 길이 1cm, 폭 1~2mm 정도로, 주위가 약간 흐릿한 자주갈색 줄무늬가 많이 나타난다. 잎 집에서는 잎 마디 부분부터 아래로 자주갈색의 큰 병반이 되고 잎 집 전체가 자주갈색으로 변하기도 한다.

병원균 *Sphaerulina oryzina* Hara [*Cercospora oryzae* Miyake] 병원균은 사상균의 일종으로 자낭균류에 속한다. 자낭포자와 분생포자를 만든다. 분생포자경은 하나씩 또는 몇 개가 모여 나고 누런 갈색 또는 갈색 선 모양으로 2~5개의 격막이 있다. 크기는 3.5~7.7 × 3.2㎛. 분생포자는 무색의 긴 곤봉 모양으로 2~6개의 격벽을 갖고 크기는 32~55 × 5~6.5㎛이다. 헛자낭각은 야외에 감염된 체로 방치된 짚 조직 안에 만든, 검은색의 공 모양이나 찌그러진 공 모양으로 크기는 40~100 × 30~90㎛. 자낭은 긴 타원형 또는 원통형으로 크기는 45~51 × 8~9㎛이다. 자낭포자는 무색의 긴 방추형으로 4개의 격벽을 갖고 크기는 18~23 × 2~2.5㎛. 생육은 느리다. 6~33℃에서 생육하지만, 적정온도는 25~28℃이다. 벼에만 기생한다. 본 균의 불완전 세대를 *Cercospora janseana* (Raciborshi) Constantinescu로 하자는 보고가 있다.

전염 본 균은 감염된 짚에서 월동하고, 다음해 따뜻해져(기온 16℃ 정도)비를 맞으면 병환부에 분생포자 또는 자낭포자를 만들며 비산해서 벼에 병을 일으킨다. 조기 재배에서는 7월 중순, 보통기 재배에서는 8월 초, 중순에 아랫쪽 잎에서 처음 발생이 보이고, 발병은 차츰 위쪽 잎으로 번지며 출수기 때부터 병세가 급속히 진행된다. 사질토양으로 누수가 심한 밭에서 발생이 많다.

33 벼 거짓도열병

(의사도열병 False blast)

병징 잎에 어두운 갈색, 주변에 옅은 누런색 타원형의 병반이 생긴다. 크기는 2~3mm로 도열병과 비슷하지만, 도열병처럼 병반의 뒷면에 회녹색 또는 회색의 곰팡이가 생기지 않는다.

병원균 (1)*Alternaria oryzae* Hara, (2)*Epicoccum nigrum* Link (3)*Cladosporium herbarum* (Persoon : Fries) Link (4)*Pseudocochliobolus lunatus* (Nelson et Haasis) Tsuda, Ueyama et Nishihara 병원균은 사상균으로 위의 (1)~(3)은 불완전균류 (4)는 자낭균류에 속한다. 어떤 균도 벼에 대한 병원성은 매우 약하며, 이러한 균이 주 원인이라고 생각하기는 어렵다.

전염 상기의 사상균은 모두 벼 외에 잡초의 마른 잎 등에서 부생생활을 한다. 벼가 저온이나 바람 등에 의해서 상해를 받았을 경우에 이러한 사상균들이 침입한다.

34 벼 회색균핵병
(灰色菌核病)

병징 등숙기 가까이 되어 잎집에 띠 모양의 붉고 옅은 갈색으로 작은 병반이 나타나고 나중에 병반은 뚜렷한 모양이 되지 않고 옅은 갈색, 이른바 볏짚 색깔로 확대해서 잎집은 말라 죽는다. 병반 위에 회백색 내지 회갈색의 균핵이 흩어져 만들어 진다. 또 본 병은 육묘상자에서 뿌리나 잎집에 갈변을 일으키기도 한다.

병원균 *Sclerotium fumigatum* Nakata 병원균은 사상균의 일종으로 불완전균류에 속한다. 분생포자 세대는 분명하지 않고, 균핵 세대만이 알려져 있다. 균핵은 공 모양, 타원형 또는 융합형으로 아래는 편평하고 표면은 거칠다. 처음에는 흰색, 나중에 회백색 내지 회갈색이 된다. 크기는 0.3~1.5mm. 감자 한천배지 위에서의 균총은 누런 흰색이고 15~34℃ 사이에서 생육하지만, 적정온도는 28~30℃이다. 벼 외에 율무, 산달래를 감염한다.

전염 본 균은 부생성이 강하며 감염된 짚, 그루터기와 함께 토양 중에 매몰된 균사 및 균핵이 다음해의 전염원이 된다. 본 균은 병원력은 약하지만, 상처를 통해 침입하고 폭풍우 등의 후에 발생한다. 출수 후에 내린 비가 발병을 조장한다.

방제 균핵 진균에 의해서 발생하는 병으로 방제는 벼 재배시 질소질비료를 지나치게 많이 주거나 적게 주지 않도록 하며 균핵진균은 벼 수확 후에 남겨진 병든 식물체의 잔재에 균핵 혹은 균사 등의 형태로 많이 남아있기 때문에 가능하면 벼 수확후 남은 볏짚을 제거하거나 태우는 것이 포장내 균핵 진균의 밀도를 떨어뜨려 이듬해 벼 재배시 균핵진균병 발생을 줄이는 효과가 있다. 기타 방제관리는 잎집무늬마름병 방제에 준하여 실시하면 된다.

35 벼 적색균핵병

(赤色菌核病 Bordered sheath spot, Rhizoctonia sheath spot)

병징 본 병은 출수기 이후에 발생하는 것이 많다. 잎집에 짙은 갈색으로 지름 1~2cm 타원형 병반을 만든다. 병반의 가장자리는 짙은 갈색, 내부는 옅은 누런 갈색으로, 병반부와 건전부의 경계가 뚜렷하지 않은 경우가 많다. 잎에도 같은 병반이 생길 수 있지만, 볏짚을 감염하는 것은 없다. 잎집의 조직 안이나 드물게 잎집 사이에 균핵을 만든다.

병원균 *Waitea circinata* Warcup et Talbot [*Rhizoctonia oryzae* Ryker et Gooch] 병원균은 사상균의 일종으로 담자균류에 속한다. 담자포자와 균핵을 만든다. 담자기는 원통형으로 중앙에서 약간 부풀어 오르는 것이 있다. 크기는 9.8~17.8×4.6~8.0㎛. 담자기 위에는 짧은 뿔 모양의 작은 자루가 생기고, 그 앞 끝에 무색 거꿀달걀꼴의 담자포자를 만든다. 크기는 7.4~10.3×4.3~6.9㎛. 균핵은 연분홍색 내지 주황색, 타원형 또는 융합형으로 크기는 1×0.5mm이다. 감자한천배지 위의 균총은 옅은 붉은색으로 14~36℃에서 생육하지만, 적정온도는 31℃ 부근이다. 벼 외에 피, 돌피 등에 기생한다.

전염 논에 방치되거나 토양 중에 섞여 들어간 감염된 짚, 또는 그루터기의 균사 및 균핵이 1차 전염원이 된다. 또, 벼 이외의 기주잡초가 전염원이 되기도 한다.

방제 균핵진균에 의해서 발생하는 병으로 방제는 벼 재배시 질소질비료를 지나치게 많이 주거나 적게 주지 않도록 하며 균핵진균은 벼 수확 후에 남겨진 병든 식물체의 잔재에 균핵 혹은 균사 등의 형태로 많이 남아있기 때문에 가능하면 벼 수확후 남은 볏짚을 제거하거나 태우는 것이 포장내 균핵진균의 밀도를 떨어뜨려 이듬해 벼 재배시 균핵진균병 발생을 줄이는 효과가 있다. 기타 방제관리는 잎집무늬마름병 방제에 준하여 실시하면 된다.

36 붉은곰팡이병 (赤黴病 Scab, Fusarium blight)

병징 볏짚에서는 마디를 중심으로 위아래가 검은 갈색으로 변하여 썩고 나중에 말라죽는다. 잎집이나 볏짚의 표면에는 작고 검은 입자가 많이 만들어진다. 낟알에서는 이삭의 봉합부에 옅은 누른 붉은색으로 약간 끈기가 있는 덩어리가 선 모양으로 나타난다. 이것은 병원균의 분생포자 덩어리이다.

병원균 *Gibberella zeae* (Schweinitz) Petch 〔*Fusarium graminearum* Schwabe〕 병원균은 사상균의 일종으로 자낭균류에 속한다. 본 균은 자낭포자와 분생포자를 만든다. 잎집이나 볏짚 표면에 만들어지는 검은 입자는 자낭각이며, 병든 이삭의 봉합부에 나타나는 것은 분생포자 덩어리이다. 본 균은 벼 외에 맥류 및 벼과목초 등에 널리 기생하며 맥류에서는 특히 피해가 크다.

전염 본 균은 균사, 분생포자, 자낭포자의 형태로 벼뿐만 아니라 맥류 및 벼과목초 등의 감염된 줄기와 잎, 종자 등에서 월동하고 다음해의 전염원이 된다. 본 병은 이삭이 나온 후 비가 계속내릴 때에 발생한다.

37 벼 누른잎마름병 (黃枯病)

병징 벼의 마디 사이 신장기 때부터 발생하기 시작한다. 잎집의 가장자리 근처에 처음 5mm 정도의 짙은 갈색의 타원형 병반이 나타나며, 나중에 확대해서 잎집을 둘러싸며 길이 10cm에 달하고 잎집은 말라죽는다. 병이 진행되면 더 안쪽의 잎집에도 감염한다. 잎집 병반은 끝동매미충의 산란 흔적에서 시작하는 것이 많다.

병원균 *Pyrenochaeta* sp. 병원균은 사상균의 일종으로 불완전균류에 속한다. 병에 걸린 조직 안에 병자각을 만들고, 입 부분을 표면으로 돌출한다. 입 주변에는 수십 개의 가시털이 있다. 병자각은 검은색의 공 모양 또는 타원형으로 크기는 평균 124.7 × 116.9㎛이다. 분생포자(병포자)는 무색 달걀꼴 또는 타원형의 단세포로 크기는 평균 4.3 × 2.1㎛. 생육적온은 28℃이다. 전염은 자세한 것은 밝혀지지 않았지만, 감염식물 조직 중의 균사 또는 분생포자로 월동하고 이것이 1차 전염원이 되는 것으로 생각된다.

38 벼 잿빛잎마름병 (灰色葉枯病)

병징 잎맥에 따라서 갈색의 타원형 병반이 생기며 날이 갈수록 가운데는 회백색, 가장자리는 어두운 갈색이 된다. 잎집이나 낟알도 감염한다.

병원균 *Hendersonia oryzae* Miyake 사상균으로 불완전균류에 속한다. 전염은 자세한 것은 밝혀지지 않았지만, 감염된 짚이 다음해의 전염원이 되는 것으로 생각된다.

벼 해충

01 벼 잎선충

(Rice white tip nematode)

▲ 벼 잎선충

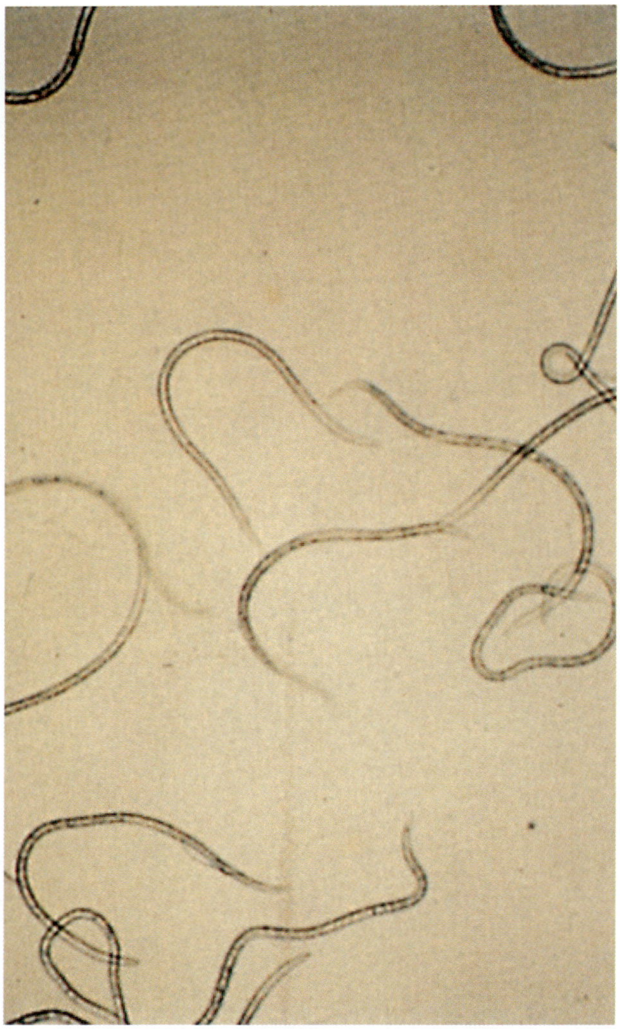

▲ 벼 잎선충의 성충과 유충

가해양상 아랫잎에는 나타나지 않지만 8월에 들어서면 윗잎의 끝이 담황갈색이 되고 윤이 난다. 병반은 오래되면 회갈색으로 변하여 돌돌 말려 꼬인다. 결국에는 썩어서 잎이 끊긴 것같이 되며 낟알에 흑점이 생긴다. 벼잎선충과 세균이 동시에 감염되면 흑점미가 발생하여 쌀의 품질을 저하시킨다.

형태와 생활사 벼잎선충은 *Aphelenchoides besseyi* 에 의하여 발생하는데 크기가 1㎜ 내외로 눈에 보이지 않으며 볍씨에서 월동한다. 벼잎선충은 발아직후에 자엽 또는 제1엽으로 침입하여 엽초의 안쪽에 살며 생장하는 어린잎을 가해한다. 벼가 생장함에 따라 상부 엽초로 이동하며 수잉기에는 이삭과 끝잎에, 출수기 후에는 거의 전부가 벼알 속으로 침입한다. 벼알 속으로 침입한 선충은 벼알과 왕겨사이에서 월동하며 벼를 도정하고 남은 왕겨를 집안에 보관해도 겨울에 죽지 않는다.

방제 벼잎선충의 방제는 볍씨 파종전과 본 논에 이앙 후 하는 두 가지 방법이 있다. 볍씨 파종 전에는 볍씨를 최아시키기 전에 24시간 침지 후에 헹구어 낸 다음 볍씨를 파종한다. 본 논에 이앙 후에는 등록약제를 10 a 당 3~4㎏을 살포하면 된다.

▲ 벼 잎선충 발생포장

▲ 벼 잎선충, 잎의 끝부분 피해

▲ 벼 잎선충, 피해받은 벼(아래)

02 벼 뿌리썩이선충류
(*Pratylenchus* spp.)

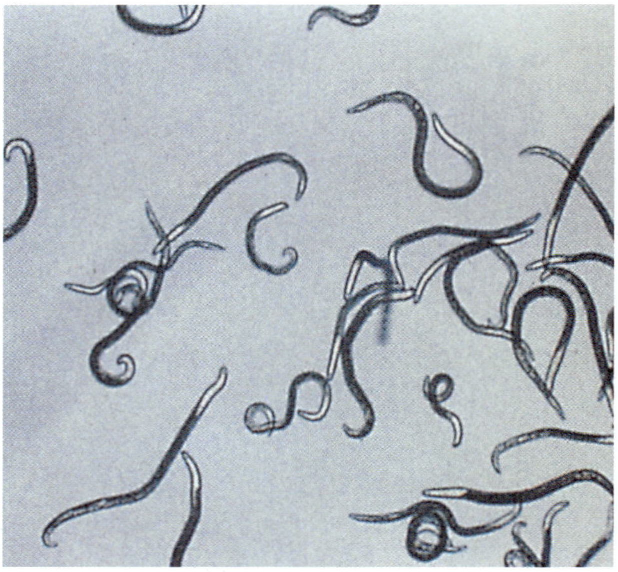
▲ 뿌리썩이선충류 일종

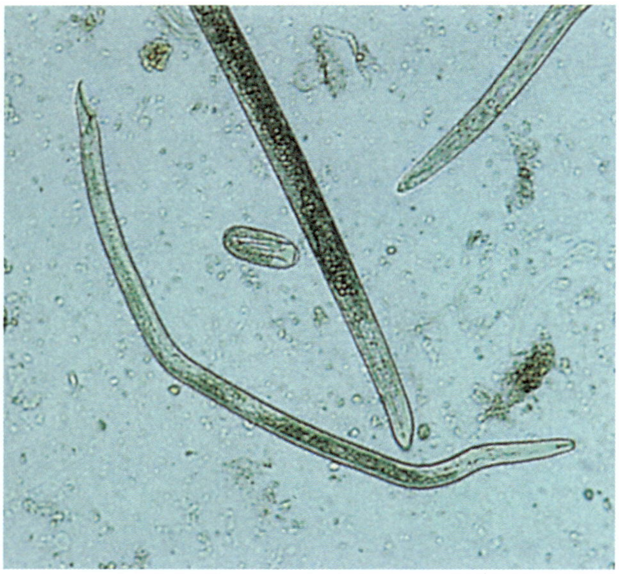
▲ 뿌리썩이선충류의 일종

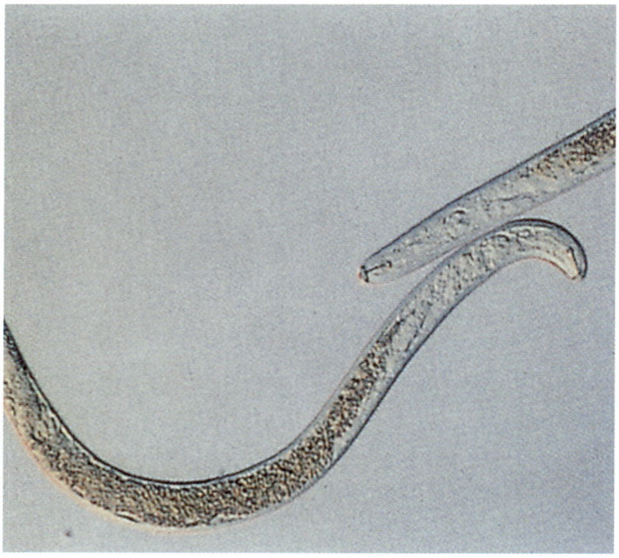
▲ 딸기뿌리썩이선충의 암컷성충

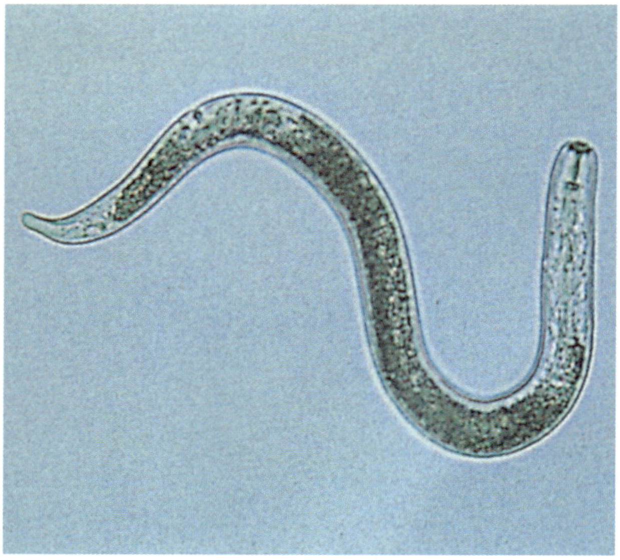
▲ 딸기뿌리썩이선충 암컷성충

형태 암컷성충, 수컷성충, 유충은 모두 선형이며 무색이다. 암컷의 몸길이는 0.3 ~ 0.8mm, 구침은 14 ~ 19㎛로 짧고 굵다. 수컷은 암컷보다 약간 가늘고, 몸길이는 0.3 ~ 0.6mm이다.

피해와 생태 뿌리썩이선충과. 이동성을 지닌 내부기생성 선충이다. 벼에는 커피뿌리썩이선충(*P. coffeae*) 외에 콩뿌리썩이선충(*P. neglectus*) 딸기뿌리썩이선충(*P. penetrans*) 사과뿌리썩이선충(*P. vulnus*) *P. zeae* 의 4종이 알려져 있다. 딸기뿌리선충(*P. penetrans*)과 *P. zeae*는 수컷이 드물다. 성충과 유충 모두 밭벼 또는 논벼의 뿌리에 침입하여 피층부로 이동하면서 기생, 가해하며 뿌리에 갈변병반(褐變病斑)을 형성한다. 그러나 벼에는 커피뿌리썩이선충(*P. coffeae*)을 제외하면 지상부 생육의 영향은 뚜렷하지 않다.

03 벼 씨스트선충

(*Heterodera elachista* Ohshima)

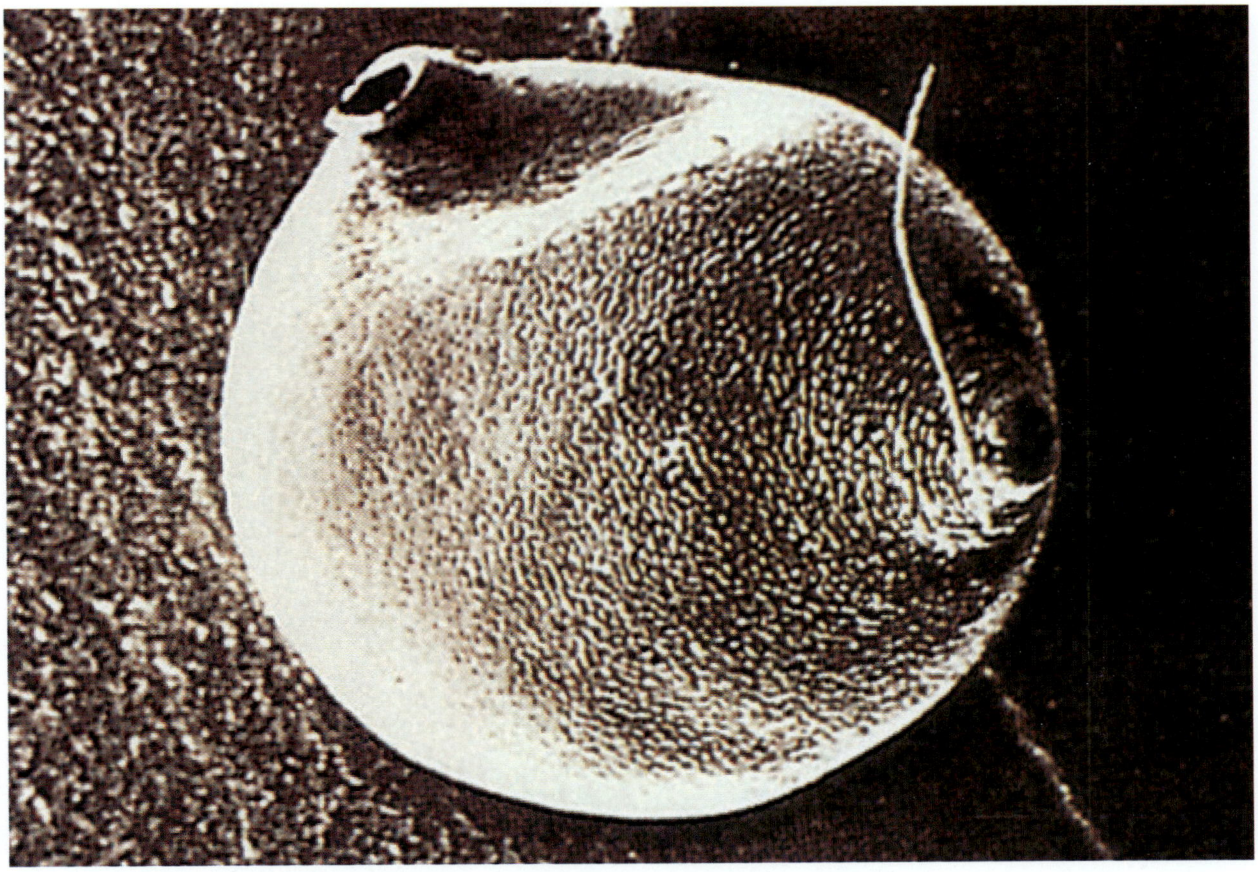

▲ 벼씨스트선충의 암컷성충 (전자현미경)

형태 씨스트선충과. 정주성의 내부기생성 선충이다. 암컷성충은 레몬형으로 된 씨스트선충의 일종이다. 섬모양의 알에서 부화한 제2기 유충은 몸길이가 0.4mm, 선형이며 무색이다. 뿌리에 침입하여 기생한 유충은 소시지 모양에서 서양배 모양으로 비대해지고, 암컷의 몸길이는 0.4mm, 폭은 0.3mm, 레몬형이며 유백색이나 황색을 띤다. 암컷은 죽은 후에 씨스트를 형성하고, 연갈색에서 암갈색으로 변한다. 수컷성충은 21㎛의 구침을 가지며, 몸길이는 0.9mm 선형으로 무색이다.

피해와 행태 밭벼 연작 장해 원인 중 하나이다. 벼 생육 초기에는 모 일부 또는 전체가 황갈색으로 되지만, 고사하는 경우는 없다. 그러나 생육이 지연되고, 초장, 줄기 수, 줄기 무게가 감소한다. 또한 이삭 당 벼 알수가 감소하고, 등숙율도 나쁘며, 천립중이 감소한다. 연작 포장 수확량은 연작하지 않은 포장에 비해서 절반에서 3/4로 감소하지만, 벼의 밭재배에서 접종시험에 의한 감수율은 10~20% 내외이다. 논에서도 건답직파재배에서는 생육 초기에 밭벼와 동일한 피해가 나타난다. 씨스트 내 알로 월동하며, 4월 중순부터 부화가 시작되고, 제2기 유충이 토양 중에 유출되어 작물의 발근과 동시에 뿌리 속으로 침입하며, 6월 하순부터 7월 상순에 뿌리표면에 씨스트를 형성하고 제1세대를 완료한다. 연 3~4세대를 경과한다. 발육영점은 10.5C이고, 1세대를 소요하는 유효적산온도는 455일도, 암컷성충은 뿌리혹선충류(*Meloidogyne spp.*)와 같이 몸 밖으로 알주머니를 내며, 이것이 재배기간 중 증식원이 된다. 씨스트 내 알은 이듬해 봄에 감염원이 된다. 토양 중 씨스트는 벼 밭재배에서는 지표로부터 10cm 내에서 대부분 검출되며, 밭벼에서는 더 깊어 30cm 내에서 모든 씨스트 95%가 분포한다. 씨스트 내에 저장된 알 수는 약 200개이다.

04 벼 애멸구

(Small brown planthopper, *Laodelphax striatellus* Fallen)

▲ 애멸구 단시형성충

가해양상 벼의 생육기간 중 약충이나 어른벌레 모두 즙액을 빨아먹어 직접 피해를 입히고 줄무늬잎마름병과 검은줄오갈병 등의 바이러스병을 매개하여 간접적인 피해 또한 크며 지역에 따라 이삭이 팰 때 이삭을 가해하기도 한다. 또한 그을음병을 유발한다. 2모작 보리 재배가 애멸구의 발생에 유리하고 벼를 빨리심은 평야지에 피해가 많다.

형태와 생활사 어른벌레의 길이는 암컷의 경우 4㎜이고, 수컷은 3.5㎜ 정도이지만 단시형의 경우는 암컷이 2.5㎜, 수컷이 2.3㎜ 정도이다. 몸은 담황색이고 흑색 반점이 있다. 머리는 담황색이며 겹눈은 대부분 흑색이지만 적색도 있고 홑눈은 암홍색이며, 더듬이는 담황색이다. 앞가슴은 담황색이고 중앙부에 3줄의 가는 융기선이 있으며 겹눈의 뒷부분은 흑색이다. 암컷의 소순판은 대부분 담황색이고 수컷의 경우 흑갈색이다. 날개는 반투명한 회색을 띠며 날개 끝은 약간 갈색이다. 알은 길이가 0.6㎜ 정도인 바나나 모양이고 한쪽 끝이 약간 뾰족하다. 이 알은 잎의 주맥 또는 잎집 조직 속에 있다. 우리나라에서 월동하는 벌레로 3~4령으로 논뚝이나 밭뚝, 제방뚝 등에서 겨울을 지낸다. 년5회 발생하며 3월 하순부터 보리밭으로 이동하여 1세대를 경과하고 2세대 어른벌레가 묘판이나 본논으로 이동한다. 이때의 어른벌레나 약충이 줄무늬잎마름병을 매개 한다. 알 기간 7~10일, 약충기간 18~20일, 어른벌레 기간 20~25일이다.

방제 발생 상습지에서는 내병성 및 내충성품종을 재배해야한다. 겨울에 논두렁 또는 제방을 소각하여 월동약충을 구제해야한다.

▲ 애멸구 장시형 암컷성충

▲ 애멸구 장시형 수컷성충

▲ 흡즙가해 중인 애멸구 유충

▲ 애멸구가 엽초에 산란한 알

벼 애멸구

▲ 애멸구 약충

▲ 애멸구의 매개로인한 벼 줄무늬잎마름병

05 벼멸구

(Brown planthopper, *Nilaparvata lugens* Stal)

가해양상 이 해충에 의한 피해로 옛날부터 여러번 기근을 초래한 기록이 있고 수십 년에 1회씩 대발생하여 큰 피해를 입혀 왔으며 숙주 식물은 벼 외에 옥수수, 피, 바랭이, 사탕수수 등이다. 이 해충은 주로 벼 포기 밑 부분에서 약충이나 어른벌레로 직접 즙액을 빨아먹어 가해한다. 6~7월 에 해외에서 날아온 벌레는 8월부터 밀도가 높아지면 출수 전후에 아랫잎으로부터 황색으로 변하다가 집중적으로 가해를 받은 벼줄기가 약해져 부러지게 되므로 논의 군데군데에 둥글게 집중고사 현상이 9월 상순부터 나타나기 시작하고 그것이 확대되면 대면적의 벼가 쓰러져서 막대한 감수를 가져온다.

형태와 생활사 벼멸구는 우리나라에서는 월동을 하지 못하며 해에 따라 6월 중순~7월 중순에 동남아시아 및 중국 양자강유역으로부터 장마철의 저기압 기류를 타고 날아와 발생원이 되고 있다. 어른벌레의 길이는 장시형은 4.5~5.0㎜, 단시형은 3.3㎜ 정도이다. 몸과 머리는 암갈색, 겹눈은 흑색, 홑눈은 흑갈색, 더듬이는 암갈색이다. 앞가슴과 소순판은 암갈색이고, 3줄의 융기선이 있으나 분명하지 않다. 약충은 부화당시는 유백색이지만 차츰 담갈색 내지 흑갈색으로 변하고, 몸 표면에 백색의 밀랍가루가 붙어 있으며 특히 제3, 4배마다 등판의 막질부에 많아서 백색무늬로 보인다. 벼멸구의 각 태별 발육기간은 환경에 따라 다르나 6~9월 사이에는 알에서 어른벌레가 되기까지 24~34일이 걸리며 어른벌레의 수명은 20~30일, 알기간은 6~10일이다. 산란은 엽초 및 잎의 중륵에다 7~10개 정도씩 알덩어리를 형성 하여 낳고 한 마리가 보통 300개 내외의 알을 낳는다. 약충기간은 12일 정도이며 4회 탈피하여 성충이 된다. 비래 당시의 밀도에 대한 본논 말기의 최고 밀도는 1500~2000배로서 증식률이 아주 높으며 고온 시에는 1만 배에 달하기도 한다.

방제 질소질 비료의 과다 사용을 피하고 내충성 품종을 재배한다. 해외에서 날아오는 해충이므로 그 해의 날아오는 시기, 날아오는 량과 포장 예찰결과에 따라 방제해야 한다. 대체로 7월 중순까지 날아온 것이 피해를 주는 원천이 되고 방제 시기는 해에 따라 다르지만 일반적으로 비래 4주후인 7월 하순~8월 상순이며 이때 본논의 100주당 암컷 단시형 성충이 20마리 이상이면 반드시 방제해야 한다.

벼멸구

▲ 벼멸구 단시형성충

▲ 벼멸구 단시형유충

▲ 벼멸구가 엽초에 산란한 난괴

▲ 흡즙 가해중인 벼멸구 유충

▲ 벼멸구 발생포장

▲ 벼멸구의 피해(집중고사현상 hopper bum)

06 벼 흰등멸구

(White-backed planthopper, *Sogatella furcifera* Horvath)

▲ 흰등멸구 장시형성충

▲ 흰등멸구 단시형성충

가해양상 어른벌레 및 약충이 직접 즙액을 빨아 먹어 가해 초기에는 아랫잎이 황색으로 변하고 잎집까지도 황갈색으로 변하며 생육이 나빠지는데 심하면 전체 벼줄기와 잎이 황색으로 말라죽게 된다. 지역에 따라서는 출수기에 이삭부위에서 가해하기도 하고 배설물로 인한 그을음병을 유발한다. 벼멸구와는 달리 집중피해의 위험성은 없지만 논 전체의 벼 생육이 고르지 못하게 되며 해에 따라서는 벼멸구보다 더 많은 수량의 감소를 가져올 수도 있다. 벼멸구와는 달리 광식성으로 벼, 보리, 밀, 조, 옥수수, 수수, 사탕수수, 바랭이, 피, 포아풀, 줄 및 기타 벼과식물과 사초과 식 물의 숙주가 된다.

형태와 생활사 어른벌레는 장시형의 경우 4.0~4.5㎜, 단시형의 경우 2.5㎜이다. 몸은 담황 색이며 암컷이 수컷보다 옅다. 정수리는 돌출하여 나비의 1.5배에 달하며 방패판의 중앙부는 긴 6각형으로 황백색이고 양쪽은 흑색이다. 약충은 유백색 또는 흑갈색으로 제3, 4배마디의 중앙은 외관상 큰 백색 무늬를 띠고 있으며 마디 사이 막에는 많은 백색 밀랍가루가 붙어 있다. 벼멸구와 마찬가지로 중국 남부지역에서 남서풍과 함께 우리나라에 날아와 3~4세대 증식한다. 이들은 벼멸구와 같은 시기에 날아오나 날아오는 량은 벼멸구에 비하여 10배 이상 많다. 비래 후 1세대 유충의 밀도가 가장 높고 일찍 이앙된 곳에서는 날아온 시기가 빠를 때에 초기밀도가 높으나 8월 중순경 출수 전후하여 밀도가 급격히 감소한다. 그 이후에는 벼의 영양상태가 벌레의 발육에 부적합하고 유충기의 높은 밀도로 인하여 장시형이 되는 비율이 높아지는 등의 이유로 분산 이동하게 되어 벼멸구와 같이 9월까지 높은 밀도를 유지하는 경우는 드물다. 흰등멸구는 25℃에서 1세대는 약 24일로서 6월 부터 8월의 기온에서는 20~30일 만에 1세대를 경과한다. 어른벌레의 수명은 15, 16일이며 산란 수는 250개 정도이다. 흰등멸구는 세대당 2배씩 증가하여 최종세대에는 4배로 증가하게 된다.

▲ 흰등멸구가 엽초에 산란한 난괴(좌) 및 산란흔(우)

▲ 흰등멸구 약충

▲ 물고에 뜬 흰등멸구

방제 산간지대의 논 또는 늦게 심은 논에 많이 발생하므로 상습발생지에는 내충성품종을 재배하도록 해야 한다. 방제적기는 대체로 7월 하순에서 8월 상순으로 날아온 량이 많은 해 또는 발생밀도가 높은 해에는 약제방제를 해야 한다.

07 벼 메뚜기
(*Oxya chinensis Thunberg*)

▲ 벼메뚜기 성충

▲ 벼메뚜기 피해

가해양상 주로 벼과 식물을 장기간에 걸쳐 갉아 먹으며 대발생시에는 밀, 보리, 조, 목화, 배추, 고구마, 콩 등의 작물에도 가해한다.

형태와 생활사 어른벌레는 길이가 30~38㎜이고 몸은 황록색이며 머리와 가슴은 황갈색이고 겹눈은 광택이 있는 회갈색이다. 앞가슴의 등면에 3줄의 가느다란 가로 홈이 있고 양쪽에 갈색의 세로줄이 있다. 날개는 황갈색이고 배 끝보다 길게 뻗어 있으며 뒷다리는 발달하여 잘 뛸 수 있다. 알은 길이가 4㎜ 정도이며 긴 타원형으로 황색이고 타원형의 무더기로 흙덩어리 사이에서 발견된다. 1년에 1회 발생하고 월동하며 6월에 부화하여 지상부에 나타난다. 벼 및 벼과식물을 갉아먹고 자라다가 묘판으로 옮아가 몇 차례 탈피한 후 8~9월에 어른벌레가 된다. 어른벌레가 되면 잎을 마구 갉아먹으며 이삭이 나온 후에는 이삭도 갉아먹는다. 산란 수는 약 100개이고 몇 개의 무더기로 나누어 논둑이나 기타 흙덩어리 사이의 땅속 2㎝ 정도 되는 곳에 알을 낳는다.

방제 가뭄 때에 발생하는데 현재는 별로 피해를 주지 않는다. 벼농사용 살충제로 방제할 수 있다.

08 벼 번개매미충

(*Recilia dorsalis,* Motschulsky)

▲ 벼번개매미충 성충

형태 매미충과. 성충의 몸길이는 3~4mm이다. 전체적으로 황백색이며, 담갈색의 무늬가 있다. 정수리는 황백색, 겹눈은 암갈색, 홑눈은 황색이다. 앞날개는 담회황색이며, 그 중앙부에 세로로 난 뚜렷한 번개모양의 담갈색 무늬가 있다. 알의 길이는 약 1.2mm이고, 바나나모양으로 백황색이며, 산란 직후에 백색이고, 그 후 황색으로 변한다. 유충은 5령을 경과한다.

피해와 행태 유충은 다수가 엽초 위에서 흡즙하며, 성충은 엽초 또는 엽편 위에서 흡즙한다. 성충의 흡즙으로 엽록소가 파괴되지 않는다. 또한 흰색 반점도 나타나지 않는다. 흡즙이 심한 포기는 황색으로 고사한다. 일반적으로 흡즙 피해는 적다. 고온인 해의 8월 중순 이후에 저습답에서 다발생하는 경우가 있다. 벼의 오갈병을 매개하지만, 매개력은 끝동매미충보다 약하다. 벼의 엽초에 산란하고, 알로 월동하며, 연 4~5세대가 중첩된다. 성충은 벼의 잎 뒷면의 중륵(中肋) 조직 내에 줄 지어 또는 1개씩 산란한다. 암컷당 40~320개, 평균 130개를 산란한다. 암컷성충의 수명은 길어 21~25일이다. 수컷은 5일 정도 짧다.

09 벼 끝동매미충

(Rice green leafhopper, *Nephotettix cincticeps* Uhler)

▲ 끝동매미충 암컷성충

▲ 끝동매미충 수컷성충

가해양상 벼의 전 생육기간을 통하여 어른벌레와 약충 모두 즙액을 빨아먹어 직접적인 피해를 주며 또한 묘판 말기에서 본 논 초기에 바이러스병인 벼 오갈병을 매개하여 간접적인 피해를 준다. 집중 발생 시는 산란으로 인한 잎집의 상처로 아랫잎들이 말라죽게 되며 6~7월에 고온 다조로 벼이삭이 팰 때 많이 발생하면 상위잎, 끝잎, 이삭 등을 가해하여 여뭄 비율이 떨어지고 배설물에 의한 그을음병을 유발하여 생육장애를 가져 오며 많은 수량감소를 초래한다.

형태와 생활사 어른벌레의 길이는 암컷의 경우 6㎜정도, 수컷의 경우 4~5㎜정도이며 황록색으로서 머리는 황색담록색이다. 겹눈사이에 흑색 띠가 있으며 그 뒤쪽 한가운데 선에 가는 흑색선이 있다. 겹눈은 흑갈색이고 홑눈은 황색이다. 날개는 황록색으로 날개 끝이 암컷의 경우 담갈색 수컷의 경우 흑색이다. 알은 길이가 1㎜정도인 긴 타원형의 바나나 모양으로서 잎집 조직 속에 들어있다. 초기에는 무색투명하지만 점차 담황색이 되고 부화 직전에는 더욱 짙은 빛깔을 띤다. 1년에 4~5회 발생하며 4령 약충으로 논둑, 밭둑, 제방에서 월동한다. 1회 성충은 4월 중순부터 발생하여 여름철에 각태를 볼 수 있고, 알 기간 6~10일, 약충기간 16~20일로 주광성이 강하여 유아 등에 잘 유인된다.

방제 내병성 및 내충성품종을 재배해야 한다. 벼 오갈병의 발생지에서는 제2세대 약충이 주로 바이러스병을 매개하므로 이 시기에 방제에 중점을 두어야 하며 제3세대에는 이삭을 가해하게 되므로 이삭이 팰 때에 중점을 두도록 한다.

▲ 끝동매미충의 매개에 의한 벼 오갈병

▲ 끝동매미충 피해

▲ 끝동매미충의 매개에 의한 위황병

10 벼 물바구미

(Rice water weevil, *Lissorhoptrus oryzophilus* Kuschel)

▲ 벼물바구미 성충

가해양상 어른벌레는 어린잎의 잎을 갉아 먹으므로 벼잎에 가는 흰색의 선이 생기게 되며 밀도가 높을 경우 잎 전체가 하얗게 변하고 포기 전체가 고사하여 결주가 생기는 경우도 있다. 알에서 깨어 나온 애벌레는 뿌리와 토양으로 이동하여 뿌리의 내부조직을 가해하며 양분이 고갈되면 다른 뿌리로 이동하여 갉아 먹으므로 뿌리가 끊어지게 되어 큰 피해를 준다. 유충은 땅속 3~9 ㎝ 범위에 주로 서식하는데 애벌레의 밀도가 높으면 초장과 뿌리의 감소 생육지연 및 하위엽의 황화가 나타나며 분얼이 되지 못하여 경수가 적어지며 키가 크지 못하게 되어 수량이 크게 감소하게 된다. 또한 피해를 받은 벼는 출수가 늦어지며 벼알이 제대로 여물지 못하는 경우도 있다.

형태와 생활사 어른벌레는 길이가 3㎜ 안팎의 암회색으로 바구미 모양이며 벼잎을 직선으로 갉아먹는다. 애벌레는 우유색으로 몸길이는 10 ㎜ 정도이며 땅속뿌리 근처에서 뿌리를 가해한다. 벼물바구미는 연중 1회 발생하며 어른벌레로 논두렁, 제방의 잡초, 산림등 지표면으로 부터 1~5㎝ 이내에서 월동한다. 월동처에서 겨울을 보낸 벼물바구미 어른벌레는 4월 하순부터 활동을 시작하여 월동처 주변의 잡초를 먹고 자란다. 5월 하순경 벼의 이앙이 시작되면 보행 혹은 날라서 본 논으로 이동한다. 어른벌레의 밀도는 6월 중순이후 급격히 감소하여 7월 상순경에는 최저 밀도를 나타낸다. 이 해충은 단위생식을 하는데 산란 수는 118~163개 범위로 하루 평균 2개 정도를 낳는다. 제2본엽의 잎집에 95% 이상을 낳으며 부화율은 온도가 높을수록 발육속도가 빠르고 부화율도 높아서 25℃에서 80.4%의 부화율을 나타냈다. 부화 애벌레는 1~3일간 엽초속에서 잎을 갉아먹은 후 물속으로 떨어져 뿌리로 이동하여 뿌리를 가해하는데 애벌레 기간은 30~40일, 번데기 기간은 7~14일 정도이다. 1세대 어른벌레는 한낮에는 벼의 지제부에 잠복하고 있다가 저녁이 되면 잎 끝으로 올라가며 8월 중하순이 되면 벼를 떠나 월동처로 이동한다. 어른벌레는 예찰등에 잘 유인되며 유살 최성기는 월동 후 어른벌레가 5월 하순~6월 중순, 1세대 성충이 7월 하순~8월 중순경이다.

▲ 벼물바구미 알(좌) 유충(우)

▲ 뿌리에 부착된 벼물바구미의 흙고치

▲ 벼물바구미 성충의 식해흔

예찰 및 포장의 방제기준

간이 예찰법 4월 하순부터 5월 중순에 성충이 월동하는 장소의 벼과잡초의 식흔을 조사한다. 신성충의 우화후(8월 상순-하순) 논두렁의 벼과잡초에 새로 나온 잎에 발견되는 식흔을 매년 동일한 장소에서 조사한다. 성충의 침입 소장을 간이 하게 알려면 황색수반을 써서 유살조사를 한다.

포장의 방제기준 포장의 방제기준 이앙 2주후에 논두렁에서 1m 위치에 있는 벼 100주를 조사하여 피해엽율이 20% 이하일 때는 방제를 하지 않아도 된다. 이앙 2주후에 성충수가 논두렁에서 1m에 위치 한 벼 50주당 15마리 이상일 때 방제한다.

방제 기계 이앙 시에는 육묘상자에 입제농약을 하루 전 또는 이앙 당일에 뿌려 이앙하며, 손 이앙시에는 10a당 입제농약 1~4㎏를 써레질 전에 논 전면에 살포하여 토양과 골고루 섞이게 하거나 이앙 후에 논 전면에 수면처리 한다. 또한 직파재배나 어린모 기계 이앙 등의 재배에서는 잔효성이 긴 침투이행성 약제를 종자분의 처리함으로써 효과적으로 방제할 수 있다.

벼 물바구미

▲ 벼물바구미 유충에 의한 결주피해

▲ 벼물바구미 신 성충에 의한 피해

11 벼 뿌리바구미
(*Echinocnemus squameus* Billberg)

▲ 벼뿌리바구미 성충

▲ 식해흔

형태 바구미과. 성충은 전신이 회갈색이며, 입의 끝이 길고 몸이 단단한 딱정벌레다. 몸길이는 주둥이부터 꼬리 끝까지 약 5mm이며, 몸에 회황색의 가는 털이 촘촘하게 나 있다. 더듬이는 흑갈색이며, 끝부분은 약간 팽대하였다. 알은 타원형으로 0.6~0.9mm이며, 산란 시에는 유백색, 나중에 심황색으로 되고, 반투명하며 광택이 난다. 유충은 길이가 6~7mm로 머리부분은 갈색이고, 몸은 흰색으로 통통한 느낌을 주는 구더기 모양이며, 배쪽 면이 약간 굽었고 다리는 없다. 번데기의 길이는 4~5mm로 처음에는 유백색이며, 나중에 회색으로 변한다. 끝마디에 1쌍의 가시가 있다.

피해 산간부나 냉수관개답 또는 산림이나 잡목림 등의 그늘이 지는 논에 발생하는 경우가 많다. 성충은 이앙 후 지체 없이 벼의 수면 부근의 엽초부위에 주둥이를 집어넣고 식해한다. 그 때문에 그 후 전개된 엽신의 한가운데로 들어가 세로나 가로로 나란히 둥글게 상처를 낸다. 피해받은 잎은 바람이 불면 식해흔에서 굽혀 잘려지게 되며, 심하면 낫으로 자른 것처럼 된다. 잎이 식해되어도 곧 회복될 것 같이 보이지만, 유효 이삭수나 벼알수가 적지 않게 감수한다. 기계이앙, 특히 어린모를 이앙한 벼에서는 식해에 의한 영향이 크다.

생태 연 1회 발생한다. 유충이 벼 포기의 뿌리 사이나 땅속에서 월동한다. 5월 중순~6월 중순에 벼 포기 부근의 땅속에서 번데기가 되며, 약 2주의 번데기 기간을 거쳐 6월에 성충이 된다. 성충은 따뜻한 날의 낮에 활동하며 수면을 걸어 다닌다. 성충의 수명은 약 1개월로 포장에서는 8월 상순까지 성충을 볼 수 있다. 부화유충은 약 1개월에 노숙하고, 8월 중순부터 용화하여 우화한다. 벼를 벤 후에는 새로 나오는 포기나 논두렁의 잡초 뿌리 밑둥, 흙덩이 사이 등의 월동장소로 잠입한다. 유충은 물을 빼지 않으면 용화를 시작하지 않고, 늦게까지 담수상태로 있으면 유충인 채로 월동에 들어간다.

12 먹노린재

(Black rice bug, *Scotinophara lurida* Burmeister)

▲ 먹노린재 성충

▲ 먹노린재 난괴 및 부화유충

▲ 먹노린재의 줄기부위 흡즙피해

▲ 먹노린재의 피해

형태와 생활사 어른벌레는 진흑색이며 암컷의 길이가 9.3㎜, 수컷은 8.5㎜, 알은 길이가 0.9㎜ 정도의 회백색 구형이며 약충은 적갈색 내지 회갈색으로 다 자랐을 때 7.2㎜ 정도이다. 낙엽이나 고사한 잡초 속에서 월동한 먹노린재의 본논 이동시기는 6월 초이며 본 논에서의 발생최성기는 7월 초순 이었다. 알은 7월 상순부터 8월 중순에 발견되었고 최고밀도는 7월 하순이었다. 약충은 7월 하순부터 9월 하순까지 발생하였고 신성충은 8월 하순 부터 수확기까지 발생하였고 최고밀도는 9월 중순이었다.

13 가시점둥글노린재

(White spotted spined bug *Eysarcoris aeneus* Scopoli)

▲ 가시점둥글노린재 성충

▲ 알무더기

가해양상 벼 이삭이 패일 때부터 등숙기에 걸쳐 약충과 어른벌레가 벼이삭에 모여 흡즙 한다. 1년에 2회 발생하며 잡초 사이에서 어른벌레로 월동한다. 월동 어른벌레는 4월 중순경부터 활동하는데 이때는 주로 보리이삭에 흡즙 가해 한다. 4~6월에 부화한 약충은 20~25일 만에 어른벌레가 되는데 어른벌레의 수명은 60~80일이다. 우화최성기는 7월 하순~8월 상순이며 제2회 어른벌레는 9월 중순경에 출현한다.

형태와 생활사 회갈색 내지 흑갈색의 점각이 흩어져 있으며 더듬이는 연한 갈색이고 끝에서 두 마디는 흑갈색이다. 앞가슴 등판의 앞 양쪽에는 뚜렷한 흑갈색 무늬가 있어서 보랏빛을 띤 구리 색이며 광택이 난다. 양쪽의 돌기는 뾰족하고 작은 방패판은 끝으로 갈수록 폭이 좁아지며 그 기부 중앙에 황백색 무늬가 있다.

▲ 가시점둥글노린재 유충

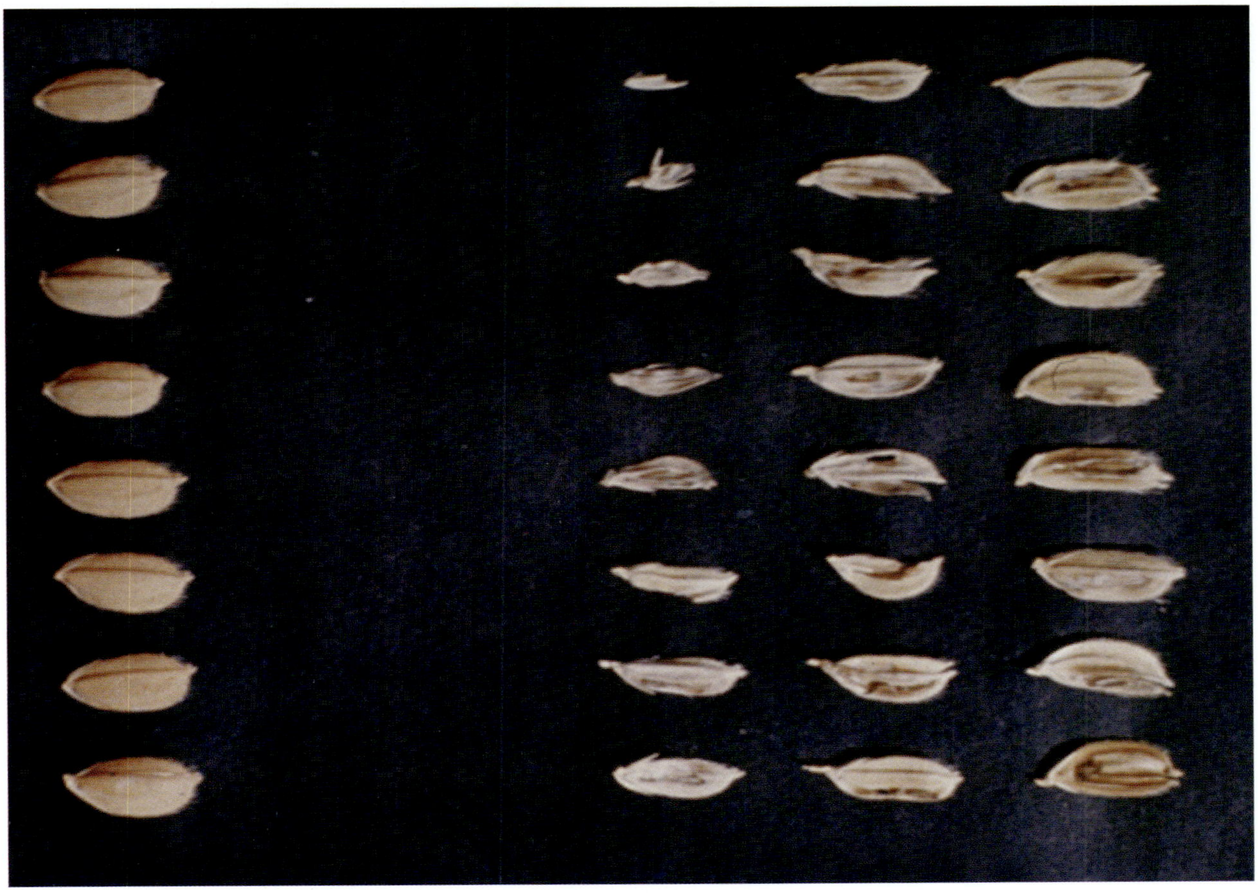

▲ 노린재 정상립(좌) 노린재 피해립(우)

14 벼 호리허리노린재

(*Leptocorisa chinensis* Dallas)

▲ 호리허리노린재 성충

▲ 난괴

형태 호리허리노린재과. 성충의 몸길이는 약 16mm 내외이다. 몸색은 황록색이다. 알은 잔 모양이고, 중앙부가 다소 함입되며, 장경은 약 1mm이다. 산란 직후에는 담록색이지만, 그 후에 적동색으로 된다. 어린 유충은 녹색이며, 성장하면서 황록색으로 된다.

피해 성충과 유충이 출수 후 등숙 초기부터 후기까지 이삭을 가해하지만, 특히 유숙기의 벼알을 선호한다. 등숙 초기에 가해하면 벼가 익지 못하고 푸릇푸릇한 증상이 나타나고, 쭉정이나 싸라기가 많아진다. 그 때문에 호리허리노린재가 다발생한 논에서는 수확이 전무한 경우가 알려진다. 등숙 중기 이후에 가해하면 다른 노린재에 비하여 벼알이 변질이상을 일으키는 경우가 많고, 피해립율에 비하여 알곡에 가까운 반점미의 발생율은 낮다. 성충과 유충 모두 내 · 외영穎 봉합부의 내영에서 비스듬하게 주둥이를 찔러 흡즙하는 특이한 가해를 한다. 따라서 피해부위는 벼알의 측면에 나타나는 경우가 많고, 벼알의 기부에서 끝의 어느 위치에도 나타나지만, 중간보다 위쪽부분에 약간 많이 나타난다. 피해받은 벼알의 입모 중의 발아율은 다른 노린재에 비하여 높다.

▲ 호리허리노린재 5령유충

▲ 호리허리노린재 1령유충

▲ 호리허리노린재의 피해를 받은 쌀(반점미)

생태 성충으로 월동하고, 보통 연 2세대를 경과한다. 벼로 이동하기 전에 바랭이, 피류 등 벼과 식물에 모여드는 것이 흔히 관찰된다. 알은 벼의 차엽과 지엽의 뒷면에 많이 산란하며, 20 ~ 30개씩 난괴로 산란한다. 산란기간는 장기간이기 때문에 6월 하순부터 11월에 걸쳐 성충과 함께 각 영기의 유충을 볼 수 있다. 성충은 주간에 활발하게 날지만, 불빛에도 잘 모여든다. 벼의 수확기가 되면 성충은 주변 잡초에서 생활한 후, 월동장소로 이동한다.

15 미디표주박긴노린재
(*Togo hemipterus* Scott)

▲ 미디표주박긴노린재 4령유충

▲ 알

▲ 미디표주박긴노린재 성충

가해양상 1년에 2회 발생하며 어른벌레로 잡초 사이에서 월동한다. 월동 어른벌레는 4월 중순경부터 활동하며 제1회 성충 발생최성기는 7월 하순이고 제2회는 9월 상순이다.

형태와 생활사 몸은 대개 흑색이며 날개는 암갈색이고 머리는 크고 흑색이며 점각이 조밀하다. 더듬이는 황갈색이고 제1마디의 기부, 제2마디가 가장 길다. 앞가슴 등쪽은 흑색이고 그 후연 끝은 갈색이다. 앞 가장자리는 뚜렷하게 깃 모양으로 되고 중앙은 공 모양으로 늘어나 있으며 뒤쪽 가장자리 가까이에서 잘록해져 전체모양이 표주박을 연상하게 한다.

방제 대부분의 노린재류는 약제에 대한 감수성이 높다. 따라서 포장내의 노린재는 주위에서 추가로 유입되는 것이 없다면 1회 방제로도 효과를 볼 수 있다. 노린재의 발생이 많은 경우 약제 살포시 주변 논두렁이나 배수로 등 유입원이 될 수 있는 곳까지 함께 처리하는 것이 좋으며 약제 살포 시기는 출수 후 유숙기 이전이 좋다. 먹노린재는 어른벌레 이동 최성기인 6월 하순~7월 초순이 방제적기이며 경엽 처리제는 물론 카보입제를 사용하여도 효과적이다.

16 벼 땅강아지

(*Gryllotalpa orientalis* Burmeister)

▲ 땅강아지 성충

형태 땅강아지과. 성충은 전체적으로 갈색이며, 길이는 24 ~ 39mm이다. 전체적으로 황갈색에서 다갈색의 미모로 덮여있다. 앞날개는 짧다. 뒷날개는 길어 꼬리 끝을 넘는다. 앞발은 땅 속에서 생활하는 것에 적응되어 두더지의 앞발과 같은 모양을 하고 있다. 알은 반들반들한 장타원형이며, 폭이 약 2.5mm이다. 처음에는 유백색이나 점차 어두운 색으로 된다. 유충은 성충과 비슷하나 날개가 없고, 몸도 작다. 번데기는 없다.

피해와 생태 가해 시기는 4 ~ 6월과 월동 전의 9 ~ 10월이다. 성충은 직파나 이앙 직후의 모근을 식해한다. 땅 속에서 터널을 만들어 이동하기 때문에 그 부분의 흙이 솟아올라 어린 모가 수분을 잃고 고사한다. 벼가 생장하여도 논두렁 부근의 포기가 피해를 받는다. 논의 표면이 건조해지면 벼의 밑둥을 잘라먹고, 논두렁에 구멍을 뚫기 때문에 누수의 원인이 된다. 2년에 1회 발생하여 유충으로 월동한다. 월동한 성충은 3월 하순경부터 지표 가까이에 나와서 활동을 시작한다. 성충은 5 ~ 7월에 걸쳐 산란하나, 최성기는 6월 중순이다. 산란 시에는 땅 속에 부식물과 흙으로 타원형의 난실을 만들어 그 속에 산란한다. 하나의 난괴에 알의 수는 수십 개이며, 1마리 암컷은 여러 번 산란한다. 산란한 성충은 7월 경까지 대부분 사망한다. 알기간은 20 ~ 30일이고, 부화유충은 땅 속의 부식물이나 어린 식물의 뿌리나 줄기를 먹고 성장하여 9 ~ 10월에 성충으로 된다. 그 후 온도가 낮아 짐에 따라 점차 땅 속으로 깊이 들어가 월동한다. 생활에 호적한 환경으로는 땅이 적당히 습하고, 먹이로 부식물이 많으며, 흙이 부드러운 곳이다.

벼 땅강아지

▲ 땅강아지 종령유충

▲ 땅강아지 유충

▲ 땅강아지 유충

▲ 땅강아지 유충

▲ 땅강아지의 피해를 받은 포기

17 벼 왕우렁이

(Apple snails, *Pomacea canaliculata* Lamarck)

▲ 왕우렁이 성패

생태적 특성 남아메리카 아마존강 유역 얕은 호수나 늪지에서 서식하는 것으로 우리나라 논, 하천, 저수지 등에 자생하는 우렁이와 형태가 흡사한 배다리로 이동하는 연체동물로 1981년 일본에서 들어온 것으로 알려지고 있다. 왕우렁이는 폐호흡을 하며 암수는 다른 몸으로 교미 후 3~7 일에 붉은색의 뭉쳐진 알 덩어리를 벼, 풀잎이나 서식지 시설물의 벽에 붙어 알을 낳는다. 1년 된 어미는 15~30일 간격으로 매회100~900개 정도의 알을 낳는데 연간 10회 정도 알을 낳는다. 알에서 새끼가 깨어나는 기간은 적정온도에서 7~15일이 소요되고 어린 새끼는 3개월 정도가 되면 어른 우렁이(20~30g)가 된다. 왕우렁이의 활동은 낮 한계 물의 온도는 최저 2℃, 최고 38℃ 이다. 먹이는 주로 밤에 먹으며 수면에 접하거나 물속에 있는 먹이만을 먹기 때문에 크게 자라 물 위로 올라온 식물은 먹지 못한다. 물 위로 떠올라 흐르는 물과 함께 떠내려가 장거리까지 이동하지만 건조한 땅위에서는 이동하지 못한다.

피해와 대책 왕우렁이는 수면과 수면 아래에 있는 채소, 수초, 연한 풀을 먹는 습성을 이용하여 벼논에서 발생하는 잡초를 방제하는 친환경 오리농법이 1992년부터 활용되고 있다. 그러나 최근 추운 날씨에 약한 것으로 알려진 왕우렁이가 국내 기후환경에 적응해 겨울을 난 후(장항, 음성, 구미, 경주, 함양, 거창, 울산, 장성, 담양, 무안, 해남) 잡초가 없는 논의 어린벼(직파재배, 보식 묘) 잎을 먹어치워 남부지방을 시작으로 왕우렁이의 피해가 서서히 드러나고 있어 이에 대한 관리대책이 지적되고 있다. 아직 왕우렁이에 대한 적용약제로 등록된 약제는 없으나 담수직파 후 벼가 싹이 틀 때부터 기피효과가 있는 등록 고시된 약제를 살포하거나 파단을 뿌리면 효과가 있다.

▲ 왕우렁이 알(난괴)

▲ 왕우렁이 수로벽에 산란한 알(난괴)

▲ 왕우렁이 알(난괴)

▲ 왕우렁이 피해

18 벼 긴꼬리투구새우

(*Triops longicaudatus* LeConte)

▲ 긴꼬리투구새우 성체

형태 투구새우과. 논의 물 밑바닥 진흙을 뒤집어 풀을 근절시키는 습성으로부터 김매기 벌레라고 불린다. 몸의 앞부분은 편평하여 투구모양의 배갑으로 넓어지고, 가늘고 긴 원통형의 몸은 많은 마디로 이루어진다. 몸길이는 20~30mm이고, 몸색은 암녹갈색이다. 다리는 40쌍 이상이며, 끝에 약 20mm의 미편이 1쌍 있다.

피해와 생태 이앙한 벼에서는 제초 효과가 있어 좋겠지만, 직파한 벼에서는 어린 뿌리를 먹으므로 볍씨가 떠서 뜨는 모가 발생된다. 초여름 6~7월경 논에서 번식하고, 물 속의 생물을 먹는다. 수명은 약 1개월이다. 1916년 처음 발견된 귀화생물로, 이 종 외에 아시아계통의 *T. granarius*, 유럽계통의 *T. cancriformis*도 개별적으로 들어 온 것으로 보인다. 한국에는 전남, 경남, 충북, 강원도에 걸쳐 전국적으로 나타나며 환경부 보호2급 동물로 지정되어 있으며 무공해 농법의 수단으로 사용되고 있다.

19 벼 멸강나방

(*Mythimna separata* Walker)

▲ 멸강나방 성충

▲ 멸강나방 성충

▲ 멸강나방 성충

▲ 멸강나방 성충

형태 밤나방과. 성충은 전체적으로 황갈색~회갈색이며, 몸길이는 약 18mm, 날개 편 길이는 약 40mm이다. 머리 부분의 겹눈은 비교적 크다. 암수의 더듬이는 실모양이다. 아랫입술에는 촘촘하게 털이 있다. 앞날개의 앞 가장자리 및 바깥 가장자리는 짙은색이다. 내선은 불명확하다. 수개의 검은 점이 있다. 알은 만두 모양이며 약간 광택을 띤다. 바깥 직경은 0.5mm이다. 산란 직후에는 황백색이며, 수일 후에 암자색으로 된다. 부화 직전에 흑색으로 변한다. 산란할 때 알은 아교상 물질로 붙여 엽초 내에 2~4열로 난괴를 형성한다. 각 난괴는 10~100개 전후의 알이 있다. 유충은 보통 6령을 경과한다. 작을 때에는 옅은 황갈색이지만, 크면 개체에 따라 회녹색~흑녹색으로 되며, 세로로 구릉 모양이 있다. 머리는 등황색으로 八자형의 검은 줄이 있다. 큰 것은 몸길이가 약 45mm이다. 용화시는 유백색, 그 후 황갈색~홍갈색으로 변한다. 길이는 19~23mm이며, 용화는 땅속 얕은 곳 또는 벼의 줄기 밑둥 내에서 이루어진다.

벼 멸강나방

▲ 멸강나방 번데기

▲ 멸강나방 노령유충

피해 발생 초기에는 잎에 불규칙한 식흔이 보이는 정도이지만, 4 ~ 5일 후에 잎이 식해된 포기는 줄기만이 삐죽하게 서 있는 심각한 상태로 된다. 피해는 처음에 대발생한 장소에서 논 전체로 퍼지며, 이어서 그 근처의 논으로도 퍼진다. 수해로 인해 관수된 논에서 잘 발생하지만, 수해가 없었던 때에도 8 ~ 9월에 걸쳐 출수기 전후에 발생하는 경우가 있다. 그 때는 잎만이 아니고 이삭까지 식해하여 큰 피해를 준다. 수수형 품종이나 비료를 많이 시용하여 재배된 벼, 보리를 심은 뒤의 벼 등에 잘 모여 집중적으로 산란한다. 해에 따라 지역에 따라 돌발적으로 발생하는 경향이 있다. 멸강나방은 1월의 평균기온 4℃ 이상의 온난한 지역의 벼과 식물의 기부에서 월동하며, 대발생시에는 국내 및 외국로부터 저기압의 동진에 동반하여 성충이 옮겨온 것으로 생각된다. 비료를 충분히 흡수한 벼에서는 성충의 산란도 유충의 발생도 많은 경향이 있다. 또한 유충기에 비가 적으면 유충의 생존에 적당한 조건이 된다. 온난하고 건조한 겨울과 5 ~ 6월의 이동기에 온난하고 비가 적은 해에 다발생하는 경우가 많다.

생태 월동지는 온난한 지역으로 한정된다. 1월 평균기온이 4℃ 이상의 온난한 지역의 벼과 목초의 포기 밑에서 유충상태로 월동한다. 연 3 ~ 5회 발생하며, 제1회의 성충은 4월에 제2회는 5월 중순 ~ 6월 중순, 제3회는 7월 하순 ~ 8월 상순, 제4회는 9월에 전국적으로, 나타난다. 알기간은 약 7일, 유충기간은 20 ~ 30일, 번데기기간은 10 ~ 15일이다. 제1세대와 제4세대의 유충은 보리, 벼과 목초 등을 가해한다. 제2세대 유충은 7월 중순 ~ 8월 상순, 제3세대 유충은 8월 하순 ~ 9월 하순에 발생하여 벼를 가해한다. 성장하면 주간에는 포기 밑둥에 숨어있고, 야간에만 식해한다.

▲ 멸강나방 종령유충

▲ 멸강나방 종령유충

▲ 멸강나방 종령유충

▲ 멸강나방 유충

▲ 멸강나방 알(난괴) 무더기

20 벼 혹명나방
(Rice leaf folder, *Cnaphalocrosis medinalis* Guenee)

▲ 혹명나방 성충

▲ 혹명나방 유충(좌)및고치(우)

▲ 혹명나방 피해

가해양상 혹명나방 애벌레는 벼 잎을 길게 원통형으로 말고 그 속에서 잎을 갉아먹는다. 처음에는 하나의 피해 잎에 여러 마리가 들어 있으나 차차 분산하여 한 마리가 한 개의 피해 잎을 만든다. 한곳에서 상당한 량을 먹으면 차츰 새로운 잎으로 이동하여 가해한다. 대발생하면 여러 개의 잎을 말고 갉아먹는다. 피해를 받은 잎은 표피만 남아 백색으로 되며 피해가 심할 때는 논 전체가 녹색을 잃게 되고 이삭 팸 새가 불량하며 등숙도 지연된다. 질소질 비료의 시비량이 많고 늦게 심은 논에서 발생량이 많다.

▲ 혹명나방 난괴

▲ 혹명나방 격발포장

▲ 혹명나방 피해상황

형태와 생활사 어른벌레는 몸길이가 11㎜ 내외 이며 날개를 편 길이는 17㎜ 이다. 몸은 담황갈색 이고 앞날개의 전연은 암갈색이고 수컷에는 전연의 암갈색의 모괴가 있다. 날개의 외연은 앞, 뒷날개 모두 암갈색이고 이것과 평행하는 암갈색의 선이 날개 길이의 1/2 및 2/3부근에 있다. 알은 납작한 타원형이고 진주 광택이 나며 담황갈색 내지 짙은 색이고 벼 잎에 1~2알씩 붙어 있다. 애벌레는 중령 때는 황록색이지만 노숙하면 연노랑에 약간 붉은색을 띤다. 중, 후흉 배면에 6개의 검은 점이 있고 노숙하면 크기는 14㎜가 되며 경피판은 담갈색이다. 해외에서 날아오는 해충으로 연간 발생 세대수는 날아오는 시기의 늦고 빠름에 따라 차이가 있으나 대개 2~3세대 경과하며 산란 수는 80~90개, 알 기간 5~7일, 애벌레 기간 20일, 번데기기간 8~15일, 어른벌레 수명은 9~20일이다. 어른벌레 발생 최성기는 7월 하순 ~8월 상순, 9월 상중순이며 11월 중순까지도 어른벌레가 관찰된다.

방제 이 해충은 해외에서 날아오는 돌발해충으로 발생 시기를 정확히 예측하여 적기에 방제하지 않으면 짧은 시간 내에 피해가 확산되어 논 전체의 벼 잎이 하얗게 되어 벼의 등숙율에 큰 영향을 주게 된다. 방제적기는 피해 잎이 1~2개 보일 때이며 이 시기에 방제를 하지 않으면 급격히 피해가 증가된다. 발생량이 적은 해는 1회 방제로 충분하지만 날아오는 량이 많은 해에는 7~10일 간격으로 2회 정도 방제를 해야 한다.

21 벼 애나방

(*Naranga aenescens* Moore)

▲ 벼애나방 암컷성충

형태 밤나방과. 수컷성충의 몸길이는 6~8mm, 날개 편 길이는 16~18mm이다. 머리와 가슴부위는 짙은 황색이고, 가슴부위의 등옆쪽은 암갈색이다. 앞날개는 짙은 황색이고, 날개 면에 2줄의 평행한 암자색의 폭이 넓은 무늬가 있다. 1줄은 앞가장자리 중앙에서 내연 중앙에 이르고, 다른 1줄은 앞날개 끝을 따라 둔각 부근으로 연장된다. 뒷날개는 암갈색이며, 연모는 담황색이다. 암컷성충은 약간 크며, 몸길이가 8~11mm, 날개 편 길이가 21~24mm이다. 머리와 가슴부위는 황색이며, 복부 등옆쪽은 황갈색이다. 앞날개는 황색이고, 날개 면에 끊어졌다 이어지는 옅은 자갈색의 비스듬한 무늬가 있다. 바깥측 1줄의 끝부분과 안측 1줄 가까이의 내연부분은 뚜렷하다. 뒷날개는 담황색이다. 월동세대 성충의 몸은 작다. 날개 면은 황갈색이고, 비스듬한 무늬는 암갈색이다. 알은 직경 0.45~0.5mm로 납작한 구형이다. 산란 당시에는 유백색, 그 후 갈색으로 변하며, 부화 시에 회자색으로 된다. 유충은 녹색이며, 등선은 짙은색이다. 나방류의 유충은 원칙적으로 가슴에 3쌍과 복부에 4쌍의 다리가 있지만, 배다리 4쌍 중에서 앞의 2쌍이 퇴화되어 자벌레 모양의 걷는 방식을 한다. 노숙유충은 몸길이가 약 20mm이다. 노숙하면 잎 끝을 3중 또는 2중으로 잘라 굽혀 실로 철하여 방을 만들고 용화한다. 엽초나 줄기 사이 등에도 들어가 용화한다. 수컷 번데기의 길이는 7~9mm, 암컷 번데기의 길이는 8~10mm이다. 용화 당시는 연갈색이지만, 그 후에 농자색으로 된다.

▲ 벼애나방 유충

▲ 수면에 떠있는 벼애나방의 번데기방

▲ 벼애나방 유충의 식해흔

피해 유충의 1~2령기에는 잎의 표피를 남기며 드문드문 엽육을 식해하기 때문에 스친 모양의 흰 무늬로 된다. 3령기 이후의 유충은 잎 가장자리에서 잘라내며 갉아먹는다. 심할 때는 잎 중앙의 가닥만 남게 된다. 조기재배에서는 성충이 빠르게 모여들게 되므로 초기의 피해가 많다. 전년의 제3회 성충(7월)이 많은 경우나 4월의 평균 기온이 높은 것 등으로 제1회 성충의 처음 발생이 빠른 경우에는 제2회 성충의 발생이 많아진다.

생태 볏짚 속에서 번데기로 월동한다. 4월 하순 이후에 성충이 되고, 성충은 벼나 잡초 등의 잎이나 엽초의 표면에 산란한다. 알은 7~8개씩 2~3열로 산란된다. 암컷당 산란수는 많은 것은 700개, 보통은 300~400개이다. 알은 6일에 부화하며, 유충은 잎을 식해하면서 약 20일간 생존한다. 유충은 잎을 잘라 굽혀 방을 만들며, 종령유충은 방을 잘라 떨어뜨리고, 그 속에서 번데기가 된다. 제2회 성충은 6월, 제3회 성충은 7월 중하순, 제4회 성충은 8월, 제5회 성충은 9월에 발생한다. 제2회의 발생은 특히 많고, 제5회는 매우 적다. 성충은 등불에 잘 모인다. 성충의 수명은 약 10일이다.

22 벼 밤나방
(*Sesamia inferens* Walker)

▲ 벼 밤나방 성충

▲ 벼 밤나방 성충

형태 밤나방과. 성충의 몸길이는 12~15mm, 날개 편 길이는 27~30mm이다. 머리와 가슴부위는 회황색, 복부는 담갈색이다. 앞날개는 거의 장방형이며 옅은 회갈색이고, 뒷날개는 흰색이다. 수컷성충은 약간 작고, 더듬이는 빗살모양이며, 암컷성충의 몸은 약간 크고, 더듬이는 실모양이다. 알은 직경 약 0.7mm로 약간 편평한 구형이며, 산란 직후는 백색, 그 후 담황색으로 변하고, 부화 전에 회갈색으로 된다. 벼 줄기의 엽초 내 엽이(葉耳) 부근에 2~3열로 배열하여 산란한다. 유충은 크게 되면 26~31mm이다. 머리부분은 홍갈색 또는 암갈색이고, 복부 등면은 자홍색을 띠며, 배다리가 발달한다. 3령 이전에는 앞가슴등면이 선황색이고, 이후에는 자홍색으로 된다. 5~7령을 경과한다. 벼를 가해하는 명나방과의 유충에 비하여 크다. 수컷 번데기는 길이가 13~15mm, 암컷 번데기는 15~18mm이다. 용화 직후에는 담황색, 그 후 황갈색으로 변한다. 등면은 짙은 색이다. 머리와 가슴부위에는 흰가루 모양의 분비물이 있다.

피해 광식성으로 벼 외에 보리류, 옥수수, 사탕수수 등 각종의 벼과 식물을 기주로 한다. 줄기 속으로 먹어 들어가는 해충이며, 이화명나방과 같이 벼나 보리 등에 백수를 만든다. 논 주변에 발생이 많다.

생태 유충태로 벼 포기나 땅속 얕은 곳에서 월동한다. 봄에 번데기가 되고, 5월에 우화한다. 성충은 이화명나방 정도의 주광성이 없지만, 예찰등에 모인다. 암컷성충은 교미 후 2~3일부터 엽초의 안쪽 면에 산란한다. 보통 4~5개의 난괴, 많을 때는 15개의 난괴를 산란한다. 난괴 당 30~60개의 알이 있다. 성충은 연 3회, 즉 5월 하순~6월 상순, 7월 하순~8월 상순, 9월 상중순에 나타난다.

▲ 벼 밤나방 줄기 속 번데기

▲ 벼 밤나방 종령유충

▲ 벼 밤나방 종령유충

▲ 벼 밤나방 유충

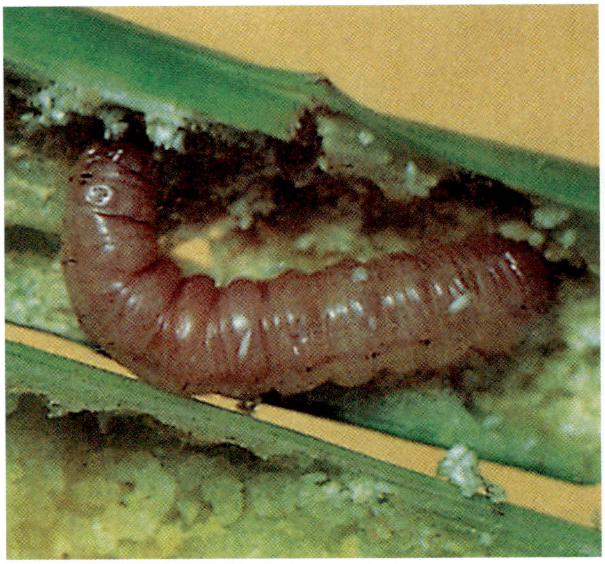

▲ 벼 밤나방 유충

▲ 벼 밤나방에 의한 피해흔적

23 벼 열대거세미나방
(*Spodoptera mauritia* Boisduval)

▲ 열대거세미나방 수컷성충(좌) 와 암컷성충(우)

▲ 열대거세미나방 유충

형태 밤나방과. 성충은 몸길이가 25 ~ 30mm, 앞날개의 길이는 35mm이다. 앞날개는 전체적으로 검고, 몇 개의 물결모양 선이 있으며, 중앙에 검은 무늬가 있다. 검은 무늬 아래에는 흰 점무늬가 있다. 알은 구형으로 담황색이다. 부화유충은 녹색으로 몸길이가 2mm이다. 못자리에서는 발견되기 어렵다. 영기가 진전되면 몸색이 회갈색으로 변하고, 각 복부마디의 측면에 반달모양의 검은 무늬가 있다. 몸 옆에는 윗가장자리에 적색을 띤 띠가 있다. 유충은 멸강나방과 같이 서식밀도가 높으면 흑갈색으로 된다. 노숙유충은 몸길이가 35 ~ 40mm이다. 번데기는 흑갈색으로 몸길이는 13mm이다. 땅속에서 번데기가 된다. 본 종은 머리부분에 담색의 포크모양 선이 있다. 또한 유충의 몸 양측에 3개의 띠가 있으며, 2번째는 적색, 1번째와 3번째는 담색 등으로 구별할 수 있다.

피해와 생태 동남아시아에서는 중요한 우점 해충이고, 못자리나 직파한 논에서 발생하며, 심각한 피해를 준다. 기주식물은 벼, 사탕수수, 옥수수 등 벼과 식물과 잡초이다. 피해받은 벼는 엽신(葉身)이 솔 모양으로 되고, 줄기도 가해하며, 하루아침에 못자리가 전멸한다. 야행성으로 낮에는 벼의 잎 뒤, 잎줄기 사이에서 발견된다. 어린 벼는 말할 것도 없고, 출수중인 벼도 피해를 받는다. 식해 후에는 다음 논으로 이동한다. 난괴당 200 ~ 350개를 기부에 산란한다. 난괴는 암컷성충의 체표에서 나온 짧은 담황색의 털로 덮여있다. 암컷당 1,500개의 알을 산란한다. 알기간은 4 ~ 5일, 유충기간은 15 ~ 24일이다. 용화는 식물체의 줄기 사이나 땅속에서 이루어지며, 번데기기간은 7 ~ 14일이다. 1세대는 29 ~ 31일이 걸린다.

24 벼 화랑곡나방

(*Plodia interpunctella*)

▲ 화랑곡나방 성충

▲ 화랑곡나방 유충

▲ 화랑곡나방 유충

가해특성 저장중인 각종 식물질에 기생하며 쌀바구미보다 더 건조에 강하며 잡식성이어서 먹이에 따라서 가해 방식이 달라진다. 성충은 어두운 곳을 좋아하며 낮에는 쉬고 밤에만 나와 활동하며 오후 9~11시가 활동최성기이다.

생태 및 특징 나비목 명나방과 저곡해충이다. 성충의 길이는 6~9mm이고 날개의 편길이가 14~17mm이며 다갈색으로 앞날개의 밑부에서 중앙부까지는 황회백색이고 미소한 흑색 점이 산재하며 나머지 부분은 회갈색~적갈색이고 뒷날개는 회백색이다. 먹이에 따라 몸의 크기가 다른데 콩을 먹은 것은 몸이 크고 쌀,현미 등만 먹은 것은 몸이 작다. 유충은 길이가 15mm정도 이고 머리는 적갈색이며 앞가슴 피부판은 적갈색이다. 성충의 수명은 평균12일 이고 교미후 1~2일에 알을 낳기 시작하여 첫날의 산란수가 가장 많고 6~10일 동안에 평균160개의 알을 낳는다. 다 자란 유충으로 월동하는 것이 보통이지만 어린유충으로도 월동한다.

방제 방제가 어려운 저곡해충이다. 높은 습도와 고온(19~26℃)에서 발생이 많으니 완전 밀패한 용기에 보관할 것이며 나방은 보이는 대로 파리채 등으로 포살한다. 또한 화랑곡나방 페로몬트랩으로 수컷을 퇴치하는 예방효과가 있다고 한다.

25 벼 이화명나방

(Striped rice borer, *Chilo suppressalis* Walker)

▲ 이화명나방 성충

▲ 이화명나방 성충

가해양상 본논에 심은 벼가 활착하기 시작하면 벼의 잎집이 갈색으로 변하고 잎이 말라죽으며 잎집이 가해부에서 부러지고 잎이 처져 물에 뜨게 된다. 가해가 더욱 진행되면 가운데 잎이 황색으로 변하고 이어 전체가 갈색으로 변하여 죽는다. 이것은 제1화기 피해이다. 이삭이 팰 때가 되어도 이삭이 나오지 않거나 이삭이 나온 것도 흰색의 쭉정이 이삭이 된다. 이것이 2화기 피해이다. 줄기가 시들면 애벌레가 다른 줄기에 먹어 들어가게 되므로 1마리의 애벌레가 여러 개의 줄기에 피해를 주게 된다.

형태와 생활사 어른벌레의 길이가 12㎜정도이고 날개를 편 길이가 22㎜정도인 황회백색의 나방으로서 앞날개는 황회백색이고 외연에 7개의 흑색점이 있으며 뒷날개는 흰색이다. 머리와 가슴은 담회색 내지 달갈색이고 배는 회백색이다. 알은 1㎜정도의 납작한 타원형이며 수십 개의 알을 기와지붕 모양의 무더기로 낳는다. 애벌레는 길이가 20㎜정도이고 머리는 갈색이며 이빨은 암갈색이고 배선, 측선, 기문하선 등은 갈색이며 배면과 다리는 모두 엷은 빛깔을 띠고 있다. 이화명나방은 애벌레가 벼, 기장, 사탕수수, 줄풀, 갈대 등의 줄기를 가해하며 년 2회 발생하며 종령 애벌레로 휴면하여 볏짚이나 그루터기 기타 논두렁의 잡초 줄기 속에서 월동한다. 월동세대 어른 벌레는 5월 중순부터 7월 상순까지 우화하고 최성기는 6월 상순이다. 제2세대 어른벌레는 7월 하순부터 8월 하순까지 발생하고 최성기는 8월 상순이다.

▲ 이화명나방 난괴

▲ 이화명나방 번데기

▲ 줄기속의 이화명나방 유충

방제 이 해충에 대한 경제적 피해수준은 1화기 피해경율로 7~8%, 2화기는 백수율로 3%이다. 또 6월 20일 경의 엽초 변색 경의 발생주율이 50% 이하의 포장에서는 방제를 하지 않아도 된다. 방제 시기는 유아등을 이용하여 발아 최성일을 조사해서 결정하는데 제1화기 방제 적기는 발아 최성일후 11~17일 사이 이며 대체적으로 6월 상, 중순경에 해당된다. 제2화기는 발아 최성일후 5~7일 후로 8월 중순경이다. 1화기의 방제목표는 심고경을 줄이는 것으로 모가 어려서 뿌리의 활력이 왕성하므로 흡수 이행이 잘되는 입제농약을 살포할 경우 처리가 간편하고 벼물바구미등 초기 해충과의 동시방제가 용이하다. 2화기 방제의 목표는 흰 이삭을 줄이는 것으로 희석제 농약을 많이 사용하며 혹명나방과 동시 방제를 할 경우에도 입제농약보다 유리하다.

벼 이화명나방

▲ 이화명나방 1화기 피해(심고경)

▲ 이화명나방 2화기 피해(백수)

26 벼 잎말이명나방

(Cnaphalacrocis exigua Butler)

▲ 벼잎말이명나방 유충

형태 명나방과. 성충의 몸길이는 약 5mm, 날개 편 길이는 14~16mm이다. 몸과 날개는 주로 황갈색이다. 앞날개에는 3개, 뒷날개에는 2개의 암갈색 세로줄이 나 있다. 앞날개의 앞가장자리 및 바깥가장자리는 갈색이다. 내횡선, 중횡선 및 외횡선은 갈색이다. 연모는 흰색이며 안쪽 절반은 갈황색이다. 뒷날개의 앞가장자리는 흰색이며, 앞날개와 같은 모양의 연모가 있다. 알의 직경은 0.3mm로 편평한 원형이며, 황갈색으로 벼 잎에 수개씩 세로로 산란한다. 유충은 13~15mm이다. 몸통은 거의 녹색이며, 머리부분 및 등쪽 방패는 담갈색이다. 노숙하면 황등색이 된다. 번데기는 황갈색이며, 길이는 8~9mm이다.

피해와 생태 2령 이후의 유충이 벼 잎을 세로로 철하고 그 속에서 식해한다. 잎이나 줄기 사이에 숨어 얇은 종이 모양의 고치를 짓고 유충으로 월동한다. 1화기는 5~6월, 2화기는 7월, 3화기는 8~9월이다. 본 종은 혹명나방과 유사한 점이 많지만, 혹명나방에 비하여 동작이 굼뜨며, 다른 곳으로 이동하는 경우가 적다. 잎을 고정하여 세로로 말며, 아래 잎은 배설물로 막히고, 상단은 실로 철하고 있기 때문에 유충을 위에서 볼 수 없다. 노숙유충은 철한 잎 속에서 흰색의 얇은 종이 모양의 고치를 만들어 용화한다.

27 벼 줄점팔랑나비

(Rice plant skipper, *Parnara guttata* Bremer et Grey)

▲ 줄점팔랑나비 성충

▲ 유충

▲ 줄점팔랑나비의 번데기

▲ 줄점팔랑나비 노숙유충

가해양상 혹부화 애벌레는 벼 잎의 끝을 세로로 말고 그 속에서 가해하거나 자라면서 몇 개의 잎을 끌어 이것을 말고 낮에는 그 속에 숨어 있다가 해진 후 (6~7시)에 나와 벼 잎을 잎가에서부터 먹어 들어가 주맥만 남긴다. 피해를 심하게 끼치는 것은 주로 2화기 애벌레인데 이때는 이삭이 나올 때에 해당되므로 그 피해가 더욱 심하고 잎을 말므로 이삭이 나오지 못하게 된다. 이 피해는 산간지에서 심하고 평야지대에서는 매우 적다.

▲ 줄점팔랑나비 유충에 의한 피해(집)

형태와 생활사 어른벌레는 그 길이가 20㎜ 정도 이고 날개를 편 길이가 35㎜ 정도인 자갈색의 통통한 나비로서 남색을 띤 농갈색이며 앞날개에는 반투명한 백색무늬가 7~8개 고리모양으로 배치되어 있고 뒷날개의 중앙에는 1열로 배열된 4개의 백색 반투명한 무늬가 있다. 날개의 표면에는 암록색의 짧은 털이 있고 앉아 있을 때에는 날개를 폈다 접었다 한다. 벼 및 기타 벼과식물의 잎에 1개씩 알을 낳는다. 애벌레의 길이는 35㎜ 정도인 방추형으로서 머리는 담록색이고 피부판은 담갈색이며 좌우에 갈색의 사선이 있고 다 자라면 백색 가루로 덮인다. 번데기는 길이가 25㎜ 정도이며 잎 속에 있다. 1년에 3회 발생하고 애벌레로 벼과식물에서 월동하며 이듬해 봄에도 계속하여 가해한다. 5월에 번데기가 되고 6월에 제 1화기 어른벌레가 나온다. 제2화기 어른벌레는 7월 상순~8월 상순에, 제3화기 어른벌레는 9월 부터 10월에 나온다. 이것은 주로 벼 잎에 알을 낳는데 산란 수는 80개 정도이고 알기간은 4~5일 이며 애벌레 기간은 3주일이다.

방제 7월 하순경에 이 해충에 등록 고시된 적용약제를 뿌려 방제한다.

28 벼 풀무치

(*Locusta migratoria* Linnaeus)

▲ 풀무치 성충

형태 투메뚜기과. 성충의 몸길이는 수컷 32~48mm, 암컷 39~53mm로 대형이다. 몸색은 보통 녹색에서 황갈색이다. 앞날개는 갈색 바탕에 암갈색 무늬가 있다. 뒷날개는 황색을 띠어 투명하여 무늬가 없다.

피해와 생태 여름부터 초가을에 걸쳐 성충과 유충이 국지적으로 벼나 억새, 옥수수 등 벼과식물을 식해한다. 때로는 피해가 적지만, 다발생하면 형태와 생태가 변하는 군생상으로 된다. 이른바 비래하는 메뚜기가 되어 이동하면서 많은 식물을 가해한다. 1세대에 70~80일, 북쪽에서는 연 1세대, 남쪽에서는 3~4세대를 경과한다. 배로 흙을 파서 땅 속에 산란관을 넣어 난괴로 산란한다. 알로 월동한다.

▲ 풀무치 군서형 성충

▲ 풀무치 고독형 성충

▲ 풀무치 성충

29 벼 총채벌레

(*Stenchaetothrips biformis* Bagnall)

▲ 벼총채벌레 암컷성충

형태 총채벌레과. 성충의 몸길이는 암컷 약 1.3mm, 수컷 약 1mm이다. 전체적으로 암갈색이다. 더듬이는 7마디로 암컷의 3번째 마디와 수컷의 1~4번째 마디는 황색이다. 홑눈 앞쪽에 가시털은 1쌍으로 보통 홑눈사이의 가시털보다 길다. 가운데가슴과 뒷가슴의 차상기 모두에 작은 가시가 없으며, 뒷가슴 전측판에 몇 개의 가시털이 있다. 복부 각 마디의 뒷가장자리에 작은 거치상 돌기가 있으며, 수컷은 뚜렷하다. 유충은 황백색이다.

피해 성충과 유충 모두 벼의 잎과 이삭을 식해한다. 잎의 식해는 모판부터 본답 초기에 많으며, 어린 잎에 은백색의 줄무늬가 나타나고 끝이 말려 고사하지만, 보통은 초기 생육이 지연되는 정도로 실제 피해는 적다. 출수 이후에는 꽃술에 즐겨 모이고, 꽃이 닫힌 후 이삭 내에 갇힌 성충과 유충의 식해에 의해 쭉정이나 불임벼 또는 상처를 받은 열매나 총채벌레 흑점미가 발생하며, 수량이나 품질에 현저한 영향을 주는 경우가 있다. 쭉정이와 흑점미의 발생율은 각각 최고 20~30%와 0.5~1.2%였던 예가 있다.

생태 많은 벼과 식물에 기생하므로 주변에 벼과 초원이 있는 논에서 다발생한다. 월동은 주로 성충, 가끔 유충으로 이루어지며, 온난한 지역에서는 3월말, 한랭한 지역에서는 5월경부터 활동한다. 연간 발생회수는 지역에 따라 달라 3~8세대를 경과한다. 성충은 모내기와 동시에 주변의 벼과 식물로부터 논으로 침입하며, 벼에서도 2~5세대 경과가 가능하다. 일평균 기온이 8℃ 이상에서 산란이 가능하며, 산란은 위쪽의 전개되는 잎 표면의 엽맥 조직에 1개씩 낳는다. 암컷당 1일 산란수는 3~4개로 총 산란수는 40~60개이다. 실내사육에 의한 알에서 성충까지의 전체 발육기간은 20℃에서 15~19일, 27.5℃에서 10~12일이며, 성충의 생존기간은 20℃에서 약 27일, 27.5℃에서 약 23일이다.

방제 논에서 벼총채벌레의 발생은 6월 하순~7월 상순, 8월 상순~9월 상순 등의 2회의 발생최성기를 보이는데 출수 후에 발생되는 총채벌레가 흑점미를 유발하는 등 벼에 직접적인 피해를 준다. 방제적기는 출수기 직전에 적용농자재를 경엽처리 해야 하며 희석제는 5~7일 간격으로 2회 처리 하는 것이 효과적이다.

▲ 벼총채벌레 산란흔

▲ 벼총채벌레의 피해를 받은 쌀(흑점미)

30 벼 잎벌레
(*Oulema oryzae* Kuwayama)

▲ 벼 잎벌레 성충

형태 잎벌레과. 성충의 몸길이는 4~4.5mm로 전체적으로 청남색이며 금속광택이 있다. 목 부분만이 황갈색을 하고 있다. 머리부분은 검은색이다. 날개에는 10줄의 세로로 배열된 점각이 있다. 다리는 황색~황갈색이며, 몸의 배쪽 면은 검은색이다. 알은 긴 타원형으로 장경이 약 0.7mm이다. 산란된 직후는 담황색, 곧 갈색으로 되며, 그 후에 농자색으로 된다. 부화 직후의 유충은 머리가 홍색이고, 몸은 담황색이다. 노숙유충은 길이가 약 4~6mm이고, 머리부분은 작고 흑갈색이며, 복부 등면은 융기되어 있다. 몸통이 황갈색, 복부가 특히 부풀어 있다. 등면에 배설물을 지고 있으며, 이것이 진흙처럼 보인다. 노숙유충의 몸길이는 약 5mm이다. 번데기는 약 4mm이다. 황색이지만 우화 직전에는 암색으로 된다. 고치의 바깥측은 흰색의 왁스모양으로 속에 번데기가 들어있어 고치는 타원형이고 탁한 흰색이다.

피해 성충과 유충 모두 잎의 표면에서 엽육을 식해하고, 엽맥에 평행하게 하얗게 스친 듯한 모양의 상처를 남긴다. 심한 경우에는 논의 한 면이 새하얗게 될 정도이다. 특히, 추운 지역이나 고랭지에서는 냉해를 받으면 충해를 한층 조장하게 된다. 이 식해는 6월 말부터 7월에 잘 볼 수 있다. 피해는 초장이나 이삭당 벼알수, 천립중 등에는 영향이 적으며, 줄기 수나 이삭 수의 감소에 나타나므로 수수형 품종 쪽이 피해가 크다.

▲ 벼 잎벌레 알(난괴)

▲ 벼 잎벌레 유충

▲ 벼 잎벌레 유충의 식해흔

생태 연 1세대를 경과한다. 성충은 산간지의 양지바른 곳, 논두렁, 개울, 연못 주변의 벼과 잡초 사이 또는 뿌리 근처의 땅 속, 조릿대의 엽초 안쪽에서 월동한다. 5월 중순경부터 월동장소에서 나와 줄과 벼에 모여 산란한다. 산란은 7월 중순경까지 이루어지며, 엽면에 수 개씩 모아서 산란한다. 산란은 맑은 날에 많고, 흐린 날과 비오는 날에는 적다. 보통 2열씩 산란하며, 난괴당 2 ~ 13개의 알이 있다. 본 종의 발생은 기후, 지형 등과 밀접한 관련이 있으며, 산간지는 월동에 유리하여 평지에 비하여 발생이 많다. 또한 겨울철 ~ 봄철에 온난하면 성충의 출현이 빨라진다. 장마, 특히 야간에 비가 내리면 유충의 생존에 유리하여 피해가 많게 된다.

방제 년 1회 발생하는 해충으로 효과적인 방제를 할 수 있는 해충으로 산란 최성기 및 부화 최성기인 못자리 말기나 본답초기에 희석제 농자재를 경엽살포 하거나 이앙시에 입제 처리제를 상자처리 한다.

31 벼 줄기굴파리
(Rice stem maggot, *Chlorops oryzae* Mastumura)

▲ 벼줄기굴파리 성충

▲ 벼줄기굴파리 알기

▲ 벼줄기굴파리 피해

▲ 벼줄기굴파리류의 발생포장

가해양상 제1세대 부화 애벌레는 줄기 속으로 먹어 들어가 생장점 부근에서 어린잎을 먹고 자란다. 피해를 받은 잎은 후에 전개되면 가늘고 긴 구멍이 뚫린다. 피해 잎 1장의 엽신에는 여러개의 구멍이 생기며 길이 5~20㎜의 조직이 세로로 찢어진다. 피해부위는 황색으로 변하며 말라죽거나 위축된다. 제2세대 애벌레는 생장점 부근으로 이동하여 어린 이삭을 가해하므로 이삭이 파인 후 쭉정이가 된다. 중북부지방 산간지대에 피해가 많으며 이앙시기가 빠를수록 제1화기 피해는 많으나 2화기 피해는 적다.

▲ 벼줄기굴파리 피해

형태와 생활사 어른벌레는 길이가 암컷의 경우 2.5㎜, 수컷의 경우 2.1㎜ 정도이며 몸 전체가 황색이다. 가슴등판에도 흑색의 굵은 줄이 세로로 3개가 있다. 알은 길이가 0.8㎜ 정도의 긴 타원형으로 백색이고 주위에 10여개의 융기선이 있다. 애벌레는 유백색이고 대체로 원통형이며 다 자란 애벌레의 길이는 4.0~4.8㎜이다. 번데기는 길이가 6.0㎜ 정도이고 담황갈색이며, 길고 편평하고 두 갈래로 갈라져 있다. 잎집 안쪽의 위쪽 끝에 배 끝이 단단히 붙어 있다. 년3회(5월 중하순, 7월 상중순, 9월 중순) 발생하며 뚝새풀이나 기타 벼과 잡초의 줄기 속에서 애벌레로 월동한다. 월동에서 깨어난 다음 발육을 시작하여 5월 중하순 경에 어른벌레가 된다. 이 어른벌레는 못 자리나 이앙된 논에 침입하고 벼잎에 1개씩 알을 낳은 후 2세대를 벼에서 보낸 후 9월 상순경 우화한 제3회 어른벌레는 뚝새풀로 날아가 알을 낳고 여기서 부화한 1령충이 생장점에서 월동하게 된다.

방제 벼줄기굴파리는 연 3회 발생하지만 방제는 제1세대와 2세대 애벌레를 대상으로 실시한다. 제1세대 방제적기는 5월 하순~6월 상순이며 입제농약을 수면처리 하거나 이앙 전 육묘상처리 한다. 또한 벼물바구미 다발지역에서는 종자 분의 처리로 벼물바구미등 본논 초기발생 해충과 동시 방제하는 것이 효과적이다. 제2세대 방제적기는 7월 중순이며 입제농약을 수면처리 하거나 희석제를 경엽처리 한다.

32 벼 잎굴파리

(*Agromyza oryzae* Munakata)

▲ 벼 잎굴파리 성충

형태 굴파리과. 성충은 작은 파리로서 몸길이 2~3mm이다. 날개 편 길이는 6~7mm이다. 알은 반투명하고 긴 타원형으로 길이가 약 0.4mm이다. 잎 끝부분의 엽조직 내에 산란한다. 유충은 처음에 유백색이지만, 나중에 담녹색을 띤다. 몸길이는 5~6mm로 성장한다. 번데기에는 우화(비휴면)형과 월동(휴면)형 2가지가 있다. 우화형은 갈색으로 월동형에 비하여 약간 가늘고 긴 느낌이 있으며, 잎에서 떼기 어렵다. 월동형은 검은색으로 굵고, 잎에서 떼기 쉽다. 길이는 모두 약 2mm이다.

피해와 생태 유충은 잎 속으로 잠입하여 표피를 남기고 엽육을 식해한다. 잎의 위쪽에서 아래쪽으로 가는 직선상으로 먹어나가며, 탈피 후 잠입하는 구멍은 서서히 넓어져 3령기에는 밑이 넓은 주머니 모양으로 된다. 식해받은 부분은 곧 갈색으로 마르고, 그 때문에 잎 끝이 비틀린다. 심할 때에는 논 전면이 하얗게 마르는 경우도 있다. 암컷성충은 기주확인 또는 흡즙을 위해 산란관의 줄모양 부분으로 표피에 상처를 내므로 그 상흔이 하얀 반점으로 남는다. 제1세대부터 피해를 받은 벼는 초기 생육이 억제되어 초장이나 잎의 길이가 짧게 되고, 줄기수도 적게 되며, 이삭수나 임실에도 영향을 미친다. 번데기로 벼 포기 사이에서 월동하며, 성충은 5~6월과 6~7월 2회 발생한다. 때로는 새로 나오는 포기에서 3회째 발생을 볼 수 있는 경우가 있다. 제1회 성충은 5월 중순경부터 6월 초에 걸쳐 우화하며, 잎의 조직 내에 산란한다. 알은 약 1주 후에 부화한다. 유충기간은 10일~2주이다. 노숙한 유충은 식해흔에서 탈출하여 점착물로 몸을 잎의 표면에 고착하여 번데기가 된다. 제1세대의 번데기는 우화형이 많고, 번데기 기간은 약 10일이다. 월동형의 번데기 기간은 10개월이나 된다. 제2회 성충은 6월 하순부터 7월에 걸쳐 나타난다. 유충기간은 약 1주이다. 피해는 7월에 보인다. 이 기간의 유충은 7월 하순부터 8월 상순에 번데기가 되고, 월동형으로 된다. 일부는 우화형으로 되어 3회째의 성충으로 발생한다. 발생기간 중의 기온이 20~25℃인 경우에 발생량이 증가하며, 그 보다 고온이거나 저온인 경우에 발생량이 억제된다. 특히 성충의 발생량은 냉해를 일으키기 쉬운 기상조건의 해에 많다.

▲ 벼잎굴파리 유충

▲ 벼잎굴파리의 피해 및 번데기

33 벼 잎물가파리
(*Hydrellia griseola* Fallen)

▲ 벼 잎물가파리 성충

▲ 벼 잎물가파리 유충(좌) 번데기(우)

▲ 벼 잎물가파리의 피해포기

형태 물가파리과. 몸길이는 약 2.5mm로 수컷이 암컷보다 약간 작다. 날개 길이는 2.4 ~ 2.7mm이다. 몸은 회색 ~ 회갈색 가루로 덮인 검은색이다. 안면은 보통 황금색이고, 더듬이는 검은색으로 가시털의 갈래가 5 ~ 6개이며, 등 중앙의 강모는 3쌍인 것에 의해 *Hydrellia ischiaca* Loew와 구별이 가능하다. 날개는 투명하며, 다리는 검은색이다. 알은 흰 타원형으로 표면에 광택이 있으며, 장경은 약 1mm이다. 유충의 몸길이는 약 3.6mm이고, 원통형으로 약간 편평하다. 머리부분과 꼬리 끝은 약간 가늘고, 몸은 유백색 ~ 황백색이다. 번데기는 방추형으로 길이는 3mm이며, 갈색 ~ 황갈색을 띤다.

▲ 벼 잎물가파리 성충

피해와 생태 벼의 잎에 잠입할 당시의 유충은 중륵(中肋) 가까이에 세로로 미세한 선 모양의 식흔을 만들지만, 성장하면 식해량이 늘어남에 따라 식흔은 불규칙하게 된다. 초기의 피해는 약간 퇴색되는 정도이지만, 식해가 진전되면 식흔이 흰 선모양으로 되고 나중에 갈변한다. 특히 식해받으면 잎 전체가 고사한다. 마르지 않아도 초기 생육이 억제된다. 일찍 심을수록 피해가 크다. 일찍 심으면 성충의 출현기가 이앙 직후에 해당되기 때문에 수면이 노출된 상태로 되고, 게다가 그 때 온도가 낮아 성충의 활동에 적합하기 때문이다. 조기 이앙재배의 보급에 따라 피해가 많아지고 있다. 피해는 6월에 많다. 1포기 당 본수가 적은 경우나 침수된 경우에는 피해가 많다. 최근 담수직파에서 발생이 목격된다. 저온인 해에 다발생한 경우가 있다. 광식성으로 기주식물은 벼과, 방동사니과, 벗풀과의 3과 46종에 이른다. 주로 번데기로 뚝새풀이나 겨이삭, 줄 등 벼과 잡초의 엽육이나 엽초 속 또는 뿌리 밑둥에서 월동한다. 연 4~8회 발생한다. 성충은 수로변이나 습지를 선호하여 수면 가까이를 날거나 수면에서 떠오르거나 한다. 알은 3일~ 1주일 정도에 부화한다. 유충기간은 10일에서 2주이며, 노숙하면 잎 조직 내에서 번데기가 된다. 약 1주정도에 성충으로 된다. 성충의 수명은 2주이다. 벼에 대한 가해는 생육 초기에 많고, 무성한 벼에는 산란하지 않고 벼과 잡초에 기생한다.

방제 저온성 해충으로 5월 상순부터 이앙 직후의 모에 산란하는데 특히 물위에 늘어져 있는 잎에 많은 알을 낳으므로 노숙모를 이앙한 논에서는 모낸 후 논물을 깊이 대지 않도록 한다. 벼물바구미와 동시방제가 가능한 농자재를 선택하여 이앙 당일 상자처리하거나 본답 방제를 하는 것이 좋다. 유충기가 짧아 방제시기를 놓치기 쉬우므로 예찰에 각별한 주의가 필요하다.

34 벼 아이노각다귀

(*Tipula aino* Alexander)

▲ 아이노각다귀 성충

▲ 아이노각다귀 성충

▲ 아이노각다귀 성충

형태 각다귀과. 성충은 몸길이가 15~18mm로 큰 모기같은 모양이며, 다리는 매우 길다. 유충은 흑갈색으로 몸길이는 3cm에 달한다. 봄이 되어 지온이 약 6℃가 되면 몸길이가 약 2cm인 흑갈색의 번데기로 된다.

피해와 생태 직파답에서는 유충이 볍씨의 외피만을 남기고 중심부를 먹어치우며, 발아 후에는 그의 어린 싹이나 어린 뿌리를 식해하여 뜸모나 쓰러진 모가 된다. 때로는 유묘를 지제부에서 잘라버리는 경우도 있다. 피해는 파종한 논에서 많다. 9월 이후 제2세대 유충은 보리를 가해한다. 보통 연 2회 발생하며, 유충으로 땅속에서 월동한다. 성충의 발생 최성기는 4월 말부터 5월 중순경이다. 성충은 불빛에 잘 모이며, 수명은 약 10일로 그 사이에 습지나 물을 뺀 논, 논두렁 등의 습한 곳에서 1개씩 검은색의 장경이 1mm인 장타원형의 알을 낳는다. 암컷당 300~600개의 알을 낳는다. 알기간은 1~2주이다. 부화한 유충은 땅속에 남아서 서식하며, 4~5개월의 유충기간을 거쳐 번데기가 된다. 약 10일의 번데기기간을 경과하여 9월 경에 제2회 성충이 된다.

35 벼 깔따구과 일종

(*Tanytarsus oryzae* Matsumura)

형태 깔따구과. 성충의 몸길이는 2.5~3mm로 언뜻 작은 모기와 같다. 암컷은 담갈색, 더듬이는 실모양이며, 날개는 암갈색이다. 수컷은 약간 작고, 가늘고 길며 검은색으로 더듬이는 깃털모양이다. 알은 매우 작은 타원형이며 유백색이다. 고리모양으로 산란하며, 표면은 아교질로 덮여 있다. 노숙유충의 몸길이는 약 5mm이고, 어린 유충은 회백색이지만, 노숙하면 적색으로 된다. 머리부분은 작고 갈색이다. 몸통부는 1번째 마디에 돌기가 있고, 끝마디 등 위에 2개의 돌기와 수개의 강모가 있으며, 그 아래에 2쌍의 주머니모양 돌기가 있다. 번데기는 길이가 약 3mm이고, 담갈색으로 가슴의 등쪽에 암색의 무늬가 있다. 머리부분은 담황색이며, 겹눈은 검다.

피해와 생태 주로 직파답의 해충이며, 원통형의 집을 만든 유충이 물 밑을 돌기 때문에 어린 모가 쓰러져 뜨게 된다. 또한 볍씨의 배나 어린 싹, 어린 뿌리도 식해하여 생육이 불량하게 된다. 일반적으로 유기질 과잉으로 배수가 불량한 습지에 다발생한다. 성충태로 월동하며, 연 3~4회 발생한다. 성충은 이른 봄에 수면 위나 진흙 위에 산란한다. 암컷당 산란수는 200개 이상이며, 알기간은 4~5일이다. 유충은 진흙이나 부식질로 만든 부드러운 원통으로 된 집 속으로 들어간다. 유충기간은 30~45일이며, 제2회 성충은 6월 중순~7월 상순에 나타난다. 성충은 바람이 없는 날에 군무를 한다. 유충은 맑은 날에 원통형의 집을 비스듬하게 세워 흔드는 경우가 있다.

벼
생리장애

01 이끼, 괴불방제법

▲ 녹조류피해(이끼)

피해 이끼는 군락 식물문으로 조류(藻類)보다는 고등 식물로 조류와는 다른 분류군에 속한다. 논에 괴불을 일으키는 조류는 규조류(珪藻類)이며 전국적으로 균일하게 분포되어 있으며 체색은 보통 갈색 또는 황색으로 동화집적산물은 유지이다.

이끼 물위에 떠 있으면 물속의 양분을 섭취하고 햇볕을 가려서 수온의 상승을 막으며 물결에 밀려 모가 이끼와 함께 움직여서 뿌리 뻗음을 방해한다. 이끼는 비료, 특히 인산, 질소의 사용량이 많을 때와 물이 깨끗하지 않을 때 많이 발생한다.

괴불 못자리 표토에 규조류가 번식하여 분비하는 물질이 토양입자를 결합시켜 모판 표면에 한 층의 토양교질물의 피막이 생기고 토양 속에서 나오는 기포(氣胞) 또는 가스가 표토 껍데기에 붙어 그것이 부력에 의하여 떠오르는 현상으로 동화작용이 왕성히 이루어 질수 있도록 온도가 높고 햇볕이 강한 날에 괴불이 일어난다. 규조류는 약 25℃의 물 온도와 PH6~7에서 번식이 왕성하고 규소화합물이 증식에는 필수적이며 인산의 요구도가 많은 편이다. 또한 미숙하고 발효성이 있는 유기질을 다량 시용한 경우, 오수를 관개하는 경우 등도 발병유인이 된다.

대책 이끼 및 괴불방제의 사전대책은 인산질 비료의 밑거름 무시용 또는 입모 후 시용 그리고 완숙퇴비사용, 완효성복비, 저인산복비의 전층시비가 이루어져야 한다. 이끼 및 괴불 발생시의 대책으로는 물 걸러대기 실시, 굵은 모래를 평당 3L 정도 뿌려준다.

02 도복(倒伏 Lodging)

피해 벼 재배기간 중에 생육이 과번무하거나 태풍, 호우 등 외부환경에 의하여 지상부가 쓰러져 수량감소와 품질 저하의 원인이 되며 기계화 효율을 낮추는 피해를 도복이라 말한다. 도복은 지상부 하중에 대한 줄기 하부가 받는 지지력이 약할 때 줄기가 만곡 되거나 줄기의 마디 및 절간부가 좌절되고 뿌리를 포함한 포기 전체가 쓰러지는 정도에 따라 만곡도복, 좌절도복, 뿌리도복으로 구분되며 도복정도는 담수손뿌림, 무논골뿌림, 건답줄뿌림, 기계이앙, 손이앙의 순으로 잘된다.

대책 벼 도복방지의 근본적인 대책은 내도복성 품종이다. 도복에 강한 품종은 키가 작고 줄기가 굵고 간벽이 두껍다. 직파재배에서 도복발생이 심한데 직파재배 전용품종은 안산벼, 주안벼, 농안벼 등이 있다. 지나친 밀식과 밀파를 피해야 한다. 이앙재배의 경우 재식거리는 30×15cm, 주당묘수 3~5주가 적당하며 담수표면직파의 경우에는 파종량 3~4kg/10a에 입모수 80~120개/㎡가 도복을 경감 할 수 있다. 적정 질소 시비량은 이앙재배와 담수직파는 11kg이고 건답직파는 15kg인데 적정시비량을 준수해야 도복을 경감시킬 수 있다. 알맞은 시기에 간단관수나 중간낙수를 실시한다. 도복이 잘되는 담수직파의 경우 파종 후 20, 40, 60일에 중간낙수를 실시하면 도복을 크게 줄일 수 있다.

03 수해(침관수피해)

▲ 침수피해

피해 강수량이 지나치게 많아 물이 미처 빠져나가지 못했을 경우 또는 하천이 범람하였을 때 논에 과다한 물이 들어오게 되는데 이때 식물체 일부가 수면위에 노출된 상태인 침수와 식물체 전체가 물에 잠긴 상태인 관수를 합하여 이르는 말이다. 침관수의 피해정도는 침관수기간, 물 흐름의 정도, 물의 온도, 수질 등에 따라 달라진다. 피해정도는 침수기간이 길 때 피해가 크며 흐르는 물보다 정지된 물에서 온도가 낮은 물보다 높은 물에서 그 피해는 크다. 또 벼의 생육 시기 별로는 감수분열기, 출수기, 어린이삭 형성기, 가지 치는 시기 순으로 피해가 크다.

대책 침관수 상습지에서는 도복 및 병충해에 강한 품종 중에서 출수기가 다른 조생종, 중생종, 중만 생종을 고르게 재배한다. 질소비료는 20~30% 덜 주고 칼리비료를 20~30% 더 준다. 침관수가 된 논은 서둘러 물을 빼서 우선 잎끝이 노출되도록 한다. 물이 빠질 때 잎, 줄기에 묻은 흙 앙금 오물은 씻어 준다. 물이 완전히 빠진 후에는 새물로 걸러대기를 하여 뿌리활력을 높여준다. 물 빠진 후에는 도열병, 흰 잎마름병 등 병해충 방제를 철저히 한다.

04 바람해(風害)

피해 벼의 바람해는 태풍의 내습과 동반한 강한 바람 또는 폭풍우에 의한 피해를 말한다. 바람해는 영양생장기에는 강한 바람으로 엽신이 찢어지고 동해안에서는 냉조풍으로 저온 장해도 일어난다. 이삭 팰 무렵의 강한 바람은 건조한 바람과 소금기 먹은 바람으로 흰 이삭이 생기거나 벼알이 갈변되기도 한다. 흰 이삭이 생기는 현상은 고온(온도 25℃ 이상), 저습(습도 65% 이 하), 강풍(풍속 8m/초 이상)으로 단기간 내에 과다 증산에 의한 탈수 현상으로 흰 이삭이나 변색 이삭이 생긴다.

대책 질소비료의 과다 사용을 지양하고 3요소 비료를 골고루 시비한다. 태풍 통과가 예상될 때는 논의 물을 깊게 대어 흰 이삭이나 쓰러짐 피해를 방지한다. 태풍 통과 후 흰 이삭이나 변색 이삭이 발생되면 6시간 이내에 동력분무기를 이용하여 10a당 물 600L 이상 살포하여 등숙비율을 향상시킨다.

05 아황산가스(So_2)

▲ 아황산가스 피해

피해 아황산가스에 의한 식물체 피해는 기공을 통한 가스의 식물체내 유입속도가 식물체의 동화 속도 보다 빠를 경우 세포내에 축적되어 일어나는데 일반적으로 회백색 또는 적갈색의 반점이 잎 맥 사이에 무수히 발생하여 잎의 황화를 일으키고 피해가 심할 경우 반점 중심부가 백색으로 말라죽는다.

대책 석탄이나 석유 같은 화학연료 대신에 황함량이 적은 대체자원 개발로 공장이나 사업장으로부터 배출되는 아황산가스의 양을 최대한으로 제한하는 것이 바람직하다. 식물피해 경감 방법으로는 저항성 작물이나 품종재배, 단백질 대사를 증가시켜 저항성을 높이기 위한 질소증시, 삼투압 조절과 원형질 내 이온 교환능을 높이기 위한 칼리 및 규회석 시용, 그리고 석회유를 살포하는 방법 등이다.

▲ 아황산가스 피해

▲ 아황산가스 피해

06 대기오염 물질에 의한 피해

대기 중 오염물질이 기공을 통해 식물체내로 직접 침입하거나 비 또는 안개와 함께 잎 표면에 부착하여 침적함으로써 식물대사나 광합성을 저해하고 성장을 방해하거나 고사시키는 현상으로 눈으로 확인 할 수 있는 피해는 고농도의 오염물질이 기류, 기온, 습도 및 지형 등 특수 조건하에서 논 경지나 임야에 형성되어 단시간 내에 식물체에 피해를 나타내는 것으로 공장에서의 돌발 사고나 제련소 인근 피해 등이 있다. 만성적 피해는 비교적 저농도의 오염물질이 작물생육 기간 중에 접촉되어 생육불량 또는 황화현상 등을 일으키는 것으로 도시근교의 대기오염 피해가 이에 속한다. 대기오염에 의한 식물의 피해는 벼의 경우에는 활착기나 유수형성기에 피해가 크고 질소 과다시용, 수분이 많은 조건, 봄과 여름에 온도가 높을수록 피해가 크다. 지형적으로는 분지나 곡간지처럼 기류가 정체되는 조건에서 피해 발생의 우려가 크다. 일반적으로 대기오염 물질에 의한 식물의 피해는 병해와 구분되기 어렵지만 대기 오염물질에 의한 피해는 작물이나 잡초의 종류를 가리지 않고 나타나며 병해는 특정식물에 주로 나타난다.

07 염해(鹽害)

▲ 염해(간척지)

해수의 침입 또는 소금기가 높은 간척지의 논에서 염분이 올라와 발생하는 생육장해로 소금물에 의한 피해를 염수해, 염풍에 의한 피해를 염풍해라 하며 이 둘을 통칭하여 염해라 한다. 염해가 발생하면 엽신의 적고현상이 나타나고 광합성과 호흡 및 뿌리의 생육이 부진하며 피해가 심하면 식물체 전체가 고사한다. 이앙 후 생육초기에 염해를 받으면 활착이 지연 되며 분얼기에는 분얼발생이 억제되고 특히 감수분열기나 출수기의 염해는 심한 불임발생을 유발하여 흰 이삭이 발생하거나 이삭이 갈색으로 변한다. 염분농도가 0.3% 이상이면 벼 재배가 곤란하고 0.1% 이상이 되면 염해를 우려하게 된다. 이에 대한 대책으로는 담수나 암거배수 시설에 의한 제염이며 우선 소금기를 씻어내기 위하여 관개용수를 확보하여 물을 흘려 대기를 하고 죽은 포기는 속히 보식하고 질소 추비로 분얼을 촉진 시킨다. 또한 소금기에 견디는 품종을 재배해야 한다.

08 냉해(冷害)

피해 고온을 필요로 하는 여름작물이 생육 기간 중에 기온, 지온 및 수온이 저하됨으로써 작물의 생육이 저조하고 그로 인하여 병충해, 등숙장해 등을 받아 감수되는 현상을 말한다. 벼가 발아해서 성숙에 이르는 동안 냉해발생 양상은 발아 및 출아불량, 생장불량, 적고발생, 영화퇴화, 출수지연, 불임발생, 등숙불량 등으로 나타나며 냉해를 가장 받기 쉬운 시기는 못자리 때, 수잉기, 등숙기 등이다. 냉해경감 재배기술 냉해에 대한 저항성이 강한 품종을 선택하고 이른 품종을 재배하여 안전 출수기에 출수하도록 적기 이앙(산간고냉지 5월25일까지, 중산간지 5월30일까지)하여 냉해를 회피한다. 감수심이 큰 논이나 특수성분 함량이 낮은 토양에서는 객토를 하거나 규산, 인산질비료 등을 시용하며 질소비료 시용량을 줄인다. 산간고냉지의 찬물이 솟는 논이나 찬물이 들어오는 논은 관개수를 일시 저수하거나 돌림도랑을 50m이상 설치하여 물 온도를 높여서 관수한다. 생식생장기에는 어린이삭을 보호하고 등숙비율을 높이기 위하여 물높이를 15~20cm 정도 깊이 댄다.

09 가뭄해(旱害)

피해 물이 모자라서 벼의 생리작용이 저해를 받아 생육이 부진하고 심하면 말려 죽게 되는 장해를 가뭄해라고 한다. 가뭄해에 대한 저항력이 가장 약하고 피해가 가장 큰 시기는 감수분열기(수잉기) 이고 다음은 출수개화기, 유수형성기, 분얼기의 순이며 무효분얼기에는 그 피해가 적다.

대책 수리불안전 논, 천수답, 저수율 부족지역 등에서는 관정과 양수기를 이용하여 물 가두기를 실시하고 용수확보 불가능 지역에서는 건답직파재배나 늦모내기를 실시한다. 가뭄 상습지역에서는 한발저항성 품종을 선택하고 가뭄으로 파종 및 이앙시기가 늦어질 경우에는 만식 저항성품종을 선택 재배토록 한다. 벼가 가뭄해를 입기 쉬운 시기인 감수 분열기, 출수 개화기, 유숙기, 유수 형성기에는 물을 충분히 대고 다른 시기에는 절수재배를 한다. 모내는 시기가 늦어 모를 못낸 논에는 메밀, 팥, 녹두, 시금치, 열무, 가을감자, 엇갈이배추, 사료작물 등을 대파한다.

· 2023년 농약등록 현황 ·

벼

[Rise]

· 사용 제한 농약성분(농약잔류조사결과) ·

· PLS (농약허용물질관리제도)에 의한 등록고시된 적용 약제만 사용 ·

주 의 사 항

- 벼 재배농가는 '사용 제한 농약성분' 이 포함된 농약은 사용이 불가하니 구입하거나 사용하지 말아야 하며, 해당 농약을 보관하고 있을 경우 가까운 농약판매점 또는 농협에게 반품. 교환 요청
- "농약정보서비스"(pis.rda.go.kr), "농사로"(www.nongsaro.go.kr)또는 농약판매상에게 등록여부 및 안전사용기준을 확인하고 사용할 것

벼

1.살균제 - 벼

병해충	작용기작	농약품목명	상표명
가지도열병	나1	티오파네이트메틸 액상수화제	과채탄
갈색잎마름병	라3	가스가마이신 액제	가스가민
	사1+다3	에폭시코나졸.오리사스트로빈 액상수화제	명의
	라3+자1	가스가마이신.트리사이클라졸 액상수화제	논가드
깨씨무늬병	다3+사1	아족시스트로빈.헥사코나졸 액상수화제	싱글
	미분류+다2	페림존.플룩사피록사드 액상수화제	내논사랑
	미분류+나4	페림존.펜사이큐론 액상수화제	투샷
	다3+사1	아족시스트로빈.프로피코나졸 유현탁제	아프로포
	다3+아3	아족시스트로빈.발리다마이신에이 액상수화제	항공스타
	자1	트리사이클라졸 수화제	유원빔
	사1+미분류	헥사코나졸.테부플로퀸 액상수화제	브란빌
	미분류+라3	페림존.가스가마이신 액상수화제	올타플러스
	미분류+아3	페림존.발리다마이신에이 액상수화제	휘파람
	일부 발췌된 농약품목명임. 추가 농약품목명은 "농촌진흥청 농사로" 참조		
도복경감	사1	프로피코나졸 입제	흑균탄
	다2	티플루자마이드 입제	그래탐
도열병	나1	티오파네이트메틸 액상수화제	논사우
	미분류	트리코더마아트로비라이드에스케이티-1 수화제	에코호프
	차2	프로베나졸 입제	삼공베나솔
	바2	아이소프로티올레인 유제	후치왕
	나1	티오파네이트메틸 액상수화제	균지기
	차2	프로베나졸 입제	풍심
	바2	아이소프로티올레인 유제	영일이소란
	차2	프로베나졸 입제	시금석
	바2	이프로벤포스 유제	아그로텍아이비
	나1	티오파네이트메틸 액상수화제	디모스
	바2	아이소프로티올레인 유제	후치왕
	바2	이프로벤포스 유제	성보네
	바2	아이소프로티올레인 유제	신문고
	나1	티오파네이트메틸 액상수화제	바로너
	차2	프로베나졸 입제	경농베나솔

1.살균제 - 벼

병해충	작용기작	농약품목명	상표명
모도열병	바2	이프로벤포스 유제	선문아이비
	나1	티오파네이트메틸 액상수화제	과채탄
	바2	이프로벤포스 유제	수매왕
	바2	이프로벤포스 유제	아리아이비
	라3	가스가마이신 액제	가스가민
	바2	이프로벤포스 유제	키타진
	미분류+자1	페림존.트리사이클라졸 수화제	논브라
목도열병	미분류+사1	페림존.헥사코나졸 액상수화제	단도리
	다3+사1	아족시스트로빈.헥사코나졸 액상수화제	싱글
	다3+사1	아족시스트로빈.프로피코나졸 유현탁제	레이다
	미분류+다2	페림존.플룩사피록사드 액상수화제	내논사랑
	다3+사1	아족시스트로빈.프로피코나졸 유현탁제	다드림
	미분류+나4	페림존.펜사이큐론 액상수화제	투샷
	다3+사1	아족시스트로빈.헥사코나졸 액상수화제	클릭
	다3+사1	아족시스트로빈.프로피코나졸 유현탁제	아프로포
	다3+아3	아족시스트로빈.발리다마이신에이 액상수화제	항공스타
	자1	트리사이클라졸 수화제	유원빔
	다3	아족시스트로빈 수화제	균메카
	미분류	테부플로퀸 액상수화제	강력반
	사1+미분류	헥사코나졸.테부플로퀸 액상수화제	브란빌
	다3+사1	아족시스트로빈.프로피코나졸 유현탁제	아프로포
	일부 발췌된 농약품목명임. 추가 농약품목명은 "농촌진흥청 농사로" 참조		
벼알도열병	나1	티오파네이트메틸 액상수화제	과채탄
세균벼알마름병	미분류+사1	페림존.헥사코나졸 액상수화제	단도리
	다3+사1	아족시스트로빈.헥사코나졸 액상수화제	싱글
	카+사1	코퍼하이드록사이드.이프코나졸 종자처리액상수화제	키맨플러스
	다3+사1	아족시스트로빈.프로피코나졸 유현탁제	디스피어,레이다
	미분류+다2	페림존.플룩사피록사드 액상수화제	내논사랑
	차3	티아디닐 액상수화제	꼼꼬미
	미분류+나4	페림존.펜사이큐론 액상수화제	내논사랑
	다3+아3	아족시스트로빈.발리다마이신에이 액상수화제	항공스타
	가4+라4	옥솔린산.스트렙토마이신 수화제	아무러
	다3	아족시스트로빈 수화제	균메카
	일부 발췌된 농약품목명임. 추가 농약품목명은 "농촌진흥청 농사로" 참조		

1.살균제 - 벼

병해충	작용기작	농약품목명	상표명
세균성벼알마름병	다3+사1	아족시스트로빈.프로피코나졸 유현탁제	아리킬트
	다3+바2	아족시스트로빈.아이소프로티올레인 유제	명물
	차3	티아디닐 액상수화제	꼼꼬미
	다3+미분류	아족시스트로빈.페림존 액상수화제	헬리건
	다3+자1	아족시스트로빈.트리사이클라졸 액상수화제	들판
	라3+자1	가스가마이신.트리사이클라졸 수화제	올타골드
	미분류+차3	페림존.티아디닐 수화제	논카바
	라3+자1	가스가마이신.트리사이클라졸 액상수화제	논가드
	미분류+자1	페림존.프탈라이드 액상수화제	가마니에이
	사1+아3	헥사코나졸.발리다마이신에이 미탁제	금바다
세균벼알마름병 (세균성벼알마름병)	미분류+아3	페림존.발리다마이신에이 액상수화제	휘파람
	자1	트리사이클라졸 수화제	미스타빔, 케이씨트리졸
	미분류+차3	페림존.아이소티아닐 액상수화제	다사랑
	다3	아족시스트로빈 수화제	탄저.역병뚝
	미분류+나1	페림존.티오파네이트메틸 액상수화제	발본색원
	차3	아이소티아닐 액상수화제	루틴
왕우렁이	바2	이프로벤포스 입제	선문아이비 ,수매왕,아리아이비,아그로텍아이비, 동방아이비,키타진
이삭누룩병	미분류+사1	페림존.헥사코나졸 액상수화제	단도리
	다3+사1	아족시스트로빈.헥사코나졸 액상수화제	싱글
	다3+사1	아족시스트로빈.프로피코나졸 유현탁제	디스피어
	다3+사1	아족시스트로빈.프로피코나졸 유현탁제	레이다
	미분류+다2	페림존.플룩사피록사드 액상수화제	내논사랑
	다3+사1	아족시스트로빈.프로피코나졸 유현탁제	다드림
	미분류+나4	페림존.펜사이큐론 액상수화제	투샷
	다3+사1	아족시스트로빈.프로피코나졸 유현탁제	아프로포

1.살균제 - 벼

병해충	작용기작	농약품목명	상표명
이삭누룩병	다2+차3	티플루자마이드.티아디닐 액상수화제	여의봉
	나4+사1	펜사이큐론.테부코나졸 액상수화제	울타리
	자1+아3	트리사이클라졸.발리다마이신에이 액상수화제	골드미
	자2+자1	페녹사닐.프탈라이드 액상수화제	명성
	자2	페녹사닐 액상수화제	명궁
	미분류+바2	페림존.아이소프로티올레인 수화제	누비라
	자2+카	카프로파미드.이미녹타딘트리아세테이트 액상수화제	넘보원
	자2+다2	페녹사닐.티플루자마이드 유제	벼천왕
	미분류+바2	페림존.아이소프로티올레인 수화제	가마니에프
	미분류+자1	페림존.트리사이클라졸 액상수화제	논사랑
	사1+사1	디페노코나졸.프로피코나졸 유제	플레이
	자2+바2	페녹사닐.이프로벤포스 유제	노을
	사1+사1	프로클로라즈.테부코나졸 유제	두아졸
	미분류+자1	페림존.트리사이클라졸 수화제	논브라
	다3+사1	아족시스트로빈.프로피코나졸 유현탁제	아리킬트
	다3+바2	아족시스트로빈.아이소프로티올레인 유제	명물
	일부 발췌된 농약품목명임. 추가 농약품목명은 "농촌진흥청 농사로" 참조		
이삭마름병	나1	티오파네이트메틸 수화제	과채탄
	사1+자1	헥사코나졸.트리사이클라졸 액상수화제	뉴텍
	나1	티오파네이트메틸 액상수화제	과채탄
	나1	티오파네이트메틸 액상수화제	논사우
	나1	티오파네이트메틸 수화제	지오판
	바2	아이소프로티올레인 유제	후치왕
	나1	티오파네이트메틸 액상수화제	균지기
	나1	티오파네이트메틸 수화제	지오판
	자2+자1	페녹사닐.프탈라이드 액상수화제	명성
	아4	폴리옥신디 수화제	영일바이오
	바2	아이소프로티올레인 유제	영일이소란
	나1	티오파네이트메틸 수화제	아리지오판
	나1	티오파네이트메틸 액상수화제	디모스
	나1	티오파네이트메틸 수화제	성보지오판
	바2	아이소프로티올레인 유제	후치왕
	일부 발췌된 농약품목명임. 추가 농약품목명은 "농촌진흥청 농사로" 참조		

벼

1.살균제 - 벼

병해충	작용기작	농약품목명	상표명
이삭도열병	바2	이프로벤포스 입제	선문아이비 ,수매왕 아리아이비,아그로텍아이비,동방아이비,키타진
	나1	티오파네이트메틸 액상수화제	과채탄
	바2	아이소프로티올레인 입제	후치왕,신문고
	라3	가스가마이신 액제	가스가민
	바2	이프로벤포스 입제	키타진
잎도열병	미분류+사1	페림존.헥사코나졸 액상수화제	단도리
	다3+사1	아족시스트로빈.헥사코나졸 액상수화제	싱글
	카+사1	코퍼하이드록사이드.이프코나졸 종자처리액상수화제	키맨플러스
	다3+사1	아족시스트로빈.프로피코나졸 유현탁제	디스피어
	바6	패니바실루스폴리믹사에이시-1 액상수화제	바이오탑시드
	다3+사1	아족시스트로빈.프로피코나졸 유현탁제	아프로포
	다3+아3	아족시스트로빈.발리다마이신에이 액상수화제	항공스타
	자1	트리사이클라졸 수화제	유원빔
	자1	트리사이클라졸 수화제	나바론
	자2+다2	페녹사닐.티플루자마이드 유제	벼천왕
	자1	트리사이클라졸 수화제	빔
	바2	아이소프로티올레인 입제	후치왕
	아4	폴리옥신비 수화제	팜한농포리옥신
	미분류+바2	페림존.아이소프로티올레인 수화제	가마니에프
	자2+바2	페녹사닐.아이소프로티올레인 유제	헹가레
	미분류+자1	페림존.트리사이클라졸 액상수화제	논사랑
	바2	아이소프로티올레인 입제	신문고
	바2	이프로벤포스 입제	동방아이비
	라3	가스가마이신 액제	가스가민
	다3	아족시스트로빈 수화제	아미스타
	라3+나1	가스가마이신.티오파네이트메틸 액상수화제	골든벨
	자2+바2	페녹사닐.이프로벤포스 유제	노을
	미분류+자1	페림존.프탈라이드 액상수화제	가마니에이
	일부 발췌된 농약품목명임. 추가 농약품목명은 "농촌진흥청 농사로" 참조		

1.살균제 - 벼

병해충	작용기작	농약품목명	상표명
잎집무늬마름병	사1	헥사코나졸 유제	나오리
	미분류+사1	페림존.헥사코나졸 액상수화제	단도리
	다3+사1	아족시스트로빈.헥사코나졸 액상수화제	싱글
	다3+사1	아족시스트로빈.프로피코나졸 유현탁제	디스피어
	미분류+다2	페림존.플룩사피록사드 액상수화제	내논사랑
	미분류+아3	페림존.발리다마이신에이 액상수화제	달인
	다3+사1	아족시스트로빈.프로피코나졸 유현탁제	다드림
	아3	발리다마이신에이 액제	하이바리신
	미분류+나4	페림존.펜사이큐론 액상수화제	투샷
	바6	바실루스서브틸리스지비365 액상수화제	바이오씰러스
	다3+사1	아족시스트로빈.프로피코나졸 유현탁제	아프로포
	아3	발리다마이신에이 액제	하이바리신
	나4	펜사이큐론 수화제	풍경
	아3	발리다마이신에이 액제	리치문
	미분류+아3	페림존.발리다마이신에이 수화제	달인
	다3	아족시스트로빈 수화제	탄저.역병뚝
	사1	헥사코나졸 유제	젠토헥사코
	미분류+나1	페림존.티오파네이트메틸 액상수화제	발본색원
	미분류+다2	페림존.티플루자마이드 액상수화제	오호라
	사1+차3	헥사코나졸.티아디닐 액상수화제	공중전
	다2	티플루자마이드 입제	그래탐
	다3	아족시스트로빈 수화제	센세이션
	아3	발리다마이신에이 액제	성보바리문
	자2+다2	페녹사닐.티플루자마이드 유제	벼천왕
	아3	발리다마이신에이 액제	팜한농바리신
	나4	펜사이큐론 액상수화제	몬세렌
	나4	펜사이큐론 수화제	몬세렌
	아4	폴리옥신비 수화제	팜한농포리옥신
	사1+다2	펜뷰코나졸.티플루자마이드 액상수화제	금수레
	아3	발리다마이신에이 액제	경농바리신
	사1+다2	헥사코나졸.티플루자마이드 입제	핵폭탄
	사1+나1	프로피코나졸.티오파네이트메틸 유현탁제	아끼미
	사1+아3	헥사코나졸.발리다마이신에이 미탁제	금바다
	일부 발췌된 농약품목명임. 추가 농약품목명은 "농촌진흥청 농사로" 참조		

벼

1.살균제 - 벼

병해충	작용기작	농약품목명	상표명
잎집썩음병	나1	티오파네이트메틸 수화제	청양단,균지기,지오판엠,하이지오판,샹그리라,과채탄,지오판,지호톱,삼공지오판,아리지오판,성보지오판,팜한농지오판,톱신엠
잘록병	가3+다2	하이멕사졸.펜티오피라드 분산성액제	잘록엔
	가3	하이멕사졸 액제	경농다찌가렌
	다2+가3	플루톨라닐.하이멕사졸 수화제	조아진
	가3	하이멕사졸 액제	팜한농다찌가렌,다찌가렌골드
	가1	하이멕사졸 입제	새농왕
	다2	티플루자마이드 액상수화제	장타
	가1	하이멕사졸 액제	다찌원
	다3	오리사스트로빈 액상수화제	올크린
	바3+다2	에트리디아졸.플루톨라닐 유제	녹색바람
모잘록병	바6	바실루스서브틸리스지비365 액상수화제	바이오씰러스,씰러스
키다리병	미분류+사1	페림존.헥사코나졸 액상수화제	단도리
	다3+사1	피리벤카브.테부코나졸 종자처리액상수화제	키자바
	다3+사1	피리벤카브.트리플루미졸 액상수화제	씨엔조아
	사1+사1	프로클로라즈.트리플루미졸 유제	시드크린
	미분류+아3	페림존.발리다마이신에이 액상수화제	휘파람
	사1+다3	디페노코나졸.피리벤카브 액상수화제	차단
	미분류	트리코더마아트로비라이드에스케이티-1 수화제	에코호프
	미분류+다2	페림존.티플루자마이드 액상수화제	오호라
	사1+차3	헥사코나졸.티아디닐 액상수화제	공중전
	다2	카복신 종자처리수화제	종자왕
	다2+차3	티플루자마이드.티아디닐 액상수화제	여의봉
	나1+사1	티오파네이트메틸.트리플루미졸 수화제	굳타임
	마2	플루디옥소닐 액상수화제	사파이어
	다3+사1	아족시스트로빈.프로피코나졸 유현탁제	아리킬트
	사1+다3	에폭시코나졸.오리사스트로빈 액상수화제	명의
	다3+미분류	아족시스트로빈.페림존 액상수화제	헬리건
	다3	오리사스트로빈 액상수화제	올크린

1.살균제 - 벼

병해충	작용기작	농약품목명	상표명
흰잎마름병	미분류+사1	페림존.헥사코나졸 액상수화제	단도리
	다3+사1	아족시스트로빈.헥사코나졸 액상수화제	싱글
	다3+사1	아족시스트로빈.프로피코나졸 유현탁제	디스피어
	다3+사1	아족시스트로빈.프로피코나졸 유현탁제	레이다
	미분류+다2	페림존.플룩사피록사드 액상수화제	내논사랑
	미분류+나4	페림존.펜사이큐론 액상수화제	투샷
	다3+사1	아족시스트로빈.헥사코나졸 액상수화제	클릭
	다3+아3	아족시스트로빈.발리다마이신에이 액상수화제	항공스타
	가4+라4	옥솔린산.스트렙토마이신 수화제	아무러
	다3+사1	아족시스트로빈.프로피코나졸 유현탁제	규네스타
	자1+아3	트리사이클라졸.발리다마이신에이 액상수화제	도드미
	미분류+아3	페림존.발리다마이신에이 액상수화제	휘파람
	미분류+차3	페림존.아이소티아닐 액상수화제	다사랑
	미분류+아3	페림존.발리다마이신에이 수화제	달인
	미분류+나1	페림존.티오파네이트메틸 액상수화제	발본색원
	미분류+다2	페림존.티플루자마이드 액상수화제	오호라
	사1+차3	헥사코나졸.티아디닐 액상수화제	공중전
	미분류	페림존 액상수화제	만만세
	다2+차3	티플루자마이드.티아디닐 액상수화제	여의봉
	미분류	테클로프탈람 수화제	삼공테람
	자1+아3	트리사이클라졸.발리다마이신에이 액상수화제	골드미
	자1+아3	프탈라이드.발리다마이신에이 액상수화제	무진장
	미분류+바2	페림존.아이소프로티올레인 수화제	누비라
	자2+카	카프로파미드.이미녹타딘트리아세테이트 액상수화제	넘보원
	라4+아3	스트렙토마이신.발리다마이신에이 수화제	방범대
	자2	카프로파미드 액상수화제	솔라자
	자2+다2	페녹사닐.티플루자마이드 유제	벼천왕
	미분류+바2	페림존.아이소프로티올레인 수화제	가마니에프
	미분류+자1	페림존.트리사이클라졸 액상수화제	논사랑
	다3	아족시스트로빈 수화제	아미스타
	미분류+자1	페림존.트리사이클라졸 수화제	논브라
	다3+사1	아족시스트로빈.프로피코나졸 유현탁제	아리킬트
	사1+다3	에폭시코나졸.오리사스트로빈 액상수화제	명의
	다3+바2	아족시스트로빈.아이소프로티올레인 유제	명물
	일부 발췌된 농약품목명임. 추가 농약품목명은 "농촌진흥청 농사로" 참조		

벼

1.살균제 - 벼 (ULV)

병해충	작용기작	농약품목명	상표명
목도열병	미분류+사1	페림존.헥사코나졸 액상수화제	단도리
	다3+사1	아족시스트로빈.헥사코나졸 액상수화제	싱글
	미분류+다2	페림존.플룩사피록사드 액상수화제	내논사랑
	다3+아3	아족시스트로빈.발리다마이신에이 액상수화제	항공스타
	자1	트리사이클라졸 수화제	유원빔
	다3+사1	아족시스트로빈.프로피코나졸 유현탁제	규네스타
	자1+아3	트리사이클라졸.발리다마이신에이 액상수화제	도드미
	미분류+아3	페림존.발리다마이신에이 액상수화제	휘파람
	자1	트리사이클라졸 액상수화제	유원빔
	자1	트리사이클라졸 수화제	케이씨트리졸
	미분류+다2	페림존.티플루자마이드 액상수화제	오호라
	바2	아이소프로티올레인 유제	후치왕
	자1	트리사이클라졸 수화제	유일빔
	자1	트리사이클라졸 액상수화제	골리앗
	자1	트리사이클라졸 수화제	도사빔
	자1+아3	트리사이클라졸.발리다마이신에이 액상수화제	골드미
	자1+아3	프탈라이드.발리다마이신에이 액상수화제	무진장
	일부 발췌된 농약품목명임. 추가 농약품목명은 "농촌진흥청 농사로" 참조		
목도열병	라3+나1	가스가마이신.티오파네이트메틸 액상수화제	골든벨
	자1	트리사이클라졸 수화제	가야빔
	다3+바2	아족시스트로빈.아이소프로티올레인 유제	명물
	라3+다3	가스가마이신.오리사스트로빈 액상수화제	신호탄
	다3	오리사스트로빈 액상수화제	올크린
	라3+자1	가스가마이신.트리사이클라졸 액상수화제	논가드
	미분류+자1	페림존.프탈라이드 액상수화제	가마니에이
이삭누룩병	미분류+자1	페림존.트리사이클라졸 액상수화제	논사랑
잎도열병	자1	트리사이클라졸 수화제	유원빔,트리졸빈,미스타빔,케이씨트리졸,트리빔,만방,유일빔
	자1	트리사이클라졸 액상수화제	유원빔,골리앗
	바2	아이소프로티올레인 유제	후치왕
	자2+자1	페녹사닐.프탈라이드 액상수화제	명성

1.살균제 - 벼 (ULV)

병해충	작용기작	농약품목명	상표명
잎도열병	자1	트리사이클라졸 수화제	아리트리졸
	자2	페녹사닐 액상수화제	명궁
	자2+카	카프로파미드.이미녹타딘트리아세테이트 액상수화제	넘보원
	자1	트리사이클라졸 액상수화제	빔
	자1	트리사이클라졸 수화제	나바론
	자2+다2	페녹사닐.티플루자마이드 유제	벼천왕
	자1	트리사이클라졸 수화제	빔
	자2+바2	페녹사닐.아이소프로티올레인 유제	헹가레
	미분류+자1	페림존.트리사이클라졸 액상수화제	논사랑
	라3+나1	가스가마이신.티오파네이트메틸 액상수화제	골든벨
	자1	트리사이클라졸 수화제	가야빔
	라3+자1	가스가마이신.트리사이클라졸 액상수화제	논가드
	미분류+자1	페림존.프탈라이드 액상수화제	가마니에이
잎집무늬마름병	미분류+사1	페림존.헥사코나졸 액상수화제	단도리
	미분류+아3	페림존.발리다마이신에이 액상수화제	휘파람
	나4	펜사이큐론 액상수화제	경가미
	사1	헥사코나졸 유제	안빌
	나4	펜사이큐론 액상수화제	농프로
	자2+다2	페녹사닐.티플루자마이드 유제	벼천왕
	나4	펜사이큐론 액상수화제	몬세렌
	다2	플루톨라닐 유제	몬카트
	나4	펜사이큐론 액상수화제	갈무리
	라3+다3	가스가마이신.오리사스트로빈 액상수화제	신호탄
	다3	오리사스트로빈 액상수화제	올크린
키다리병	미분류+아3	페림존.발리다마이신에이 액상수화제	휘파람
	라3+다3	가스가마이신.오리사스트로빈 액상수화제	신호탄
	다3	오리사스트로빈 액상수화제	올크린
흰잎마름병	미분류+사1	페림존.헥사코나졸 액상수화제	단도리
	미분류+아3	페림존.발리다마이신에이 액상수화제	휘파람
	미분류+자1	페림존.트리사이클라졸 액상수화제	논사랑
	다3	오리사스트로빈 액상수화제	올크린

벼

1.살균제 - 벼 (무인항공기)

병해충	작용기작	농약품목명	상표명
목도열병	미분류+사1	페림존.헥사코나졸 액상수화제	단도리
	다3+사1	아족시스트로빈.헥사코나졸 액상수화제	싱글
	미분류+다2	페림존.플룩사피록사드 액상수화제	내논사랑
	다3+사1	아족시스트로빈.프로피코나졸 유현탁제	다드림
	미분류+나4	페림존.펜사이큐론 액상수화제	투샷
	다3+사1	아족시스트로빈.프로피코나졸 유현탁제	아프로포
	다3+아3	아족시스트로빈.발리다마이신에이 액상수화제	항공스타
	라3+자1	가스가마이신.트리사이클라졸 액상수화제	논가드
	일부 발췌된 농약품목명임. 추가 농약품목명은 "농촌진흥청 농사로" 참조		
세균벼알마름병	다3+사1	아족시스트로빈.헥사코나졸 액상수화제	싱글
	다2+차3	티플루자마이드.티아디닐 액상수화제	여의봉
	자1+아3	트리사이클라졸.발리다마이신에이 액상수화제	골드미
	자2+자1	페녹사닐.프탈라이드 액상수화제	명성
	자2	페녹사닐 액상수화제	명궁
	자2+카	카프로파미드.이미녹타딘트리아세테이트 액상수화제	넘보원
	자2	카프로파미드 액상수화제	솔라자
	자2+다2	페녹사닐.티플루자마이드 유제	벼천왕
	미분류+자1	페림존.트리사이클라졸 액상수화제	논사랑
	다3+바2	아족시스트로빈.아이소프로티올레인 유제	명물
	다3+미분류	아족시스트로빈.페림존 액상수화제	헬리건
	라3+다3	가스가마이신.오리사스트로빈 액상수화제	신호탄
이삭누룩병	자2+바2	페녹사닐.아이소프로티올레인 유제	헹가레
	미분류+자1	페림존.트리사이클라졸 액상수화제	논사랑
	라3+다3	가스가마이신.오리사스트로빈 액상수화제	신호탄
잎집무늬마름병	미분류+사1	페림존.헥사코나졸 액상수화제	단도리
	다3+사1	아족시스트로빈.헥사코나졸 액상수화제	싱글
	다3+사1	아족시스트로빈.프로피코나졸 유현탁제	레이다
	미분류+나4	페림존.펜사이큐론 액상수화제	투샷
	다3+사1	아족시스트로빈.헥사코나졸 액상수화제	클릭
	미분류+나4	페림존.펜사이큐론 액상수화제	투샷
	다3+사1	아족시스트로빈.헥사코나졸 액상수화제	클릭

1.살균제 - 벼 (무인항공기)

병해충	작용기작	농약품목명	상표명
잎집무늬마름병	미분류+아3	페림존.발리다마이신에이 액상수화제	휘파람
	사1+자1	헥사코나졸.트리사이클라졸 액상수화제	뉴텍
	사1+차3	헥사코나졸.티아디닐 액상수화제	공중전
	다2+차3	티플루자마이드.티아디닐 액상수화제	여의봉
	자2+다2	페녹사닐.티플루자마이드 유제	벼천왕
	나4	펜사이큐론 액상수화제	몬세렌
	나4+다2	펜사이큐론.티플루자마이드 유제	영그네
	사1+다2	헥사코나졸.티플루자마이드 액상수화제	필승
	다2	플루톨라닐 유제	몬카트
	다3+사1	아족시스트로빈.프로피코나졸 유현탁제	아리킬트
	사1+다3	에폭시코나졸.오리사스트로빈 액상수화제	명의
	다3+바2	아족시스트로빈.아이소프로티올레인 유제	명물
	다3+미분류	아족시스트로빈.페림존 액상수화제	헬리건
	라3+다3	가스가마이신.오리사스트로빈 액상수화제	신호탄
	일부 발췌된 농약품목명임. 추가 농약품목명은 "농촌진흥청 농사로" 참조		
키다리병	미분류+아3	페림존.발리다마이신에이 액상수화제	휘파람
	사1+자1	헥사코나졸.트리사이클라졸 액상수화제	뉴텍
	자2+다2	페녹사닐.티플루자마이드 유제	벼천왕
	다3+미분류	아족시스트로빈.페림존 액상수화제	헬리건
	다3	오리사스트로빈 액상수화제	올크린
흰잎마름병	미분류+사1	페림존.헥사코나졸 액상수화제	단도리
	다3+사1	아족시스트로빈.헥사코나졸 액상수화제	싱글
	다3+사1	아족시스트로빈.프로피코나졸 유현탁제	아프로포
	미분류+아3	페림존.발리다마이신에이 액상수화제	휘파람
	사1+차3	헥사코나졸.티아디닐 액상수화제	공중전
	다2+차3	티플루자마이드.티아디닐 액상수화제	여의봉
	자2	페녹사닐 액상수화제	명궁
	자2+카	카프로파미드.이미녹타딘트리아세테이트 액상수화제	넘보원
	자2	카프로파미드 액상수화제	솔라자
	미분류+자1	페림존.트리사이클라졸 액상수화제	논사랑
	다3+사1	아족시스트로빈.프로피코나졸 유현탁제	아리킬트
	다3+미분류	아족시스트로빈.페림존 액상수화제	헬리건
	라3+다3	가스가마이신.오리사스트로빈 액상수화제	신호탄
	일부 발췌된 농약품목명임. 추가 농약품목명은 "농촌진흥청 농사로" 참조		

벼

1. 살균제 - 벼 (종자소독)

병해충	작용기작	농약품목명	상표명
종자소독	다3+사1	피리벤카브.테부코나졸 종자처리액상수화제	키자바
	카+사1	코퍼하이드록사이드.이프코나졸 종자처리액상수화제	키맨플러스
	사1	디페노코나졸.피디플루메토펜 액상수화제	미래빛듀오
	마2	플루디옥소닐 종자처리액상수화제	톱코팅
	다3+사1	피리벤카브.트리플루미졸 액상수화제	씨엔조아
	다3+나1	피리벤카브.티오파네이트메틸 액상수화제	만수무강
	마2	플루디옥소닐 분산성액제	슈퍼사이드
	사1+사1	프로클로라즈.테부코나졸 유제	두아졸
	사1+사1	프로클로라즈.트리플루미졸 유제	시드크린
	마2+사1	플루디옥소닐.프로클로라즈 종자처리액상수화제	스위퍼 플러스
	사1	프로클로라즈 유탁제	풍성탄
	마2+사1	플루디옥소닐.프로클로라즈 액상수화제	균사마
	마2	플루디옥소닐 종자처리액상수화제	젠토씨드크린
	사1	프로클로라즈 유제	엑스타,해피존,삼공스포탁,아리벼씨왕,팜한농프로라츠
	사1	이프코나졸 종자처리액상수화제	키맨
	일부 발췌된 농약품목명임. 추가 농약품목명은 "농촌진흥청 농사로" 참조		
종자소 (키다리병, 도열병, 깨씨무병)	다3	피리벤카브 종자처리액상수화제	씨드캅
종자소독 (키다리병)	다3	피리벤카브 액상수화제	선두주자
종자소독 (건종자)	사1	프로클로라즈코퍼클로라이드 종자처리액상수화제	스포탁골드
	사1+사1	헥사코나졸.프로클로라즈 유제	균마기
종자소독 (분무)	마2	플루디옥소닐 종자처리액상수화제	방어벽,아리스위퍼
종자소독 (분의)	마2	플루디옥소닐 종자처리액상수화제	방어벽,아리스위퍼
종자소독 (습종자)	사1	프로클로라즈코퍼클로라이드 종자처리액상수화제	스포탁골드
종자소독 (침지)	마2	플루디옥소닐 종자처리액상수화제	톱코팅,방어벽,젠토씨드크린
	사1+사1	헥사코나졸.프로클로라즈 유제	균마기
	마2	플루디옥소닐 종자처리액상수화제	아리스위퍼

1.살균제 - 벼 (기타)

관리방법	병해충	작용기작	농약품목명	상표명
담수직파	모썩음병	라3+자1	가스가마이신.트리사이클라졸 액상수화제	논가드
육묘상	도열병	바2	아이소프로티올레인 입제	후치왕
		차2	프로베나졸 입제	삼공베나솔,풍심,시금석
		바2	아이소프로티올레인 입제	후치왕,신문고
		차2	프로베나졸 입제	경농베나솔
	뜸묘	바2	아이소프로티올레인 입제	후치왕
		가1+가1	하이멕사졸.메탈락실 분제	다찌에이스,탄성
		바2	아이소프로티올레인 입제	후치왕,신문고
	세균성 벼알마름병	가4	옥솔린산 수화제	무름반점뚝,일품
	잎도열병	자1	트리사이클라졸 수화제	유원빔,트리졸빈,미스타빔,케이씨트리졸,트리빔,만방,유일빔,도사빔,아리트리졸,나바론,빔,가야빔
	잘록병	가3+가1	하이멕사졸.메탈락실-엠 액제	신비론
		가1	메탈락실-엠 입제	백투백,영일리도밀골드, 리도밀골드
		가1	메탈락실 입제	해가든
		가1+가1	하이멕사졸.메탈락실-엠 분제	다찌에이스
		가1+가1	하이멕사졸.메탈락실 분제	다찌에이스
		가1+가1	하이멕사졸.메탈락실-엠 분제	아그로텍다찌밀골드
		바3+사1	에트리디아졸.헥사코나졸 유제	풀스윙
		가1+가1	하이멕사졸.메탈락실-엠 액제	성보다찌밀골드
		가3+가1	하이멕사졸.메탈락실-엠 분제	성보다찌밀골드
		가1	메탈락실-엠 입제	리도밀골드
		가1	하이멕사졸 입상수용제	동방다찌가렌
		가1	메탈락실-엠 입제	리도밀골드
		라3+다3	가스가마이신.오리사스트로빈 액상수화제	신호탄

2. 살충제 - 벼

병해충	작용기작	농약품목명	상표명
깔다구류	4a	티아클로프리드 입제	칼립소
	28	클로란트라닐리프롤 입제	파워스타
끝동매미충	1a	페노뷰카브 유제	새비피,해솜비피, 이비엠멸,사이트, 멸사리,성보비피,
노린재 (가시점둥글 노린재)	1b	페니트로티온 유제	슈라치온
	1b	페니트로티온 유제	새메프,옥토, 스미치온
	1b	펜티온 유제	리바이짓드
	1b	펜토에이트 유제	엘산,경농파프,충자비
노린재류	4a+28	클로티아니딘.플루벤디아마이드 액상수화제	빅애니
먹노린재	3a	에토펜프록스 유탁제	충졸라
	18+3a	크로마페노자이드.에토펜프록스 유제	프라우스
	4a+3a	아세타미프리드.에토펜프록스 수화제	젠토시대
	3a	에토펜프록스 유탁제	젠토충패스
	4a+18	아세타미프리드.테부페노자이드 액상수화제	행진
	18+4a	메톡시페노자이드.티아클로프리드 액상수화제	에스지블루밍
	28+4a	플루벤디아마이드.티아클로프리드 액상수화제	신나고
	4a	이미다클로프리드 수화제	코니도,코사인, 아리이미다
	4a	디노테퓨란 액제	슐탄
	4a+3a	디노테퓨란.에토펜프록스 수화제	청실홍실
	1a	카보설판 입제	마샬
	4a	이미다클로프리드 액제	아리이미다
	3a	에토펜프록스 유탁제	명타자
	일부 발췌된 농약품목명임. 추가 농약품목명은 "농촌진흥청 농사로" 참조		
멸강나방	1b	펜토에이트 유제	충자비
	1b	펜토에이트 유제	엘산
	28	클로란트라닐리프롤 수화제	프레바톤
	1b	펜토에이트 유제	경농파프
	4a+3a	디노테퓨란.에토펜프록스 미탁제	청실홍실
	28	플루벤디아마이드 유제	빅뱅
	16+28	뷰프로페진.플루벤디아마이드 액상수화제	열풍
	4a+28	클로티아니딘.플루벤디아마이드 액상수화제	빅애니

2. 살충제 - 벼

병해충	작용기작	농약품목명	상표명
벼멸구	3a+9b	에토펜프록스.피메트로진 유현탁제	다이섹트
	28+4e	클로란트라닐리프롤.트리플루메조피림 액상수화제	펙사론
	29	플로니카미드 입상수화제	세티스
	1a	카보설판 액상수화제	솔차니
	29	플로니카미드 입상수용제	헥사곤
	4a+18	아세타미프리드.테부페노자이드 수화제	서프라이즈
	9b	피메트로진 입상수화제	우수수
	18+3a	크로마페노자이드.에토펜프록스 유제	프라우스
	3a+22b	에토펜프록스.메타플루미존 유현탁제	살리미
	4a	이미다클로프리드 액제	압선
	4a	이미다클로프리드 수화제	비리아웃
	16+1a	뷰프로페진.페노뷰카브 수화제	멸프로
	16+1a	뷰프로페진.페노뷰카브 분제	멸프로
	1a	페노뷰카브 유제	새비피
	4a	이미다클로프리드 입상수용제	키로프
	4a	이미다클로프리드 액제	엘콘
	4a	이미다클로프리드 액제	멸스탑
	4a	이미다클로프리드 수화제	래피드킬
	일부 발췌된 농약품목명임. 추가 농약품목명은 "농촌진흥청 농사로" 참조		
벼물바구미	4a	아세타미프리드 입제	모스피란
	3a	에토펜프록스 수면전개제	박멸탄
	4a	클로티아니딘 수화제	세시미
	1a	카보설판 입제	가제트
	1a	카보설판 액상수화제	마진
	1a	카보설판 액상수화제	만루포
	4a	디노테퓨란 입상수화제	팬텀
	4a	티아메톡삼 종자처리수화제	자스에스티
	일부 발췌된 농약품목명임. 추가 농약품목명은 "농촌진흥청 농사로" 참조		
벼물바구미(본답)	1a	카보설판 입제	쌀지기
	1a	카보퓨란 입제	후라단
벼물바구미(묘판)	1a	카보퓨란 입제	후라단
벼물바구미 (본답초기)	1a	카보설판 입제	가제트
벼물바구미 (성충 및 유충)	1a	카보퓨란 입제	후라단,이비엠물바사리,큐라텔,동방카보,후라단

2. 살충제 - 벼

병해충	작용기작	농약품목명	상표명
벼물바구미(성충)	1b	클로르피리포스메틸 수면전개제	에니원
	1b	펜티온 유제	리바이짓드
벼애나방	28+4a	클로란트라닐리프롤.티아클로프리드 액상수화제	마징가
	3a+18	에토펜프록스.메톡시페노자이드 유현탁제	바로확
	28+4a	클로란트라닐리프롤.클로티아니딘 액상수화제	올인원
	28	플루벤디아마이드 유제	빅뱅
	16+28	뷰프로페진.플루벤디아마이드 액상수화제	열풍
	4a+28	클로티아니딘.플루벤디아마이드 액상수화제	빅애니
벼애잎굴파리	1b	펜토에이트 유제	충자비,엘산,경농파프
벼잎물가파리	1b	페니트로티온 유제	슈라치온
	28+9b	사이안트라닐리프롤.피메트로진 입상수화제	미네토스타
	28+4a	클로란트라닐리프롤.클로티아니딘 입제	올인원
	1a	카보설판 입제	마샬
	4a	클로티아니딘 입제	오메가
	1a	카보설판 입제	쏘버린
	1b	클로르피리포스메틸 수면전개제	에니원
	2b	피프로닐 세립제	리베로,리전트
	2b	피프로닐 액상수화제	아센드
	4a	티아메톡삼 입제	자스
	1a	카보설판 입제	쌀지기
벼잎물가파리	1a	카보설판 입제	가제트
	4a	클로티아니딘 수면부상성입제	연승
벼잎벌레	14	카탑하이드로클로라이드 수용제	아리칼탑
	28+4a	클로란트라닐리프롤.클로티아니딘 입제	올인원
	1a	페노뷰카브 유제	해솜비피,박멸애,새비피,이비엠멸사이트,아리비피,성보비피,동방비피,밧사
	1b	펜토에이트 유제	충자비,경농파프
	1a	카보설판 입제	마샬,쏘버린,쌀지기,가제트
	1a	카보퓨란 입제	이비엠물바사리,황제카보,후라단,큐라텔,동방카보
	4a	클로티아니딘 입제	오메가
	14	카탑하이드로클로라이드 수용제	쎄다
	1a	페노뷰카브 유제	멸사리
	일부 발췌된 농약품목명임. 추가 농약품목명은 "농촌진흥청 농사로" 참조		

2. 살충제 - 벼

병해충	작용기작	농약품목명	상표명
벼잎선충	1a	카보설판 액상수화제	만루포
벼줄기굴파리	1a	카보퓨란 입제	황제카보
	28+9b	사이안트라닐리프롤.피메트로진 입상수화제	미네토스타
	4a	티아클로프리드 입제	칼립소
	1a	카보설판 입제	마샬,쏘버린,쌀지기
	1a	카보퓨란 입제	후라단,이비엠물 바사리,큐라텔, 동방카보,후라단
	1b	펜티온 유제	리바이짓드
	1b	클로르피리포스메틸 유제	렐단
	1a	벤퓨라카브 입제	큐라스타
	28	클로란트라닐리프롤 입제	파워스타
숲아기깔따구	1a	카보설판 유탁제	마샬이지,대타자
애멸구	29	플로니카미드 입상수화제	세티스
	29	플로니카미드 입상수용제	헥사곤
	1a	카보설판 유탁제	마샬이지
애멸구	1a	카보퓨란 입제	황제카보,큐라텔,동방카보
	28+9b	사이안트라닐리프롤.피메트로진 입상수화제	미네토스타
	1a	카보설판 유탁제	대타자
	29+4c	플로니카미드.설폭사플로르 입상수화제	빅스톤
	28+4a	클로란트라닐리프롤.티아클로프리드 액상수화제	마징가
	28+4a	클로란트라닐리프롤.클로티아니딘 입제	올인원
	28+4a	플루벤디아마이드.티아클로프리드 액상수화제	신나고
	4c	설폭사플로르 입상수화제	스트레이트
	1a	페노뷰카브 유제	해솜비피,박멸애,새비피,이비엠멸사이트, 성보비피,동방비피, 멸사리,아리비피
	4a	티아클로프리드 입제	칼립소
	4a	디노테퓨란 액제	슈탄
	1a+18	카보설판.메톡시페노자이드 수화제	혹명탄
	4a+3a	디노테퓨란.에토펜프록스 수화제	청실홍실
	4a+3a	디노테퓨란.에토펜프록스 미탁제	청실홍실
	16+28	뷰프로페진.플루벤디아마이드 액상수화제	열풍
	4a+28	클로티아니딘.플루벤디아마이드 액상수화제	빅애니
	4a	클로티아니딘 수면부상성입제	연승
	일부 발췌된 농약품목명임. 추가 농약품목명은 "농촌진흥청 농사로" 참조		
애잎굴파리	1b	페니트로티온 유제	스미치온

2. 살충제 - 벼

병해충	작용기작	농약품목명	상표명
열대거세미나방	1a	카보설판 액상수화제	솔차니,마진,만루포
	22a	인독사카브 입상수화제	셀파,기대주,토르,파이터,라이트온,투산,스파링,아바타,더슬램,아크모스
	22a	인독사카브 액상수화제	막아촘촘,블랙폭스,킬버튼,나방카트,스튜어드골드,파라독스,트랩킹
	1b	아세페이트 수화제	충앤드,블루킬,멸충탄,모두다,희새탄,플라잉,경농아시트,진디충
	1a	카보설판 액상수화제	랩소디
	28	플루벤디아마이드 유제	빅뱅
	일부 발췌된 농약품목명임. 추가 농약품목명은 "농촌진흥청 농사로" 참조		
이화명나방	28+4e	클로란트라닐리프롤.트리플루메조피림 액상수화제	펙사론
	18	테부페노자이드 수화제	자이칸
	1b	페니트로티온 유제	슈라치온
	1b	아세페이트 수화제	충앤드
	14	카탑하이드로클로라이드 수용제	아리칼탑
	1b	아세페이트 수화제	블루킬
	1a	카보퓨란 입제	황제카보
	1b	아세페이트 수화제	멸충탄
	일부 발췌된 농약품목명임. 추가 농약품목명은 "농촌진흥청 농사로" 참조		
이화명나방(1화기)	4a+18	아세타미프리드.테부페노자이드 수화제	서프라이즈
	18+3a	크로마페노자이드.에토펜프록스 유제	프라우스
	28+9b	사이안트라닐리프롤.피메트로진 입상수화제	미네토스타
	4a+18	클로티아니딘.테부페노자이드 액상수화제	충로드
	4a+18	아세타미프리드.테부페노자이드 액상수화제	행진
	18+1b	크로마페노자이드.페니트로티온 유제	스피드
	28+4a	클로란트라닐리프롤.티아클로프리드 액상수화제	마징가
	28+4a	클로란트라닐리프롤.클로티아니딘 입제	올인원
	16+18	뷰프로페진.크로마페노자이드 액상수화제	엄선
	4a	티아클로프리드 입제	칼립소
	4a+18	이미다클로프리드.메톡시페노자이드 수화제	메리트
	1a+18	카보설판.메톡시페노자이드 수화제	혹명탄
	4a+3a	디노테퓨란.에토펜프록스 수화제	청실홍실
	일부 발췌된 농약품목명임. 추가 농약품목명은 "농촌진흥청 농사로" 참조		

2. 살충제 - 벼

병해충	작용기작	농약품목명	상표명
이화명나방(2화기)	18	메톡시페노자이드 수화제	팔콘
	4a+3a	아세타미프리드.에토펜프록스 수화제	만장일치
	16+18	뷰프로페진.테부페노자이드 수화제	온누리
	3a	에토펜프록스 수면전개제	박멸탄
	1a	카보설판 입제	쌀지기
	1a	카보설판 액상수화제	마진
	1a	카보설판 액상수화제	만루포
	28+4a	클로란트라닐리프롤.클로티아니딘 액상수화제	올인원
	4a+3a	디노테퓨란.에토펜프록스 미탁제	청실홍실
	28	플루벤디아마이드 유제	빅뱅
	16+28	뷰프로페진.플루벤디아마이드 액상수화제	열풍
	4a+28	클로티아니딘.플루벤디아마이드 액상수화제	빅애니
	일부 발췌된 농약품목명임. 추가 농약품목명은 "농촌진흥청 농사로" 참조		
잎물가파리	1b	페니트로티온 유제	새메프,옥토
	1b	펜티온 유제	리바이짓드
	1b	클로르피리포스메틸 유제	렐단
줄점팔랑나비	28+4e	클로란트라닐리프롤.트리플루메조피림 액상수화제	펙사론
	28+4a	클로란트라닐리프롤.티아클로프리드 액상수화제	마징가
	3a+18	에토펜프록스.메톡시페노자이드 유현탁제	바로확
	1b	펜티온 유제	리바이짓드
	28	클로란트라닐리프롤 수화제	프레바톤
	18	메톡시페노자이드 수화제	팔콘
	28+4a	클로란트라닐리프롤.클로티아니딘 액상수화제	올인원
	22b	메타플루미존 유제	벨스모
	28	플루벤디아마이드 유제	빅뱅
	16+28	뷰프로페진.플루벤디아마이드 액상수화제	열풍
	4a+28	클로티아니딘.플루벤디아마이드 액상수화제	빅애니
풀무치	3a	에토펜프록스 유제	요절충,드론,세베로,샷건 델타포스,충케이오
	1b	페니트로티온 유제	슈라치온,옥토
	18+3a	크로마페노자이드.에토펜프록스 유제	프라우스
	28+4a	클로란트라닐리프롤.티아클로프리드 액상수화제	마징가
혹명나방	3a	에토펜프록스 유탁제	충졸라
	22a	인독사카브 액상수화제	트랩킹
	3a+9b	에토펜프록스.피메트로진 유현탁제	다이섹트
	28+4e	클로란트라닐리프롤.트리플루메조피림 액상수화제	펙사론
	22a	인독사카브 액상수화제	블랙폭스
	18	테부페노자이드 수화제	자이칸
	4a+18	아세타미프리드.테부페노자이드 수화제	서프라이즈
	일부 발췌된 농약품목명임. 추가 농약품목명은 "농촌진흥청 농사로" 참조		

벼

2. 살충제 - 벼

병해충	작용기작	농약품목명	상표명
흑다리긴노린재	18+3a	크로마페노자이드.에토펜프록스 유제	프라우스
	3a+22b	에토펜프록스.메타플루미존 유현탁제	살리미
	4a+28	아세타미프리드.플루벤디아마이드 입상수화제	진검
	18+1b	크로마페노자이드.페니트로티온 유제	스피드
	28+4a	클로란트라닐리프롤.티아클로프리드 액상수화제	마징가
	28+4a	플루벤디아마이드.티아클로프리드 액상수화제	신나고
	1a	페노뷰카브 유제	해솜비피,박멸애,이비엠멸사이트,아리비피,멸사리,성보비피,동방비피,밧사,새비피
	1b	펜토에이트 유제	충자비,경농파프,엘산
	3a+18	에토펜프록스.메톡시페노자이드 유현탁제	바로확
	1b	펜티온 유제	리바이짓드
	4a	클로티아니딘 액상수화제	빅카드
	4a	티아메톡삼 입상수화제	아타라
	4c	설폭사플로르 액상수화제	트랜스폼
	28+4a	클로란트라닐리프롤.클로티아니딘 액상수화제	올인원
흰등멸구	1b	아세페이트 수화제	충앤드,블루킬,멸충탄,진디충,플라잉,모두다,희새탄,경농아시트
	28+4a	클로란트라닐리프롤.티아클로프리드 액상수화제	마징가
	1a	페노뷰카브 유제	해솜비피,박멸애,이비엠멸사이트,아라비피,멸사리,새비피,성보비피,동방비피,밧사
	1b	펜토에이트 유제	충자비,엘산,경농파프
	1a	페노뷰카브 분제	이비엠멸사이트,영일비피,멸사리,동방비피,밧사
	3a+18	에토펜프록스.메톡시페노자이드 유현탁제	바로확
	3a	에토펜프록스 유탁제	명타자
	1b	클로르피리포스메틸 유제	렐단
	28+4a	클로란트라닐리프롤.클로티아니딘 액상수화제	올인원
	16+28	뷰프로페진.플루벤디아마이드 액상수화제	열풍
	4a+28	클로티아니딘.플루벤디아마이드 액상수화제	빅애니

2. 살충제 - 벼 (ULV)

병해충	작용기작	농약품목명	상표명
벼멸구	3a	에토펜프록스 유탁제	충졸라,젠토충패스
	28+4e	클로란트라닐리프롤.트리플루메조피림 액상수화제	펙사론
	3a+22b	에토펜프록스.메타플루미존 유현탁제	살리미
	4a+18	아세타미프리드.테부페노자이드 액상수화제	행진
	18+4a	메톡시페노자이드.티아클로프리드 액상수화제	에스지블루밍
	28+4a	클로란트라닐리프롤.티아클로프리드 액상수화제	마징가
	4a	디노테퓨란 액제	슐탄
	3a+18	에토펜프록스.메톡시페노자이드 유현탁제	바로확
	16+4a	뷰프로페진.클로티아니딘 액상수화제	매머드
	3a	에토펜프록스 유탁제	명타자
	4a	클로티아니딘 액상수화제	빅카드
	4a	디노테퓨란 입상수용제	보스
	3a	에토펜프록스 캡슐현탁제	쾌속탄
	3a	에토펜프록스 유제	세베로
	4a+3a	디노테퓨란.에토펜프록스 미탁제	청실홍실
애멸구	18+3a	크로마페노자이드.에토펜프록스 유제	프라우스
	28+4a	클로란트라닐리프롤.티아클로프리드 액상수화제	마징가
	28+4a	플루벤디아마이드.티아클로프리드 액상수화제	신나고
	4a+3a	디노테퓨란.에토펜프록스 미탁제	청실홍실
이화명나방 (2화기)	18	크로마페노자이드 유제	하이메트릭스
이화명나방	28+4a	클로란트라닐리프롤.티아클로프리드 액상수화제	마징가
혹명나방	28+4e	클로란트라닐리프롤.트리플루메조피림 액상수화제	펙사론
	28	클로란트라닐리프롤 정제상수화제	눈깜짝
	3a+22b	에토펜프록스.메타플루미존 유현탁제	살리미
	28+4a	클로란트라닐리프롤.티아클로프리드 액상수화제	마징가
	3a+18	에토펜프록스.메톡시페노자이드 유현탁제	바로확
	18	메톡시페노자이드 액상수화제	런너
	28	플루벤디아마이드 액상수화제	애니충
	28	클로란트라닐리프롤 액상수화제	쏘로스
	3a	에토펜프록스 캡슐현탁제	쾌속탄
	18	테부페노자이드 액상수화제	미믹
	22b	메타플루미존 유제	벨스모
	4a+3a	디노테퓨란.에토펜프록스 미탁제	청실홍실
	28	플루벤디아마이드 유제	빅뱅
	4a+28	클로티아니딘.플루벤디아마이드 액상수화제	빅애니
	4a+18	클로티아니딘.메톡시페노자이드 액상수화제	유토피아
흑다리긴노린재	3a+22b	에토펜프록스.메타플루미존 유현탁제	살리미
	4a+3a	디노테퓨란.에토펜프록스 미탁제	청실홍실
흰등멸구	28+4a	클로란트라닐리프롤.티아클로프리드 액상수화제	마징가

2. 살충제 - 벼 (무인항공기)

병해충	작용기작	농약품목명	상표명
노린재류	4a	디노테퓨란 액제	슐탄
	3a+18	에토펜프록스.메톡시페노자이드 유현탁제	바로확
	3a	에토펜프록스 캡슐현탁제	쾌속탄
	3a+18	에토펜프록스.테부페노자이드 유제	비상탄
	3a	에토펜프록스 유제	세베로
벼멸구	3a+9b	에토펜프록스.피메트로진 유현탁제	다이섹트
	28+4e	클로란트라닐리프롤.트리플루메조피림 액상수화제	펙사론
	18+3a	크로마페노자이드.에토펜프록스 유제	프라우스
	3a+22b	에토펜프록스.메타플루미존 유현탁제	살리미
	28+4a	클로란트라닐리프롤.티아클로프리드 액상수화제	마징가
	28+4a	플루벤디아마이드.티아클로프리드 액상수화제	신나고
	16+18	뷰프로페진.크로마페노자이드 액상수화제	엄선
	일부 발췌된 농약품목명임. 추가 농약품목명은 "농촌진흥청 농사로" 참조		
애멸구	18+3a	크로마페노자이드.에토펜프록스 유제	프라우스
	4a+18	클로티아니딘.테부페노자이드 액상수화제	충로드
	28+4a	클로란트라닐리프롤.티아클로프리드 액상수화제	마징가
	28+4a	플루벤디아마이드.티아클로프리드 액상수화제	신나고
	4a	디노테퓨란 액제	슐탄
	4a+18	클로티아니딘.메톡시페노자이드 액상수화제	유토피아
	4a	이미다클로프리드 액상수화제	코니도
	4a	디노테퓨란 입상수용제	보스
	3a	에토펜프록스 캡슐현탁제	쾌속탄
	일부 발췌된 농약품목명임. 추가 농약품목명은 "농촌진흥청 농사로" 참조		
이화명나방 (1화기)	28	클로란트라닐리프롤 정제상수화제	눈깜짝
	3a+18	에토펜프록스.메톡시페노자이드 유현탁제	바로확
	3a	에토펜프록스 유탁제	명타자
이화명나방 (2화기)	28	클로란트라닐리프롤 정제상수화제	눈깜짝
	28+4a	클로란트라닐리프롤.티아클로프리드 액상수화제	마징가
	3a+18	에토펜프록스.메톡시페노자이드 유현탁제	바로확
	3a	에토펜프록스 유탁제	명타자
	28	클로란트라닐리프롤 액상수화제	쏘로스
	4a+3a	디노테퓨란.에토펜프록스 미탁제	청실홍실
	4a+28	클로티아니딘.플루벤디아마이드 액상수화제	빅애니

2. 살충제 - 벼 (무인항공기)

병해충	작용기작	농약품목명	상표명
혹명나방	28+4e	클로란트라닐리프롤.트리플루메조피림 액상수화제	펙사론
	28	클로란트라닐리프롤 정제상수화제	눈깜짝
	18+3a	크로마페노자이드.에토펜프록스 유제	프라우스
	4a+18	클로티아니딘.테부페노자이드 액상수화제	충로드
	18+4a	메톡시페노자이드.티아클로프리드 액상수화제	에스지블루밍
	28+4a	클로란트라닐리프롤.티아클로프리드 액상수화제	마징가
	28+4a	플루벤디아마이드.티아클로프리드 액상수화제	신나고
	18	크로마페노자이드 유제	하이메트릭스
	4a	디노테퓨란 액제	슗탄
	일부 발췌된 농약품목명임. 추가 농약품목명은 "농촌진흥청 농사로" 참조		
흑다리긴노린재	28+4a	클로란트라닐리프롤.클로티아니딘 액상수화제	올인원
	4a+3a	디노테퓨란.에토펜프록스 미탁제	청실홍실

2. 살충제 - 벼 (종자소득)

병해충	작용기작	농약품목명	상표명
벼이삭선충	1b	페니트로티온 유제	슈라치온
	1b	페니트로티온 유제	새메프
	1b	페니트로티온 유제	옥토
	1b	펜티온 유제	리바이짓드
벼잎선충	1b	클로르피리포스메틸 유제	렐단
	1b	페니트로티온 유제	스미치온

2. 살충제 - 벼 (기타)

관리방법	병해충	작용기작	농약품목명	상표명
담수직파벼	깔다구류	1a	카보퓨란 입제	후라단,황제카보
		3a	에토펜프록스 입제	큰살림,트레본
		4a	클로티아니딘 입제	오메가
		4a	티아메톡삼 입제	자스
		1a	카보퓨란 입제	후라단
	깔따구	1a	카보퓨란 입제	이비엠물바사리,마샬, 쏘버린,큐라텔 ,동방카보,쌀지기,후라단
	숲아기깔따구류	4a	클로티아니딘 수면부상성입제	연승
기계이앙벼 (중묘)	벼물바구미	4a	클로티아니딘 입제	오메가
육묘상	벼물바구미	1a	카보설판 입제	마샬,쏘버린,쌀지기
		1a	카보퓨란 입제	후라단,동방카보, 이비엠불바사리,큐라텔
		28	클로란트라닐리프롤 입제	파워스타
	벼잎물가파리	1a	카보설판 입제	마샬,쏘버린,쌀지기
		28	클로란트라닐리프롤 입제	파워스타
	벼줄기굴파리	1a	카보설판 입제	마샬,쏘버린,쌀지기
	애멸구	1a	카보설판 입제	마샬,쏘버린,쌀지기
		1a	카보퓨란 입제	후라단,동방카보,이비엠 물바사리,큐라텔
		4a	이미다클로프리드 입제	진스탑,코만도,젠토래피드킬, 애니킹,코모도,호리도,코니도, 아리이미다,베테랑,노다지
어린모	벼물바구미	2b	피프로닐 세립제	다큐,차칸,록키,리베로, 리전트
	이화명나방 (1화기)	2b	피프로닐 세립제	다큐,차칸,록키,리베로, 리전트
못자리	벼물바구미	1a	카보퓨란 입제	동방카보,이비엠물바사리, 큐라텔,후라단
종자	어리쌀바구미	미분류	에틸포메이트 훈증제	베이퍼메이트
		24a	포스핀 훈증제	비바킬

3. 기타농약

작물세부명	용도	적용병해충	작용기작	농약품목명	상표명
벼	기타	농약보조제	차3+28+4a	카바 액제	카바골드,파워롱,나라크,동방카바,삼공카바,아리카바,카니바,팜한농카바
		도열병(전착효과)	비대상	폴리옥시에틸렌메틸 폴리실록세인 액제	마꾸삐까
			작년(차3 +28+4a)	폴리옥시에틸렌메틸 폴리실록세인 액제	마쿠피카
		전착효과	비대상	실록세인 액제	실루엣
건답직파벼	생조	건답직파출아율 및 초기생육촉진효과	비대상	지베렐린산 액제	일리딘
담수직파벼	생조	도복경감	사1	헥사코나졸 입제	쌀박사,헥사존
			비대상	클로르메쾃클로라이드 액제	씨씨씨550
벼	생조	도복경감효과	비대상	프로헥사디온칼슘 수화제	비비풀
벼(육묘상)	생조	도장억제	비대상	프로헥사디온칼슘 수화제	비비풀
건답직파벼	제초	일년생잡초	K3	뷰타클로르 유제	풀헌터,마세트,석권,풀헌터,유일부타,아리부타,부타,삼공부타,매끄란
		일년생잡초(피)	A	페녹사프로프-피-에틸 유제	콜렉트.매드시
			A	프로폭시딤 유제	테트리스
		일년생잡초(피, 바랭이 ,사마귀풀, 가막사리)	B	비스피리박소듐 액제	나마니
		일년생잡초(피, 바랭이, 여뀌, 명아주, 사마귀풀 ,가막사리)	K1+C2	펜디메탈린.프로파닐 유제	길자비
		일년생잡초(피,물달개비, 사마귀풀,알방동사니, 가막사리,여뀌바늘, 밭뚝외풀,자귀풀)	B	피리벤족심 유제	크린샷
		일년생잡초(피,바랭이, 개기장,여뀌바늘,방동산이) 및 다년생잡초(올챙이고랭이, 너도방동산이,올방개)	C3+A	벤타존소듐.페녹사프로프-피-에틸 미탁제	단골
		일년생잡초(피,바랭이, 속속이풀,알방동사니,여뀌)	E+K1	비페녹스.펜디메탈린 유제	자이언트
			C3+A	벤타존.사이할로포프뷰틸 미탁제	정일품

일부 발췌된 농약품목명임. 추가 농약품목명은 "농촌진흥청 농사로" 참조

3. 기타농약

작물세부명	용도	적용병해충	작용기작	농약품목명	상표명
기계이앙벼	제초	난방제잡초(피)	B	피리벤족심 유제	크린샷
		다년생잡초(올방개, 올챙이고랭이,너도방동사니, 올미,벗풀,가래)	N+B	벤퓨러세이트. 벤설퓨론메틸 입제	논풍
		일년생잡초	N	티오벤카브 입제	사단
		일년생잡초(마디꽃,물달개비, 여뀌,피,사마귀풀,알방동사니, 밭뚝외풀)	K3	프레틸라클로르 유제	프레스토, 솔네트
		일년생잡초(마디꽃,방동사니, 사마귀풀)	K3	프레틸라클로르 입제	프레스토, 솔네트엠
		일부 발췌된 농약품목명임. 추가 농약품목명은 "농촌진흥청 농사로" 참조			
기계이앙벼(어린모)	제초	난방제잡초(물달개비)	C3+O	벤타존.엠시피에이 액제	풀다운, 벤타존엠60
				플로르피록시펜벤질 입제	덱스바
			E+F2	피라클로닐.테퓨릴 트리온 직접살포정제	이티왕
			C3+F2	벤타존.테퓨릴트리온 입제	갑부촌
			C3+O	벤타존.엠시피에이 액제	골드그란S
			O	엠시피에이 액제	팜가드
			C3+O	벤타존.엠시피에이 액제	밧사그란엠60, 그란피비-45,
		난방제잡초(벗풀)	C3+O	벤타존.엠시피에이 액제	풀다운
			E+F2	피라클로닐.테퓨릴트리온 직접살포정제	이티왕
			C3+F2	벤타존.테퓨릴트리온 입제	갑부촌
			C3+C2	벤타존.프로파닐 미탁제	단도리
		일부 발췌된 농약품목명임. 추가 농약품목명은 "농촌진흥청 농사로" 참조			
		난방제잡초 (새섬매자기)	B+F2	메타조설퓨론.테퓨릴트 리온 직접살포정제	간판스타
			B+미분류	메타조설퓨론.옥사지클로 메폰 액상수화제	다맨논
			K3+B	펜트라자마이드.메타조 설퓨론 입제	푸른논
			F2+B	벤조비사이클론.메타조 설퓨론 직접살포정제	마타킹
			B	메타조설퓨론 입상수화제	안타레스
			C1+B	디메타메트린.메타조 설퓨론 입제	필살기
			B	메타조설퓨론 직접살포정제	이티스타
		일부 발췌된 농약품목명임. 추가 농약품목명은 "농촌진흥청 농사로" 참조			

3. 기타농약

작물세부명	용도	적용병해충	작용기작	농약품목명	상표명
기계이앙벼 (어린모)	제초	난방제잡초(올방개)	C2+B	프로파닐.트리아파몬 유제	프로파몬
			C3+F2	벤타존.테퓨릴트리온 입제	갑부촌
			B+F2	메타조설퓨론.테퓨릴트리온 직접살포정제	간판스타
			N+E+B	벤퓨러세이트.카펜트라존에틸.페녹슐람 입제	논배미
			N+B	벤퓨러세이트.피리미설판 입제	골드머니
		일부 발췌된 농약품목명임. 추가 농약품목명은 "농촌진흥청 농사로" 참조			
		난방제잡초(올방개,벗풀)	C3+O	벤타존.엠시피에이 액제	골드그란S, 밧사그란엠60
		난방제잡초(올챙이고랭이)	C2+B	프로파닐.트리아파몬 유제	프로파몬
			C3+O	벤타존.엠시피에이 액제	풀다운
			E+F2	피라클로닐.테퓨릴트리온 직접살포정제	이티왕
			C3+F2	벤타존.테퓨릴트리온 입제	갑부촌
			미분류+F2	옥사지클로메폰.테퓨릴트리온 액상수화제	논무래
			C3	벤타존소듐 입제	초강자
			미분류+E	브로모뷰타이드.옥사디아길 액상수화제	킬스타
			미분류+N	브로모뷰타이드.티오벤카브 액상수화제	반석
		일부 발췌된 농약품목명임. 추가 농약품목명은 "농촌진흥청 농사로" 참조			
		난방제잡초(피)	C2+B	프로파닐.트리아파몬 유제	프로파몬
			A+B	사이할로포프뷰틸.피리벤족심 유제	푸래신
			A+B	사이할로포프뷰틸.피리벤족심 유제	뉴트렘퍼
			B	플루세토설퓨론 수화제	존플러스
		난방제잡초(피, 4~5엽기)	A	페녹사프로프-피-에틸 분산성액제	푸레만
		논이끼	미분류	퀴노클라민 입제	이끼탄
		논이끼(조류)	C1+B+N	디메타메트린.피라조설퓨론에틸.티오벤카브 입제	새논
			C1+B+B	디메타메트린.할로설퓨론메틸.피리미노박메틸 입제	황금마패
		논조류(이끼)	F2+B+E	벤조비사이클론.페녹슐람.피라클로닐 액상수화제	천년만년
			C1	디메타메트린 입제	아비로산
			K3+E	프레틸라클로르.피라클로닐유현탁제	피쓰리

3. 기타농약

<table>
<tr><th>작물세부명</th><th>용도</th><th>적용병해충</th><th>작용기작</th><th>농약품목명</th><th>상표명</th></tr>
<tr><td rowspan="20">기계이앙벼
(어린모)</td><td rowspan="20">제초</td><td rowspan="6">논조류(이끼)</td><td>미분류+E+B</td><td>브로모뷰타이드.피라클로닐. 피라조설퓨론에틸 입제</td><td>썬파워</td></tr>
<tr><td>미분류+B+E</td><td>브로모뷰타이드.페녹슐람.피라클로닐 액상수화제</td><td>마당발</td></tr>
<tr><td>미분류+B+E</td><td>브로모뷰타이드.이마조설퓨론.피라클로닐 입제</td><td>롱제로</td></tr>
<tr><td>미분류+
K3+C1</td><td>브로모뷰타이드.프레틸라클로르.시메트린 유제</td><td>초푸레</td></tr>
<tr><td>K3+C1</td><td>펜트라자마이드.시메트린 유제</td><td>스워드</td></tr>
<tr><td>C1+B</td><td>디메타메트린.메타조설퓨론 입제</td><td>필살기</td></tr>
<tr><td>다년생잡초(올방개, 벗풀, 올챙이고랭이, 너도방동사니)</td><td>B+B</td><td>할로설퓨론메틸.피리미노박메틸 대립제</td><td>논키퍼</td></tr>
<tr><td>다년생잡초(올방개,너도방동사니,벗풀,올챙이고랭이,가래)</td><td>N+B+미분류</td><td>벤퓨러세이트.할로설퓨론메틸.인다노판 입제</td><td>정석</td></tr>
<tr><td>다년생잡초(올방개,벗풀,너도방동사니,올챙이고랭이)</td><td>B+K3</td><td>아짐설퓨론.펜트라자마이드 수면부상성입제</td><td>수도왕</td></tr>
<tr><td rowspan="3">다년생잡초(올방개,벗풀,올챙이고랭이,너도방동사니)</td><td>K3+B</td><td>뷰타클로르.사이클로설파뮤론 입제</td><td>신초왕</td></tr>
<tr><td>B+F2+C1</td><td>이마조설퓨론.피라졸레이트.시메트린 입제</td><td>특효탄</td></tr>
<tr><td>B+B+K3</td><td>아짐설퓨론.벤설퓨론메틸.펜트라자마이드 입제</td><td>풀당번</td></tr>
<tr><td>다년생잡초(올방개,올챙이고랭이,벗풀,너도방동사니,가래)</td><td>B+B+K3</td><td>아짐설퓨론.벤설퓨론메틸.펜트라자마이드 입제</td><td>풀당번</td></tr>
<tr><td>다년생잡초(올챙이고랭이,너도방동사니,벗풀,가래,올방개)</td><td>미분류+
K3+B</td><td>다이뮤론.메페나셋.피라조설퓨론에틸 입제</td><td>갈채</td></tr>
<tr><td>다년생잡초(올챙이고랭이,너도방동사니,올방개)</td><td>K3</td><td>프레틸라클로르.피라졸리네이트 입제</td><td>뉴-푸마시</td></tr>
<tr><td>일년생 및 다년생잡초</td><td>F3+K3</td><td>클로마존.프레틸라클로르 유제</td><td>영일제로원</td></tr>
<tr><td>일년생(피, 물달개비, 자귀풀, 마디꽃, 가막사리) 및 다년생잡초(올방개, 올챙이고랭이, 벗풀, 올미)</td><td>F2+B+N</td><td>벤조비사이클론.이마조설퓨론.메타미포프 액상수화제</td><td>파워탱크</td></tr>
<tr><td>일년생(피,물달개비, 밭둑외풀, 가막사리,여뀌바늘,미국외풀) 및 다년생잡초(올방개,올챙이고랭이, 벗풀)</td><td>E+B+B</td><td>카펜트라존에틸.사이클로설파뮤론.피리미노박메틸 입제</td><td>풀마침</td></tr>
<tr><td>일년생(피,물달개비,여뀌바늘, 자귀풀,밭뚝외풀,알방동사니, 사마귀풀) 및 다년생잡초 올방개,벗풀,올챙이고랭이)</td><td>미분류+
B+B</td><td>브로모뷰타이드.이마조설퓨론.피리미노박메틸 액상수화제</td><td>도마타</td></tr>
<tr><td>일년생및다년생잡초(중기)
(무인항공기)</td><td>B+K3</td><td>이마조설퓨론.메페나셋 액상수화제</td><td>마그마</td></tr>
<tr><td colspan="6">일부 발췌된 농약품목명임. 추가 농약품목명은 "농촌진흥청 농사로" 참조</td></tr>
</table>

3. 기타농약

작물세부명	용도	적용병해충	작용기작	농약품목명	상표명
기계이앙벼(중묘)	제초	일년생잡초(피,물달개비,가막사리,여뀌,여뀌바늘,자귀풀,밭뚝외풀,알방동사니)및다년생잡초(너도방동사니,벗풀,올방개,올챙이고랭이)	F2+K3+B	벤조비사이클론.메페나셋.프로피리설퓨론 액상수화제	손노네
		일년생잡초(피,물달개비,밭뚝외풀,여뀌바늘,가막사리)	E	옥사디아존 유제	론400
		일년생잡초	E	옥사디아존 유제	황금약속
		일년생잡초(피,물달개비,가막사리,밭뚝외풀,여뀌바늘,자귀풀,알방동사니)및다년생잡초(올방개,벗풀,올챙이고랭이,너도방동사니)	B	페녹슐람 입제	살초대첩
		일년생잡초(피,물달개비,가막사리,여뀌바늘,자귀풀,밭뚝외풀,사마귀풀)	미분류+E	브로모뷰타이드.옥사디아존 유제	트랙스타
		일년생잡초(피,물달개비,가막사리,밭뚝외풀,여뀌바늘,자귀풀,사마귀풀)	E+K3	옥사디아존.프레틸라클로르 유탁제	선수로
논둑	제초	일년생 및 다년생 잡초	C3+H	벤타존소듐.글루포시네이트암모늄 액제	풀마름
			H	글루포시네이트-피 액제	바로바로
			H	글루포시네이트암모늄 액제	바스타
			E+G	카펜트라존에틸.글리포세이트이소프로필아민 미탁제	토북이
			H	글루포시네이트암모늄 액제	지퍼
			H	글루포시네이트-피액제	자쿠사
			E+G	카펜트라존에틸.글리포세이트이소프로필아민 미탁제	논둑킹
			G	글리포세이트암모늄액제	스파크
		일년생잡초 및 다년생잡초	H	글루포시네이트암모늄 액제	바스타
			E+G	카펜트라존에틸.글리포세이트이소프로필아민 미탁제	논둑킹
			E	티아페나실 미탁제	테라도
			H	글루포시네이트암모늄 액제	삭술이
담수직파벼	제초	일년생잡초(피,물달개비,가막사리,여뀌바늘,사마귀풀) 및 다년생잡초(올방개,올챙이고랭이)(무인항공기)	F2+B+K3	벤조비사이클론.페녹슐람.프레틸라클로르 유현탁제	만사형통

3. 기타농약

작물세부명	용도	적용병해충	작용기작	농약품목명	상표명
담수직파벼(무논골뿌림)	제초	잡초성벼	H	글루포시네이트암모늄 액제	큐스타,세라스타,빨간풀,잡초탄,하이스타플러스스탑,잡초자비,지퍼
		일년생잡초(피, 물달개비, 여뀌바늘, 밭뚝외풀) 및 다년생잡초(올방개, 올챙이고랭이, 벗풀)	B	메타조설퓨론 입제	마타조
			F2+B +K3	벤조비사이클론.페녹슐람.프레틸라클로르 유현탁제	만사형통
		일년생 및 다년생잡초	B+F2	페녹슐람.테퓨릴트리온 직접살포정제	이티의꿈
		일년생잡초(피,가막사리,물달개비,밭뚝외풀,여뀌바늘) 및 다년생잡초(벗풀,너도방동사니,올챙이고랭이,올방개)	F2+B+B	벤조비사이클론.이마조설퓨론.페녹슐람 직접살포정제	근절탄
		일년생잡초(피,가막사리,물달개비,밭뚝외풀,여뀌바늘) 및 다년생잡초(벗풀,너도방동사니,올방개,올챙이고랭이)	B+F2+B	벤설퓨론메틸.벤조비사이클론.페녹슐람 직접살포정제	던지는구원왕
		일년생(피,물달개비, 밭뚝외풀, 여뀌바늘, 미국외풀, 사마귀풀) 및 다년생 잡초(올방개, 올챙이고랭이, 벗풀)	C3+B	벤타존.페녹슐람 입제	깔끄미
		일부 발췌된 농약품목명임. 추가 농약품목명은 "농촌진흥청 농사로" 참조			
담수직파벼(표면산파)	제초	일년생잡초(피,가막사리,물달개비,밭뚝외풀,사마귀풀,여뀌바늘,자귀풀) 및 다년생잡초(벗풀,올방개,올챙이고랭이)	B+F2+N+K3	아짐설퓨론.벤조비사이클론.메타미포프.프레틸라클로르 입제	천군만마
			E+B	카펜트라존에틸.페녹슐람 입제	씨이저
			B+B	아짐설퓨론.페녹슐람 입제	강산에
		일년생잡초(피,가막사리,물달개비,밭뚝외풀,여뀌바늘,자귀풀) 및 다년생잡초(벗풀,올방개,올챙이고랭이)	F2+E+B	벤조비사이클론.카펜트라존에틸.페녹슐람 입제	쾌속정
			B+F2+B	벤설퓨론메틸.벤조비사이클론.페녹슐람 액상수화제	애니풀
		일년생잡초(피,가막사리,물달개비,사마귀풀,여뀌바늘,자귀풀) 다년생잡초(너도방동사니,벗풀,올방개,올챙이고랭이) (무인항공기)	B+미분류+B	아짐설퓨론.브로모뷰타이드.피리미노박메틸 입제	펴나네
			미분류+B+N	브로모뷰타이드.이마조설퓨론.메타미포프 액상수화제	불도저
		일년생잡초(피,가막사리,밭뚝외풀,물달개비,사마귀풀,여뀌바늘) 및 다년생잡초(벗풀,올방개,너도방동사니,올챙이고랭이)	C3+N	벤타존.메타미포프 미탁제	대다네
		일부 발췌된 농약품목명임. 추가 농약품목명은 "농촌진흥청 농사로" 참조			

3. 기타농약

작물세부명	용도	적용병해충	작용기작	농약품목명	상표명
벼	제초	일년생잡초(피,물달개비,밭뚝외풀,여뀌바늘,미국외풀)및 다년생잡초(올방개,너도방동사니,벗풀,올챙이고랭이)	미분류+B+N	브로모뷰타이드. 이마조설퓨론. 메타미포프 입제	무논
		일년생잡초(피,방동사니,물달개비,밭뚝외풀,마디꽃,사마귀풀)	K1	펜디메탈린 입제	매지션
			N	티오벤카브 입제	사단
		일년생잡초 (물달개비,밭뚝외풀,피)	K3	프레틸라클로르 입제	프레스토
			K3	프레틸라클로르 입제	솔네트엠
벼 (물못자리)	제초	일년생잡초	E	옥사디아존 유제	황금약속
벼(어린모)	제초	일년생잡초(마디꽃,피,방동사니,물달개비,밭뚝외풀,사마귀풀)	K1	펜디메탈린 입제	스톰프
벼(중묘)	제초	일년생잡초(피,물달개비)	B+K3	벤설퓨론메틸.뷰타클로르 입제	만드리
벼담수직파	제초	일년생잡초(피, 방동사니, 물달개비, 밭뚝외풀, 마디꽃, 사마귀풀)	K1	펜디메탈린 입제	스톰프
담수직파벼 (무논점파 (철분코팅))	제초	일년생잡초(피,물달개비, 밭뚝외풀)	K3	프레틸라클로르 입제	솔네트
		다년생잡초(올미,벗풀,올방개, 너도방동사니,올챙이고랭이)	C3	벤타존 액제	선문벤타존, 벤타존,풀망치, 이비엠벤타존
		일년생잡초 (방동사니,물달개비, 밭뚝외풀, 마디꽃, 사마귀풀) 및 다년생잡초(올미,벗풀,올방개, 너도방동산이,올챙이고랭이)	C3	벤타존 액제	이비엠벤타존
		다년생잡초(올미,올챙이고랭이,벗풀,올방개,너도방동사니)	C3	벤타존 액제	벤타그란
		다년생잡초(올미,벗풀)	B+K3	벤설퓨론메틸.뷰타클로르 입제	만드리
		다년생잡초(올방개,올챙이고랭이,가래,너도방동사니)	B+K3	벤설퓨론메틸.뷰타클로르 입제	만드리
		다년생잡초(올챙이고랭이,벗풀,올미,가래,너도방동사니)	K3+B	뷰타클로르. 피라조설퓨론에틸 입제	한들
		일년생잡초(물달개비, 밭뚝외풀, 마디꽃, 방동사니, 사마귀풀)	O	이사-디에틸에스터 수화제	수중이사디, 경농이사피
		일년생잡초(마디꽃,물달개비, 방동사니,밭뚝외풀,사마귀풀,피)	E	옥사디아존 유제	윈스타,론스타
			E	옥사디아존 유제	노네는
손이앙및 기계이앙벼	제초	일년생잡초(마디꽃,밭뚝외풀)	B+K3	벤설퓨론메틸.뷰타클로르 입제	만드리
		일년생잡초(물달개비,밭뚝외풀,방동사니,사마귀풀, 마디꽃) 및 다년생잡초(올챙이고랭이,올방개,벗풀,너도방동사니,올미)	C3	벤타존 액제	밧사그란
		일년생잡초(방동사니, 물달개비, 밭뚝외풀, 마디꽃, 사마귀풀)	O	이사-디 액제	이사디아민염

3. 기타농약

작물세부명	용도	적용병해충	작용기작	농약품목명	상표명
손이앙및 기계이앙벼	제초	일년생잡초(방동사니,물달개비,밭뚝외풀,마디꽃,사마귀풀) 다년생잡초(올미,벗풀,올방개,너도방동산이,올챙이고랭이)	C3	벤타존 액제	펜타킬
		일년생잡초(방동산이,물달개비,밭뚝외풀,마디꽃,사마귀풀) 및 다년생잡초(올미,벗풀,올방개,,올챙이고랭이)	C3	벤타존 액제	아리벤타존
		일년생잡초(피,물달개비)	K3+B	뷰타클로르. 피라조설퓨론에틸 입제	한들
		일년생잡초(피,방동사니,물달개비, 밭뚝외풀, 마디꽃, 사마귀풀)	E	옥사디아존 유제	론스타
		일년생잡초(피,물달개비,밭뚝외풀,알방동사니) 및 다년생잡초(올챙이고랭이,벗풀,올미,가래,너도방동사니,올방개)	B+K3	벤설퓨론메틸. 프레틸라클로르 입제	복도리
	충초	일년생잡초(피, 물달개비, 여뀌바늘, 밭뚝외풀, 알방동사니, 자귀풀, 사마귀풀), 다년생잡초(벗풀, 올챙이고랭이, 올방개)	4a+B	클로티아니딘. 메타조설퓨론 직접살포정제	방방곡곡
		일년생잡초 (피, 물달개비, 가막사리, 여뀌바늘, 알방동사니, 밭뚝외풀) 및 다년생잡초(올방개, 올챙이고랭이, 벗풀)	4a+F2+B	클로티아니딘. 벤조비사이클론. 플루세토설퓨론 직접살포정제	황금볼
		일년생잡초(피,사마귀풀,가막사리,물달개비,여뀌바늘,밭뚝외풀) 다년생잡초(올방개,벗풀,올챙이고랭이,너도방동사니)	1a+B+K3	카보설판. 할로설퓨론메틸. 메페나셋 입제	메가톤
	충초	벼물바구미	4a+B	클로티아니딘. 메타조설퓨론 직접살포정제	방방곡곡
			4a+F2+B	클로티아니딘. 벤조비사이클론. 플루세토설퓨론 직접살포정제	황금볼
			1a+B+K3	카보설판. 할로설퓨론메틸. 메페나셋 입제	메가톤
		벼잎벌레	1a+B+K3	카보설판. 할로설퓨론메틸. 메페나셋 입제	메가톤
		벼줄기굴파리	1a+B+K3	카보설판. 할로설퓨론메틸. 메페나셋 입제	메가톤
		애멸구	1a+B+K3	카보설판. 할로설퓨론메틸. 메페나셋 입제	메가톤

부록

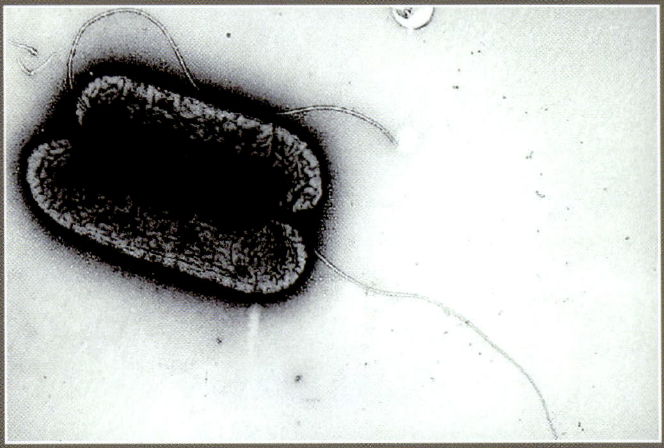

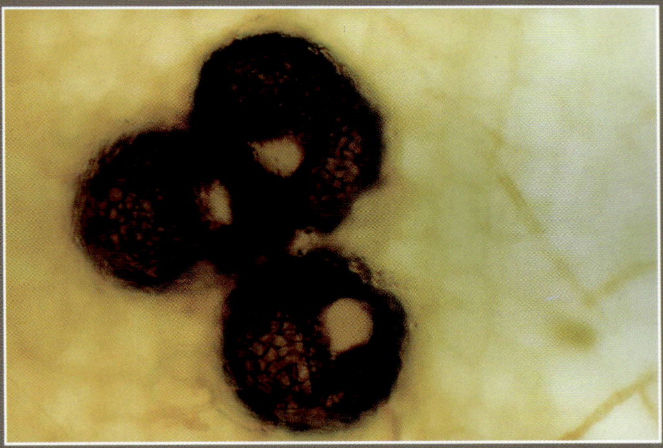

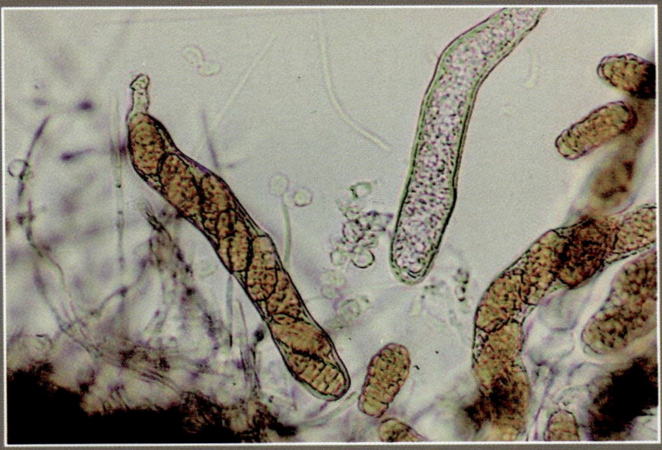

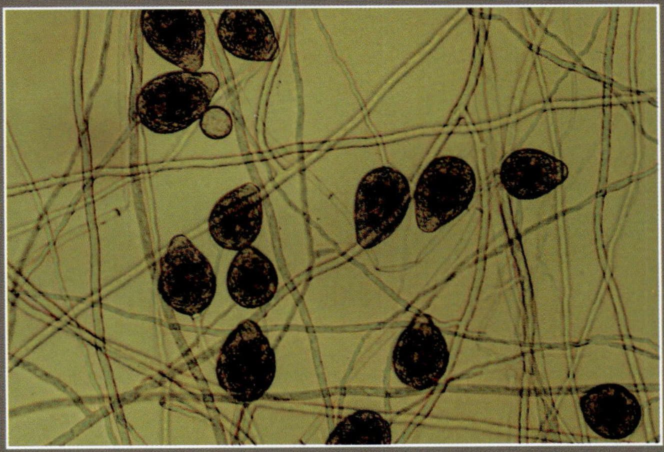

식물병원체

1. 바이러스의 분류
2. 세균의 분류
3. 진균 및 기타 균류의 분류

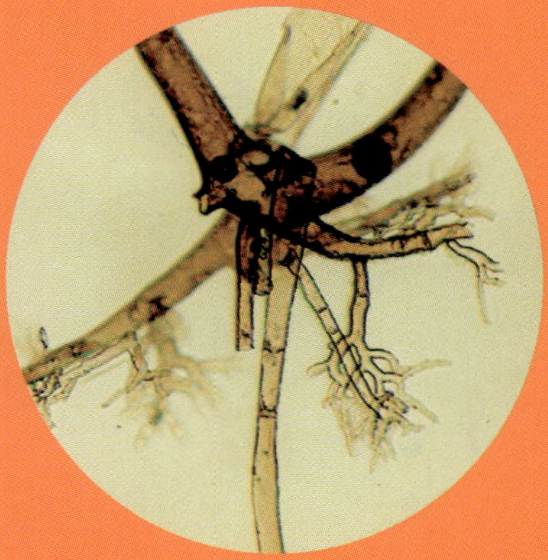

식물병원체의 분류

Ⅰ. 바이러스 분류

초기의 식물바이러스 분류는 분리기주, 기주반응 및 전염양식을 대상으로 하였는데, 1950년~1960년대에 수백 종의 바이러스들이 분류 보고되면서 식물바이러스에 대한 분류체계의 필요성을 인식하게 되었다. 이에 보다 정확한 분류와 동정을 하기 위해서는 바이러스의 외피단백질, 핵산의 염기서열 및 핵산교잡(hybridization) 등을 이용한 분자생물학적 방법이 사용되고 있다. ICTV(The International Committee on Taxonomy of Viruses)는 1998년에 그 때까지 보고된 총 987종의 식물바이러스를 게놈의 종류에 따라 DNA 바이러스와 RNA 바이러스로 나누었으며, 또한 게놈의 가닥에 따라 외가닥(ss)과 겹가닥(ds)으로 구분하여 Group Ⅰ~ Ⅶ까지 7종으로 구분하였다. 그 중 ssDNA 바이러스 Group Ⅱ는 4종의 속(genera), dsRNA인 Group Ⅲ을 6종의 속으로 분류하였으며, 거의 대부분을 차지하는 positive(+) ssRNA는 7과(family) 47속으로, negative(-) ssRNA는 6종의 속으로, Group Ⅶ에 속하는 RNA역전사를 갖는 dsDNA 바이러스는 2종의 속으로 분류하였다

그림1. 식물바이러스의 분류 (ICTV. 1998)

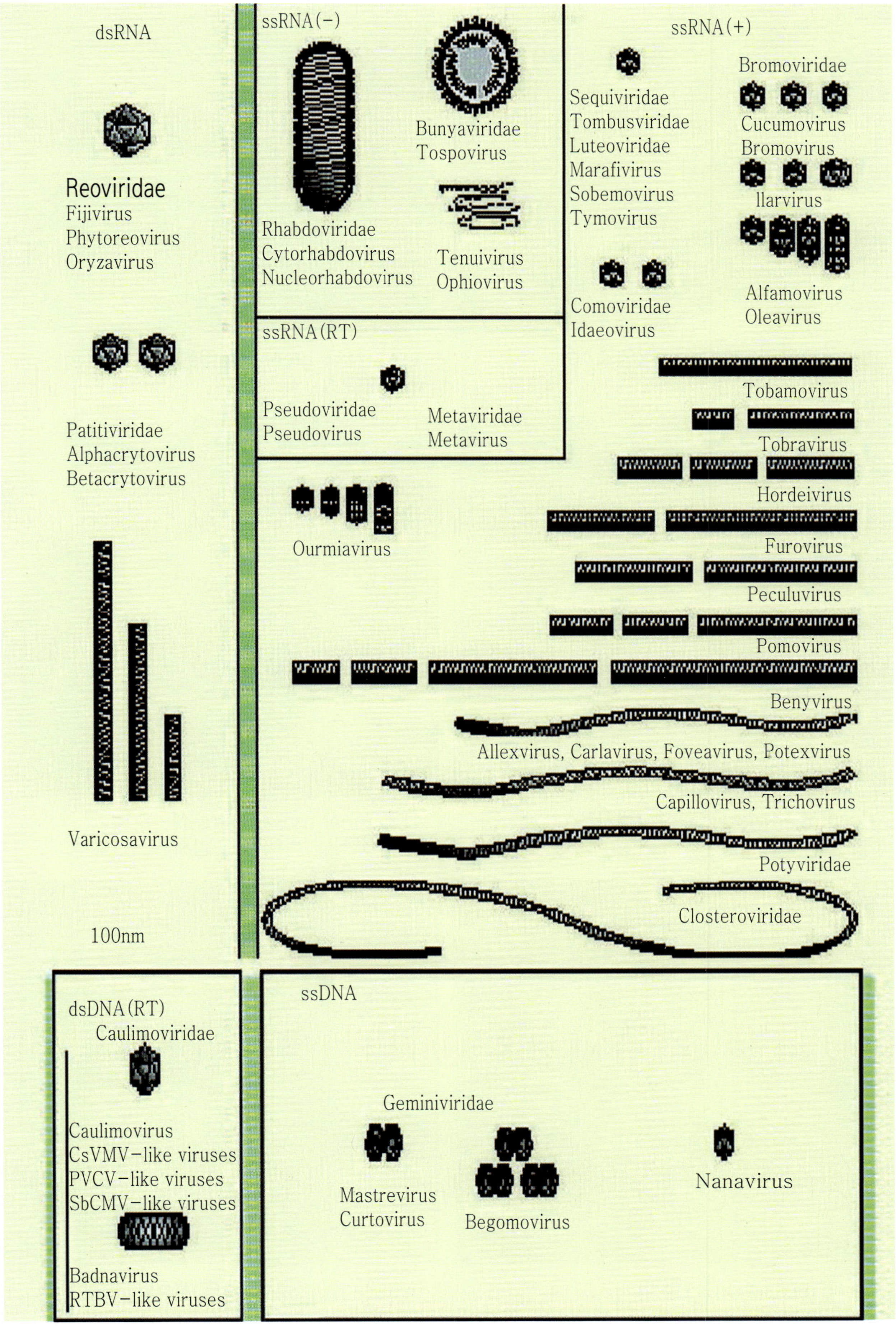

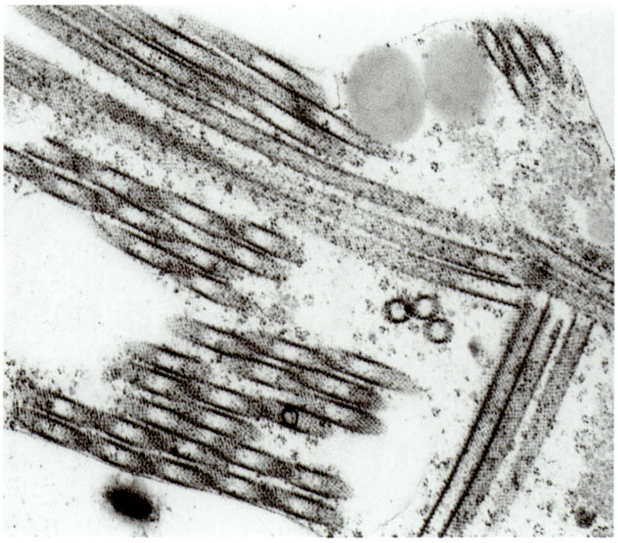

Broad bean wilt virus (감염조직)

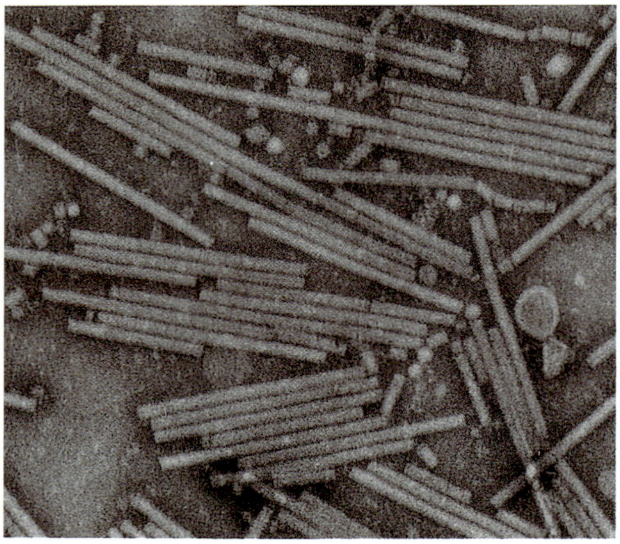

Cucumber green mottle mosaic virus(입자)

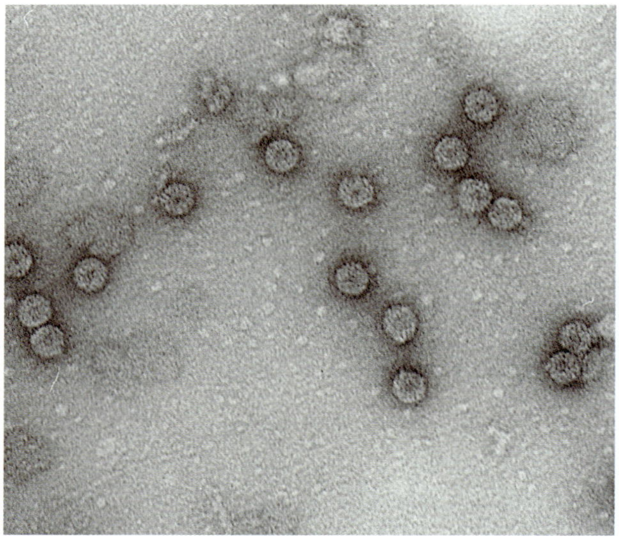

Cucumber mosaic virus (입자)

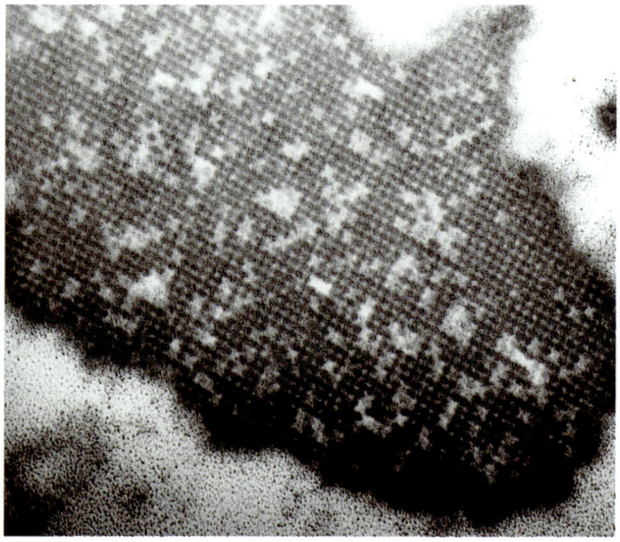

Cucumber mosaic virus-N (감염조직내 바이러스 입자)

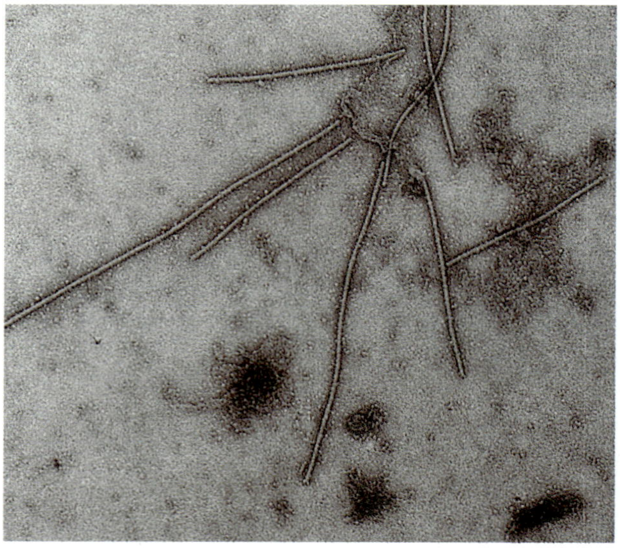

Garlic mosaic virus (입자)

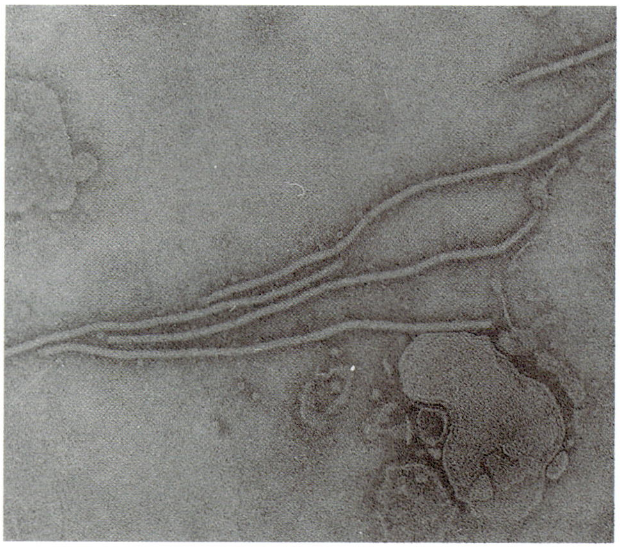

Lettuce mosaic virus (입자)

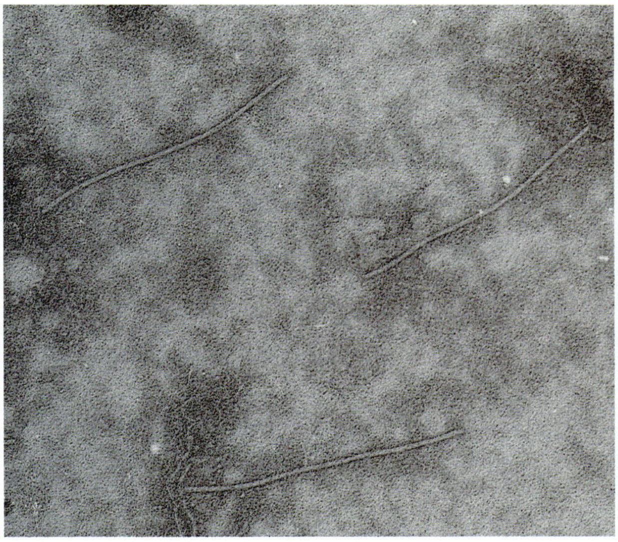

Onion yellow dwarf virus (입자)

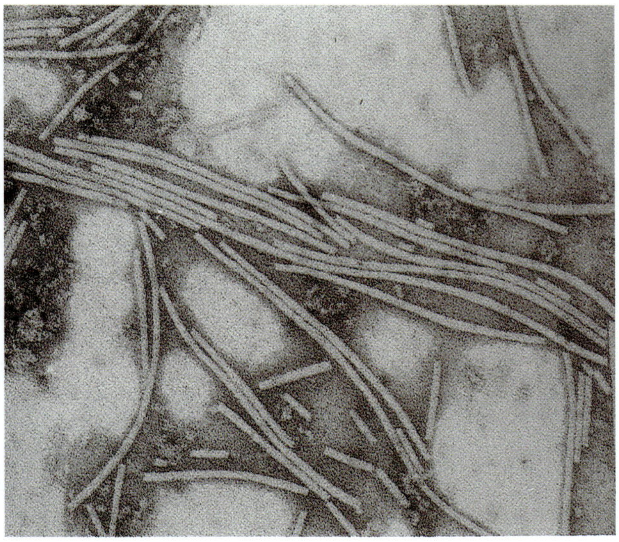

Potato virus Y (입자)

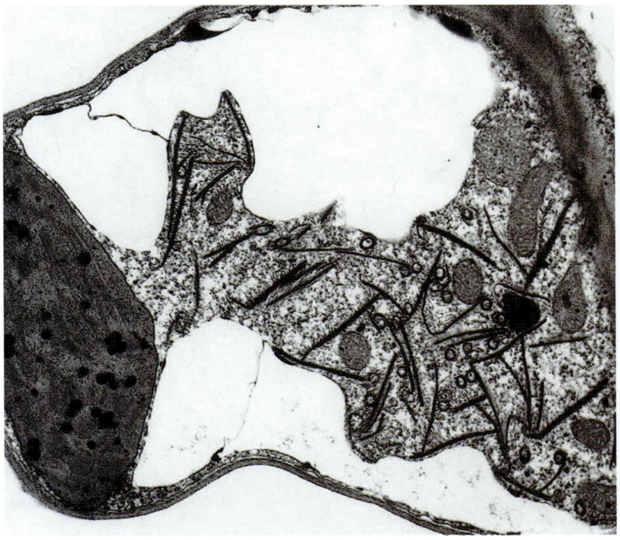

Radish vein clearing virus (감염조직)

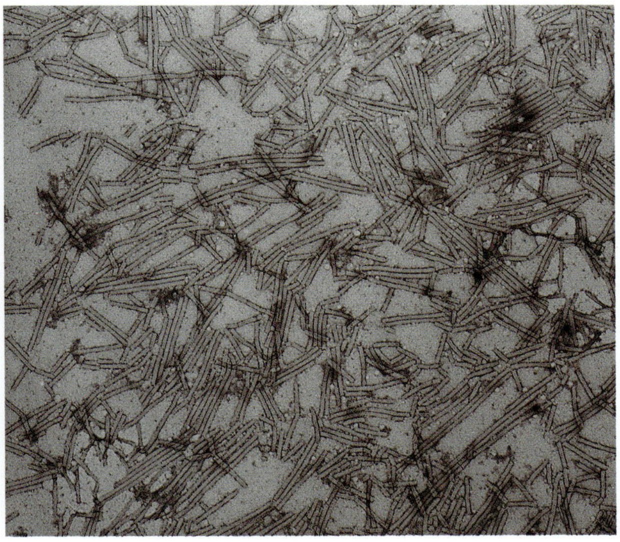

Radish mosaic virus (입자)

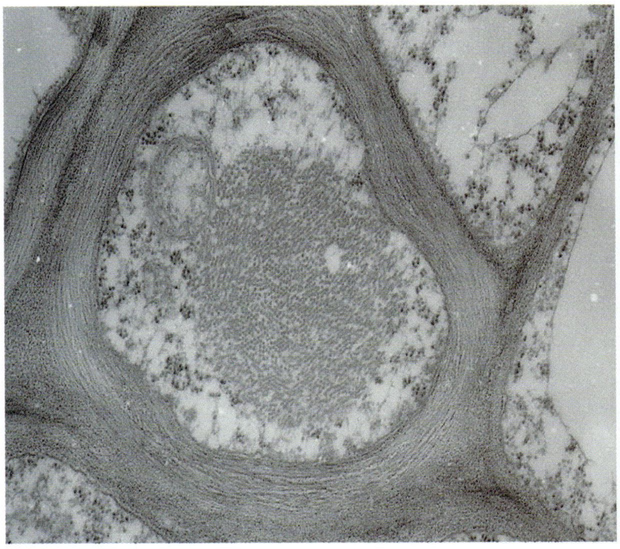

Strawberry mottle virus (감염조직)

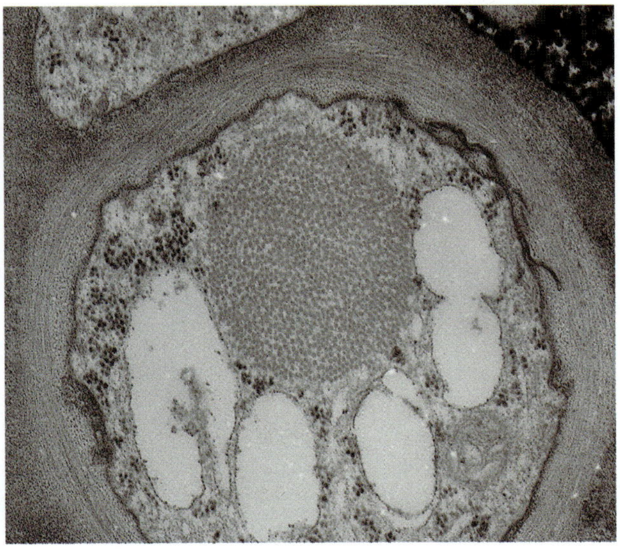

Strawberry mild yellow edge virus (감염조직)

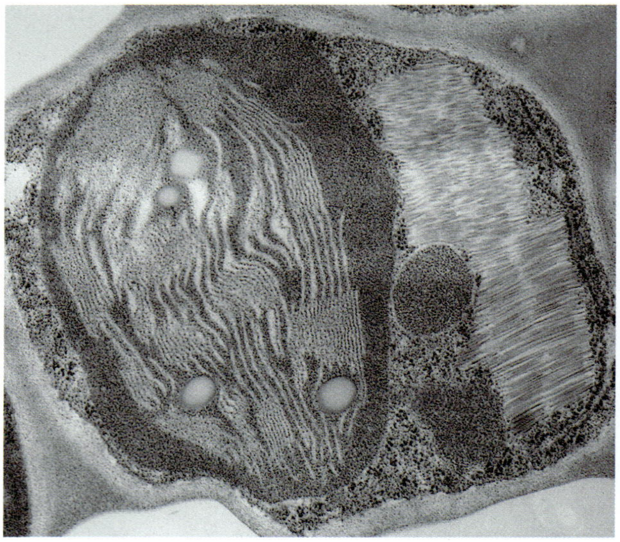

Tobacco mosaic virus (감염조직)

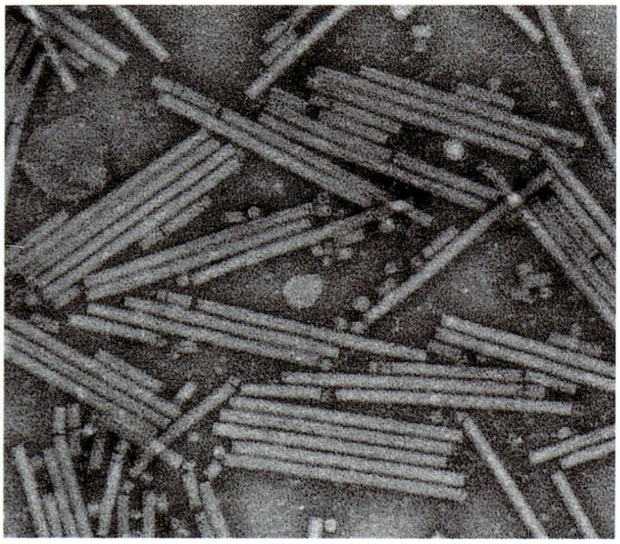

Tomato mosaic virus (입자)

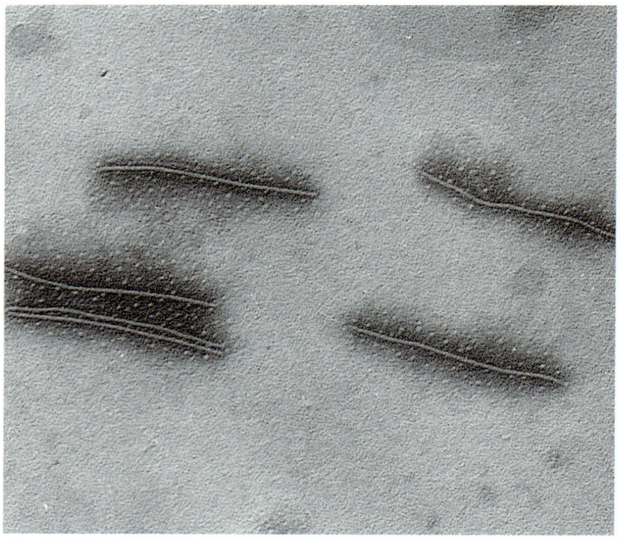

Turnip mosaic virus (입자)

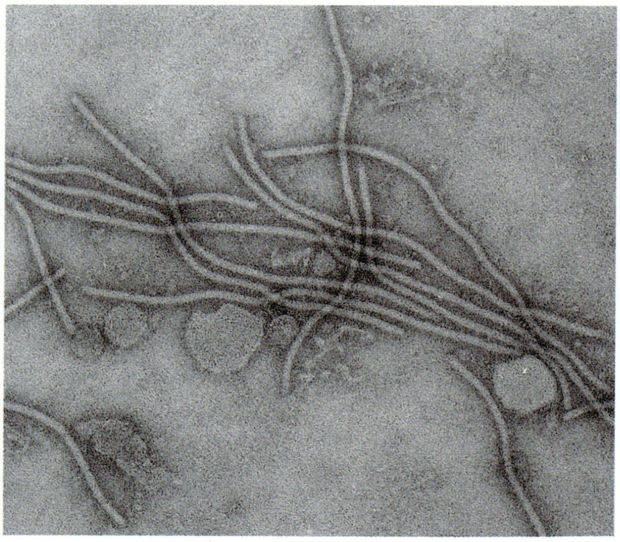

Watermelon mosaic virus (입자)

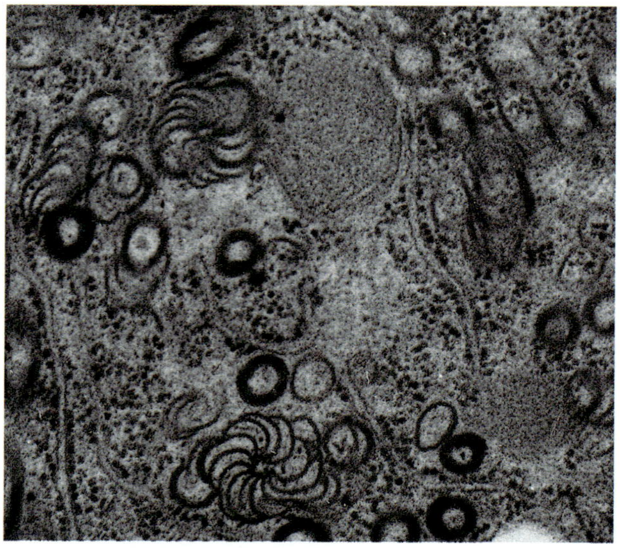

Zucchini yellow mosaic virus (감염조직)

Ⅱ. 세균의 분류

1996년 국제식물병리학회 산하 식물 병원세균 분류 소위원회는 식물에 병을 일으키는 세균으로 120여 종, 340여 병원형(pathovar)이 존재한다고 보고하였다. 1998년에 발간된 한국식물병명 목록에는 국내에 32종, 52병원형의 식물 병원세균이 기록되어 있다. 최근에 식물 병원세균의 새로운 학명이 계속 발표되고 있으며, 집필자에 따라 사용하는 학명이 달라 혼동되는 경우가 많다. 새로운 학명 및 새로운 분류를 제안하게 된 것은 새로운 속과 종이 발견되고, 분류수단의 발달로 분류의 기준에 대한 견해가 변화되었기 때문이다. 현대의 세균 분류는 수많은 종류의 표현형질, 유전형질, 계통분류학적인 정보를 종합하여 분류하는 다상분류(polyphasic taxonomy)로 발전하고 있으며, 유전형질의 정보는 세포에 존재하는 핵산으로부터 얻는 반면, 표현형질의 정보는 단백질, 화학분류의 지표, 그 외 표현되는 특징으로부터 얻어진다. 현재까지 정립된 식물 병원세균의 분류체계 및 각 분류군별 해당되는 속명은 다음과 같다.

Kingdom Procaryote(원핵생물계)

Division Gracilicutes : 균체의 외피는 외막, 세포벽, 세포막으로 구성되어 있으며, 내생포자를 형성하지 않는다.

Class Proteobacteria : rRNA의 상동성에 기초를 두어 만들어진 강으로 알파, 베타, 감마군으로 나뉘어지며, 그램음성이다.

Alpha subclass

Family Rhizobiaceae

Genus *Agrobacterium*

Family 미정

Genus *Rhizomonas, Rhizobacter*

Beta subclass

Family Comamonadaceae

Genus *Acidovorax, Burkholderia, Ralstonia, Xylophilus*

Family 미정

Genus *Herbaspirillum*

Gamma subclass

Order Spirichaetales

Family Pseudomonadaceae

Genus *Pseudomonas, Xanthomonas*

Family Enterobacteriaceae

Genus *Erwinia, Pectobacterium, Pantoea, Brenneria*

Order 및 Family 미정

Genus *Xylella*, Rickettsia like bacteria

세균

Division Firmicutes : 외막이 없고, 세포벽은 두꺼운 펩티드글루칸으로 되어 있으며, 그램양성이다. 내생포자를 형성하는 것과 형성하지 않는 것이 있다.

Class Firmibacteria : 내생포자를 형성한다.

Order 및 Family 미정

Genus *Bacillus, Clostridium*

Class Thallobacteria : 내생포자를 형성하지 않는다.

Order 및 Family 미정

Genus *Arthrobacter, Clavibacter, Curtobacterium, Rathayibacter*

Family Norcardiaceae

Genus *Rhodococcus*

Family Streptomycetaceae

Genus *Streptomyces*

Division Tenericutes : 외막과 세포벽이 없고, 세포막은 외부와 접하고 있으며, 모양과 크기에 변화가 많다.

Class Molicutes

Order Mycoplasmatales

Family Spiroplasmataceae

Genus *Spiroplasma*

Order 및 Family 미정

Genus *Phytoplasma*

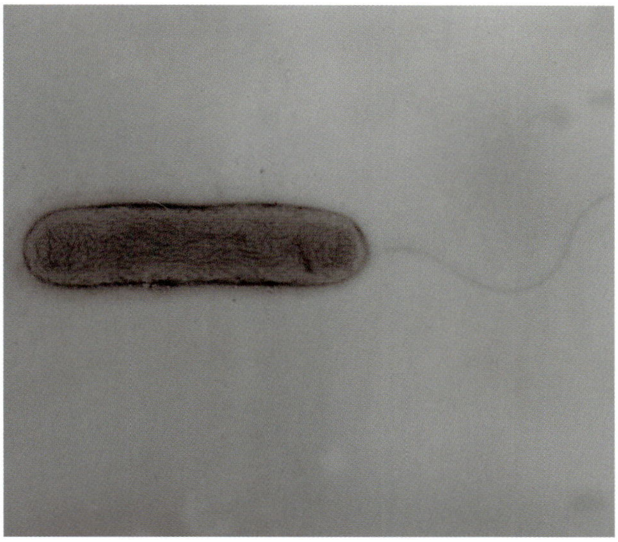

Acidovorax avenae subsp. citrulli

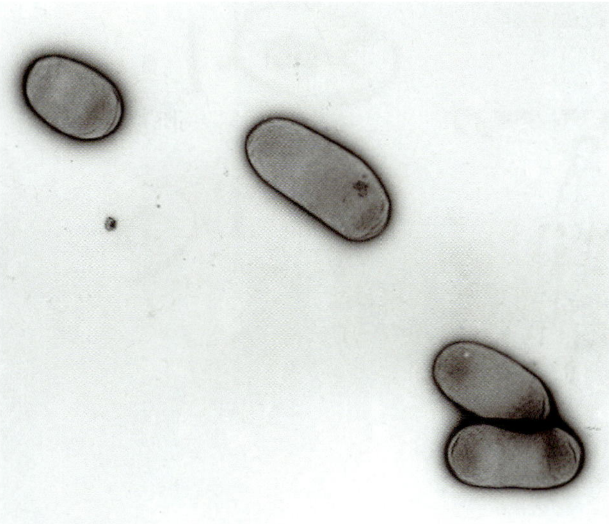

Clavibacter michiganensis subsp. *michiganensis*

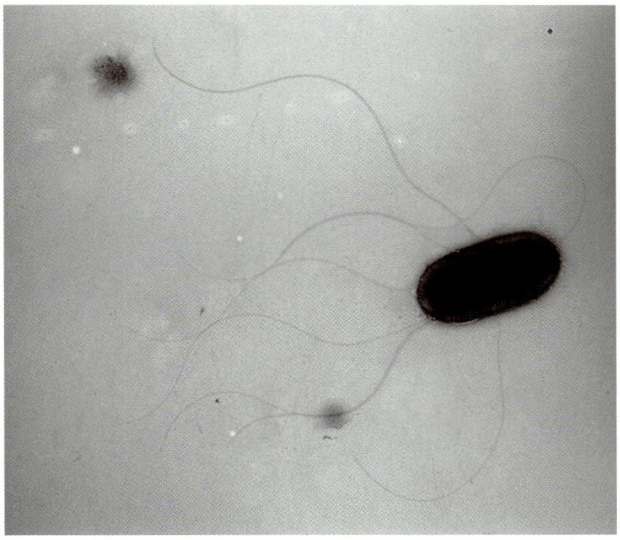

Erwinia carotovora subsp. *carotovora*

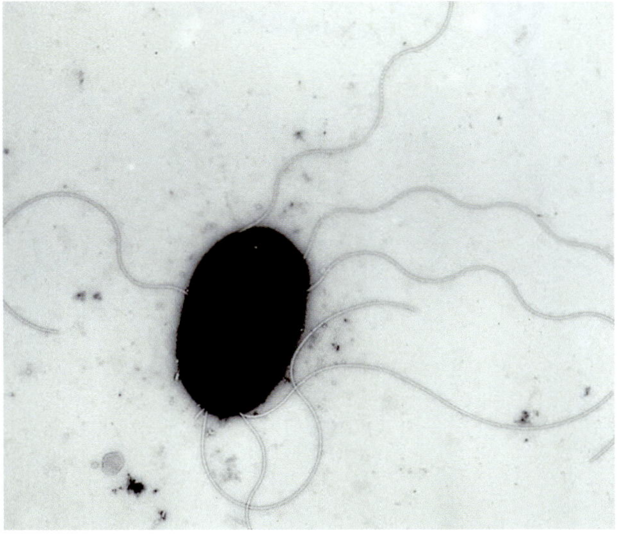

Erwinia tracheiphila

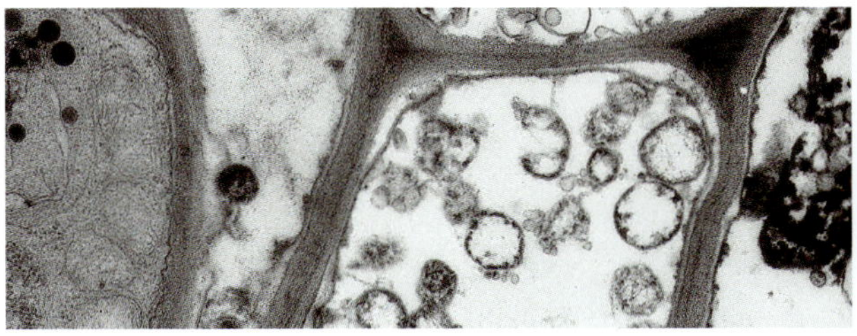

Phytoplasma sp.

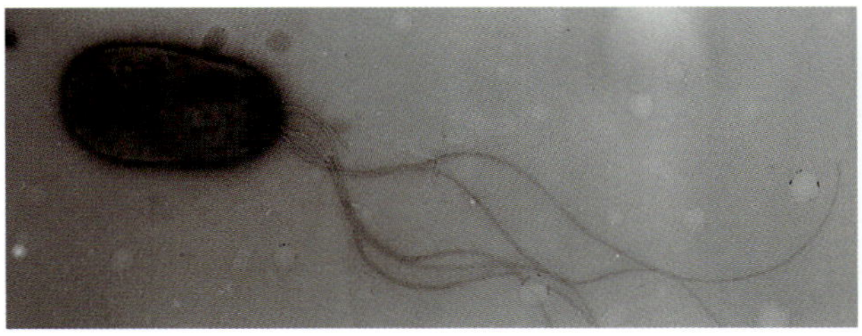

Pseudomonas corrugata

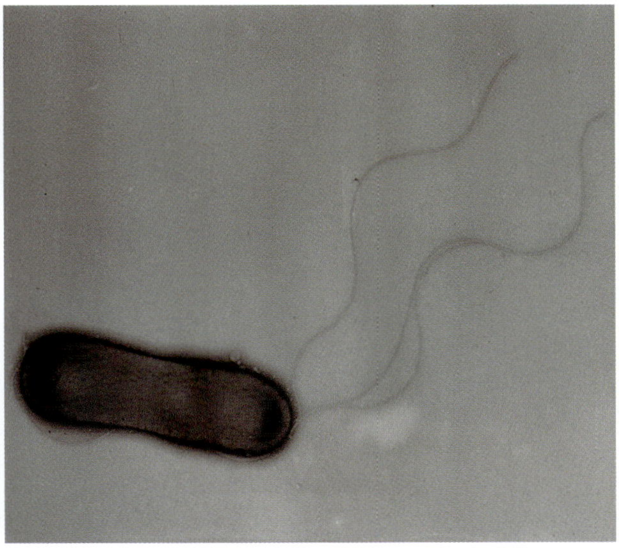

Pseudomonas marginalis

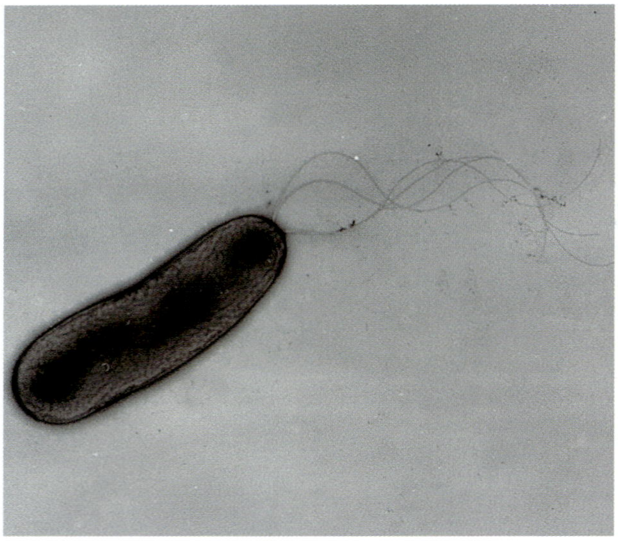

Pseudomonas syringae pv. *lachrymans*

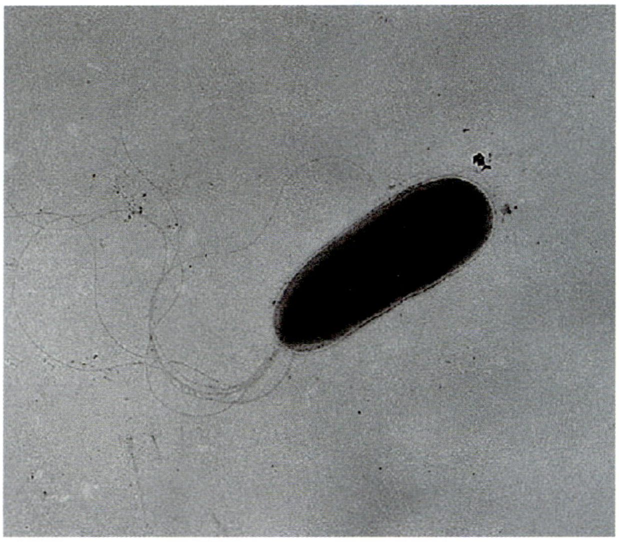

Pseudomonas syringae pv. *maculicola*

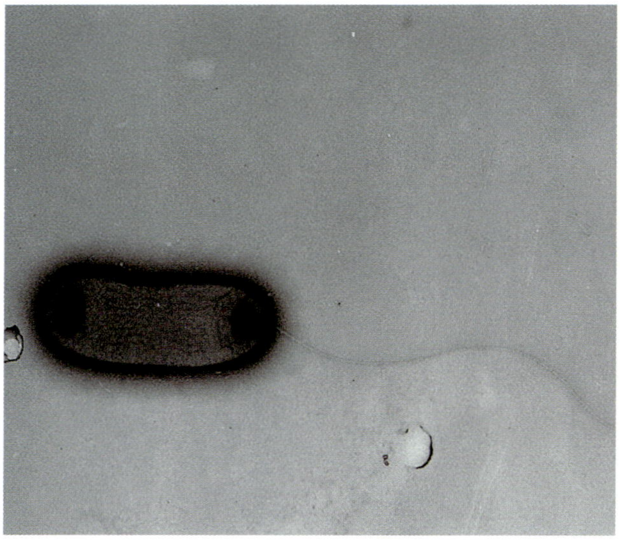

Pseudomonas viridiflava

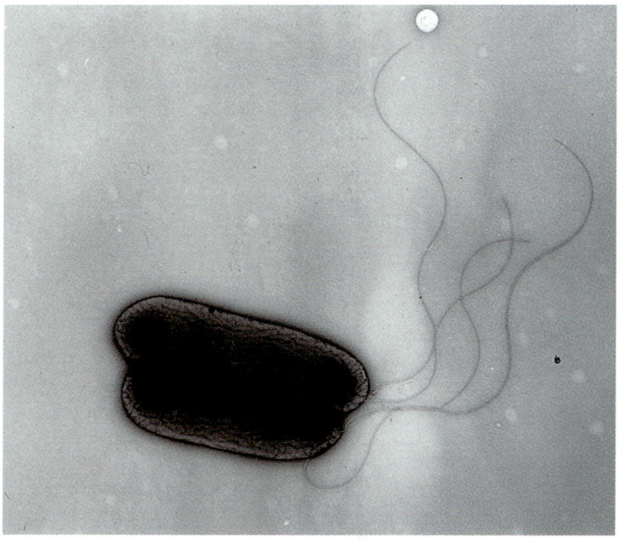

Ralstonia solanacearum

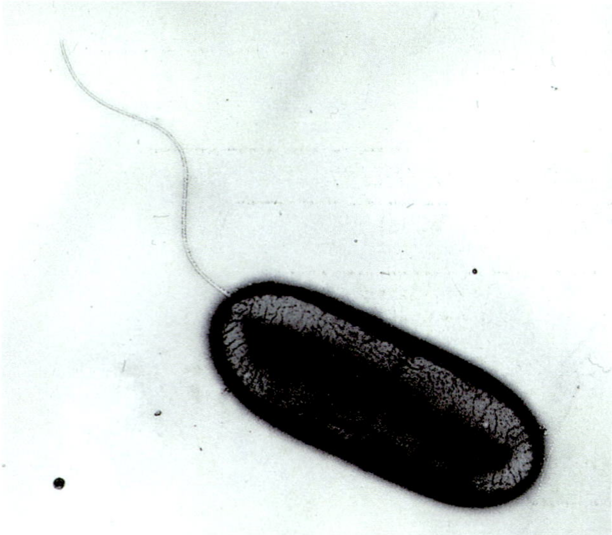

Xanthomonas campestris pv. *campestris*

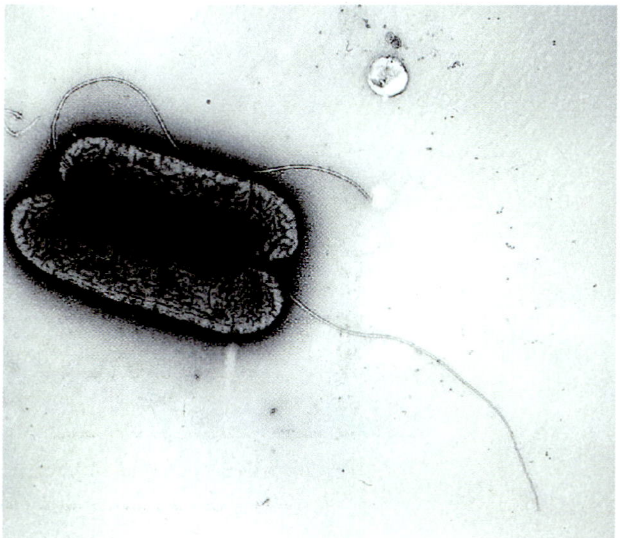

Xanthomonas campestris pv. *vesicatoria*

Ⅲ. 진균 및 기타 균류의 분류

현재까지 세계적으로 7만여 종의 균류가 보고되어 있으며, 그간 균류의 분류지침으로서 널리 채택되어 온 Ainsworth 등(1973)의 분류체계가 개정되어 최근 분자생물학적 계통분류 연구의 결과에 기초하여 정리된 Hawksworth 등(1995)의 분류체계가 널리 받아들여지고 있다. 새로 개정된 균류의 분류체계에서는 원생동물계(Kingdom Protozoa)에 4개의 문(Division), 크로미스타계(KingdomChromista)에 3개의 문, 그리고 진균계(Kingdom Fungi)에 4개의 문이 각각 소속되어 있다. 각 분류군의 특성 및 검색사항은 다음과 같으며, 각 분류군에 속하는 종의 수 및 분류군별 주요 발병 특성은 표 1에 나타나 있다.

표1. 세계적으로 보고된 균류의 종류 및 각 분류군에 속하는 식물 병원성 균류에 의한 주요 식물병

계	문 및 강	종수	주요 식물병
원생동물 (Protozoa)	Acrasiomycota	12	-
	Dictyosteliomycota	46	-
	Myxomycota	719	-
	Myxomycetes	690	각종점균병
	Protosteliomycetes	29	-
	Plasmodiophoromycota	45	뿌리혹병,가루더뎅이병 등
크로미스타 (Chromista)	Hyphochytriomycota	24	-
	Labyrinthulomycota	42	-
	Oomycota	694	잘록병,썩음병,노균병, 역병 등
진균 (Fungi)	Ascomycota	32,267	각종 병해
	Basidiomycota	22,244	-
	Basidiomycetes	13,857	각종 병해
	Teliomycetes	7,134	녹병 등
	Ustomycetes	1,064	깜부기병 등
	Chytridiomycota	793	잘록병, 혹병
	Zygomycota	1,056	-
	Trichomycetes	189	-
	Zygomycetes	867	무름병, 털곰팡이병 등
	Mitosporic fungi	14,104	각종 병해

1	포식영양상이 존재한다.	원생동물계(Kingdom Protozoa) 2
	포식영양상이 존재하지 않는다.	5
2	(1)포식영양상이 세포외적이다.	3
	포식영양상이 세포내적이다.	뿌리혹균문(Plasmodiophoromycota)
3	(2) 동화작용상이 부생적 변형체이다.	점균문(Myxomycota)
	동화작용상이 자유생활 점액아메바로서 생식 전에 위 변형체로서 융합한다.	4
4	(3) 열편상의 위족을 가진 점액아메바와 중앙에 위치한 핵소체를 가진 핵이 있다.	아크라시오균문(Acrasiomycota)
	주로 실 모양의 위족을 가진 점액아메바와 두 개 혹은 그 이상의 외곽 핵소체를 가진 핵이 있으며, 위변형체 형성시 한데 모이는 흐름을 형성하므로서 집합한다.	딕티오스텔리오 (Dictyosteliomycota)
5	(4) mastigoneme이 있는 편모를 가지고, 운동성이 있으며, 세포벽은 일반적으로 셀룰로오스로 구성되어 있다.	크로미스타계 (Kingdom Chromista)6
	mastigoneme이 없는 편모를 가지고, 운동성이 있으며, 포벽은 카이틴으로 구성되어 있다.	진균계(Kingdom Fungi) 8
6	(5) 영양상은 세포 활주운동이 있는 외질의 망상조직위 혹은 그 내부에 있다.	라비린쓰로균문 (Labyrinthulomycota)
	영양상은 외질의 망상조직위에 있지 않고, 활주운동 세포는 없다.	7
7	(6) 유주자에는 한 개의 전방편모가 있다.	하이포키트리오균문 (Hyphochytriomycota)
	유주자에는 두 개의 편모가 있다.	난균문(Oomycota)
8	(7) 운동성인 유주자가 존재한다.	호상균문(Chytridiomycota)
	운동성인 유주자가 존재하지 않는다.	9
9	(8) 유사분열포자가 내부발생적으로 포자낭 안에서 형성되고 (혹은 포자낭으로부터 무성번식체 유도), 균사접합에 의해 접합포자가 형성된다.	접합균문(Zygomycota)
	유사분열포자(분생포자)가 외부발생적이다.	10
10	(9) 감수분열포자가 내부발생적으로 자낭 안에서 형성된다.	자낭균문 (Ascomycota)
	감수분열포자가 외부발생적으로 담자기(혹은 동등한 구조) 위에서 형성된다.	담자균문(Basidiomycota)

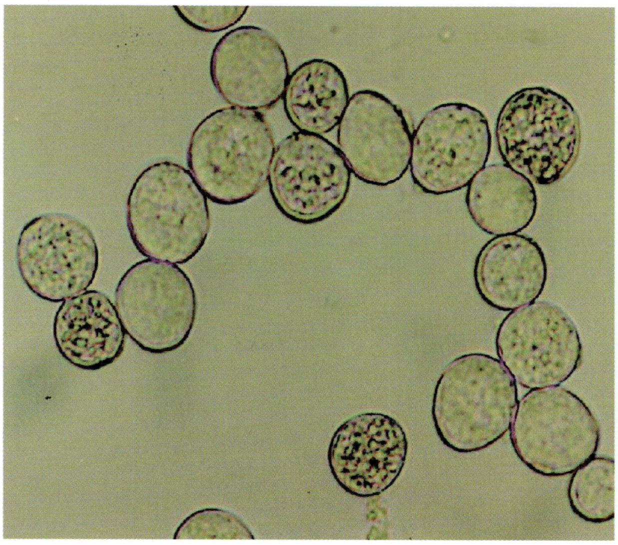

Albugo candida (포자낭)

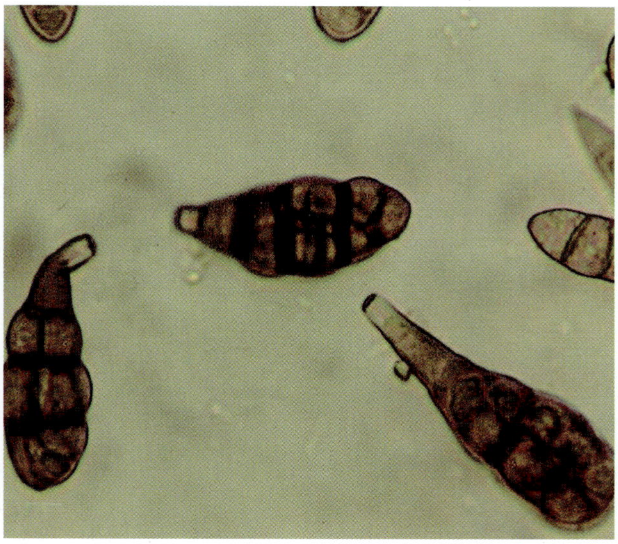

Alternaria alternata (분생포자)

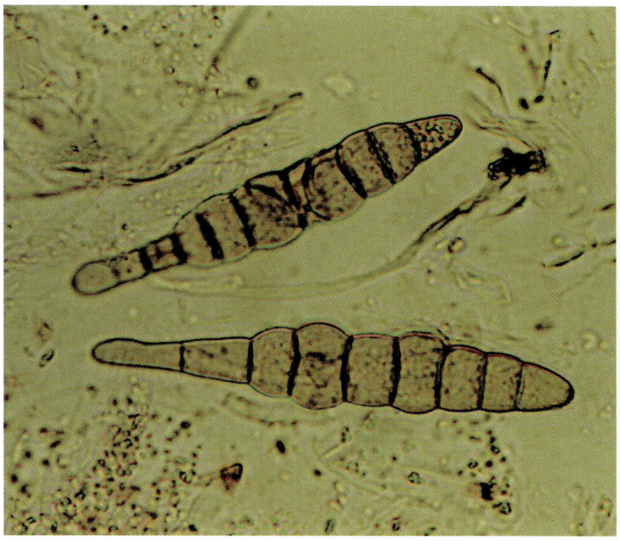

Alternaria brassicae (분생포자)

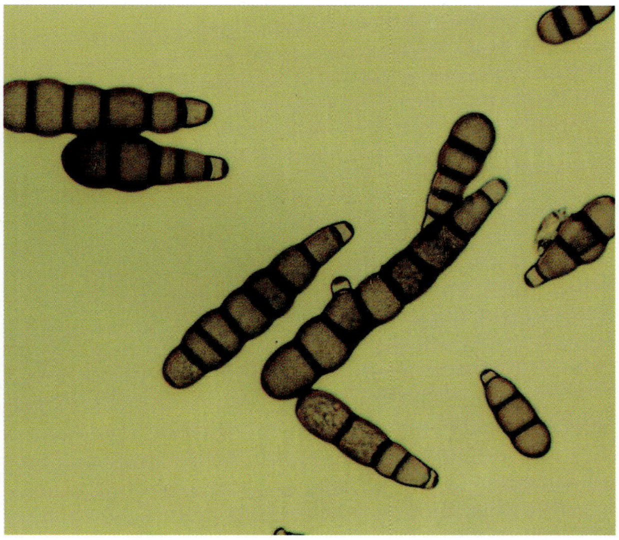

Alternaria brassicicola (분생포자)

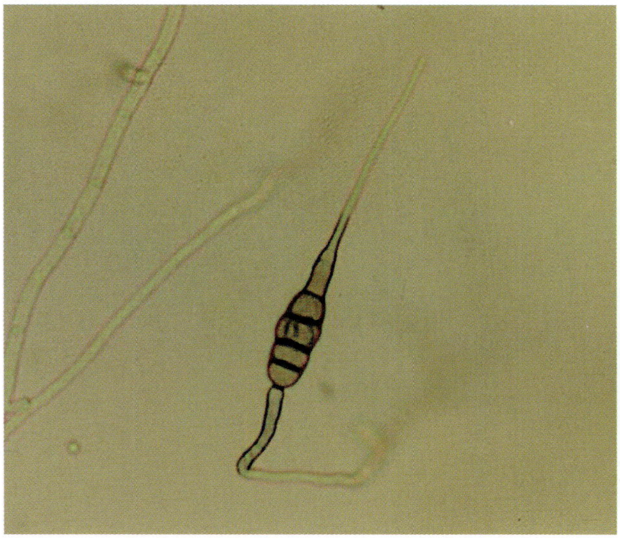

Alternaria cucumerina
(분생자경 및 분생포자)

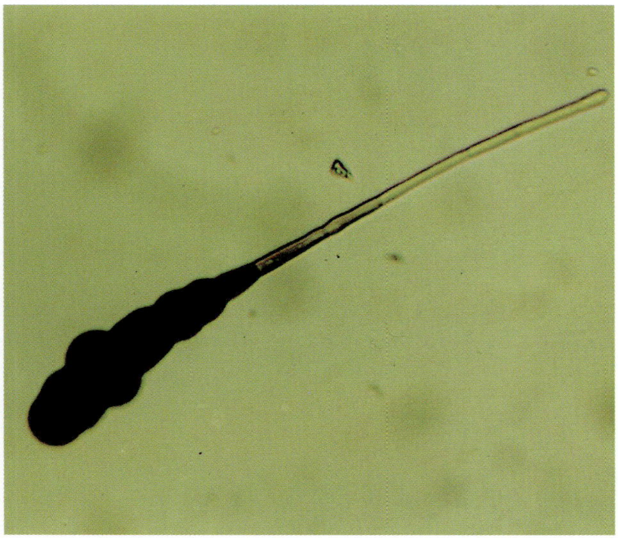

Alternaria dauci (분생포자)

Alternaria porri (분생포자)

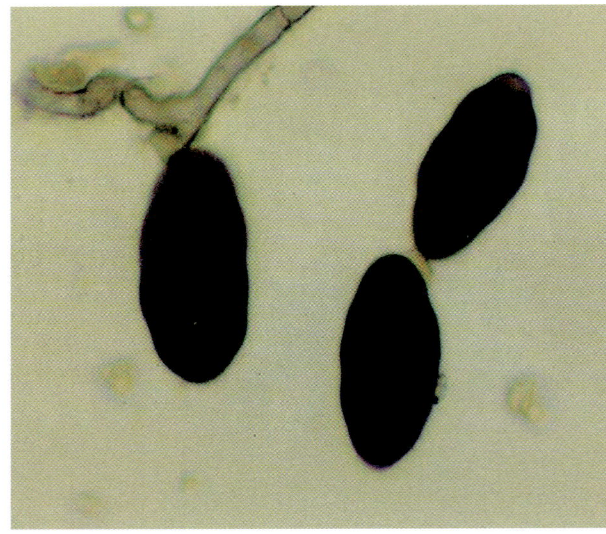

Alternaria radicina
(분생자경 및 분생포자)

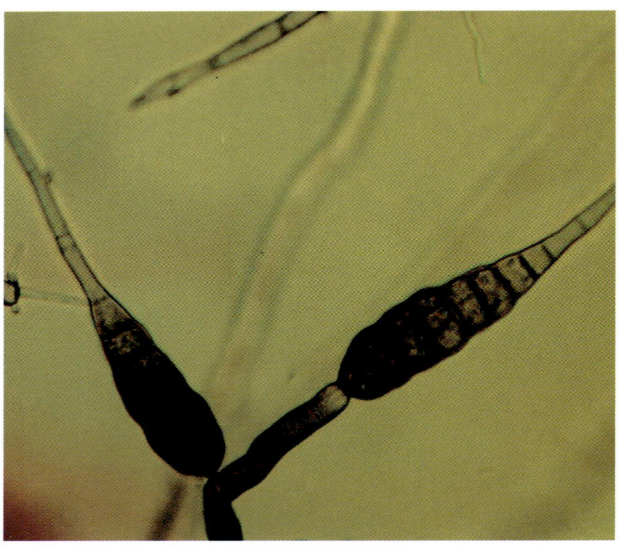

Alternaria solani
(분생자경 및 분생포자)

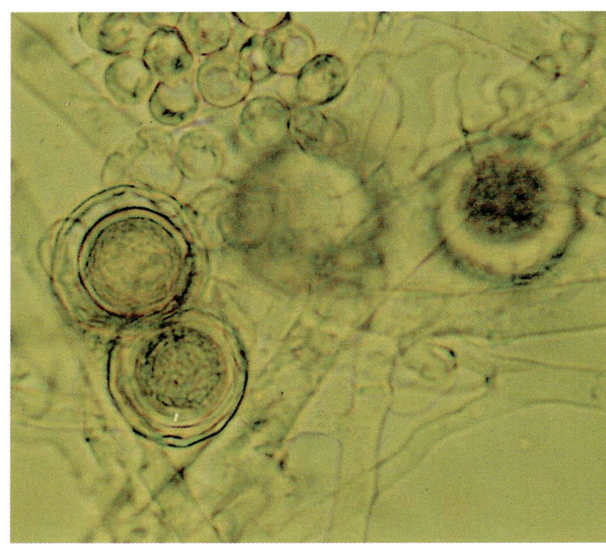

Aphanomyces raphani
(균사, 유주자 및 난포자)

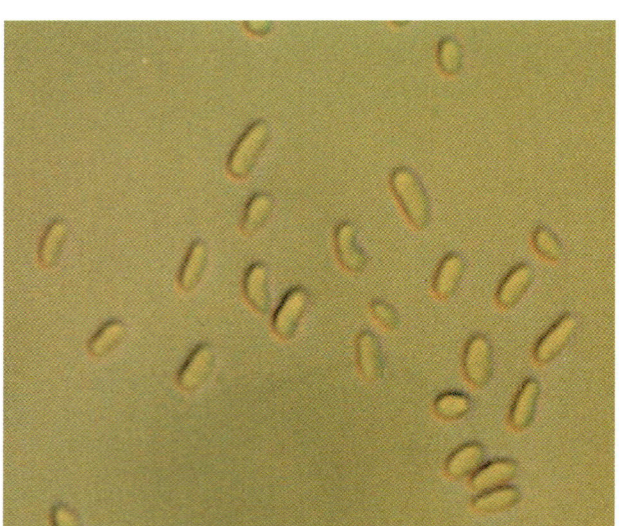

Ascochyta cucumis (분생포자)

Botrytis allii (분생자경 및 분생포자)

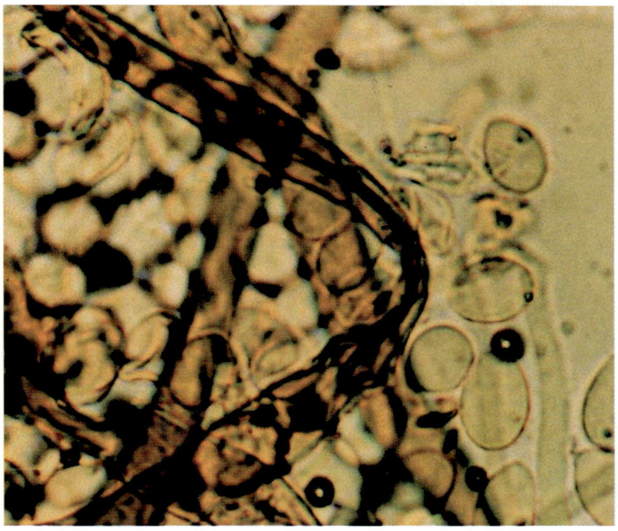

Bortytis byssoidea
(균사 및 분생포자)

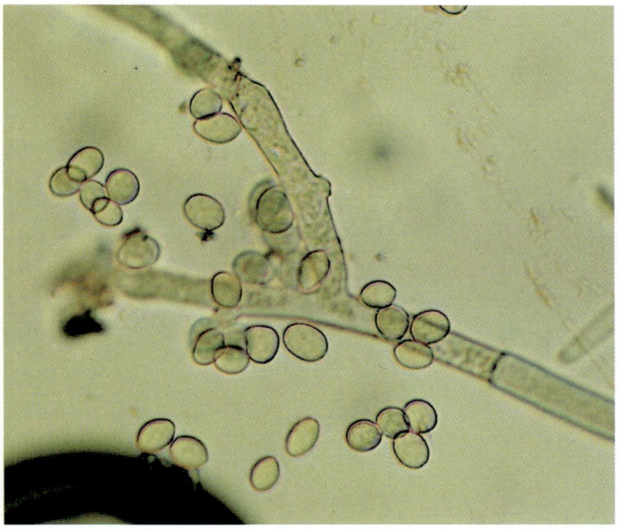

Botrytis cinerea
(분생자경 및 분생포자)

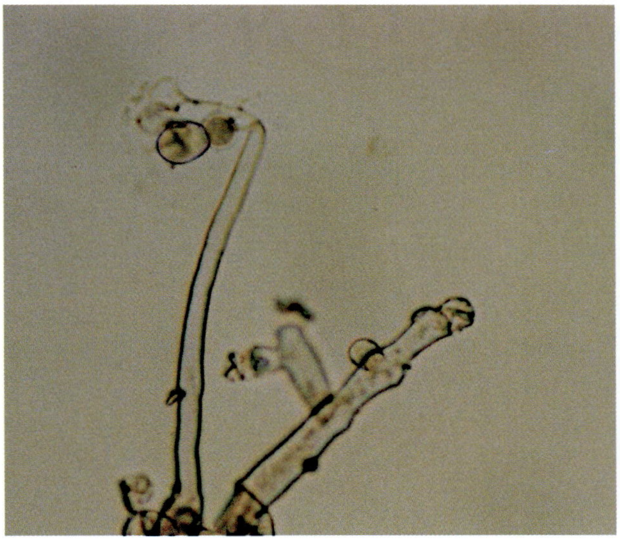

Botrytis squamosa
(분생자경 및 분생포자)

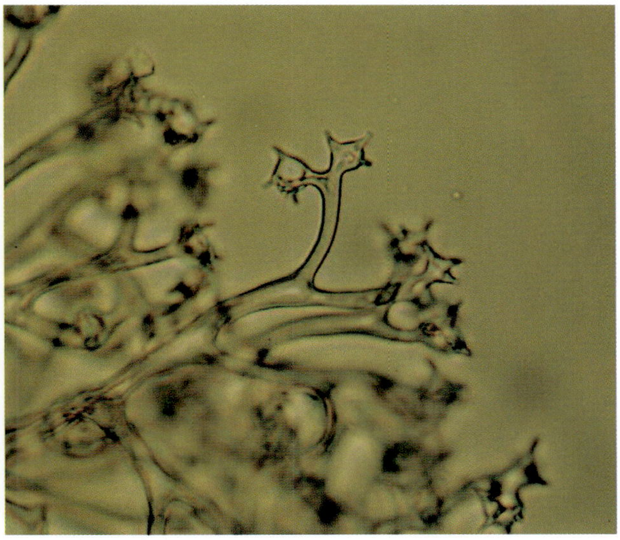

Bremia lactucae
(포자낭병 및 포자낭)

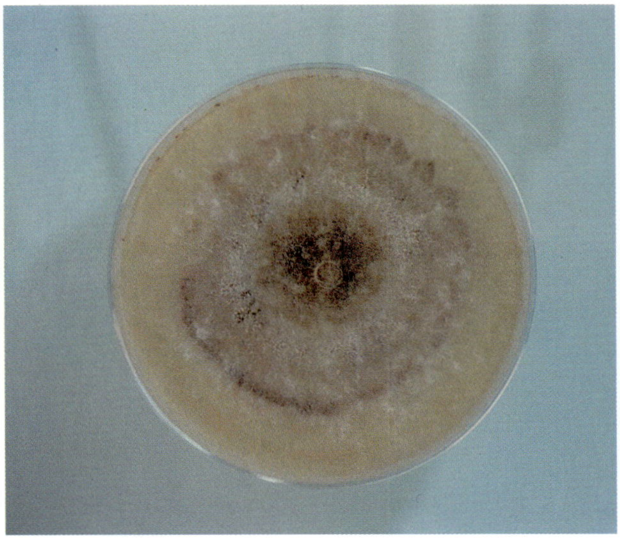

Ceratobasidium setariae(배양균총)

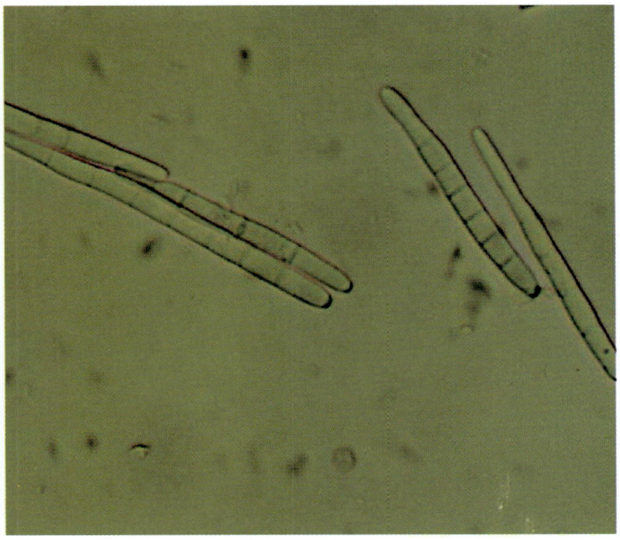

Cercospora apii (분생포자)

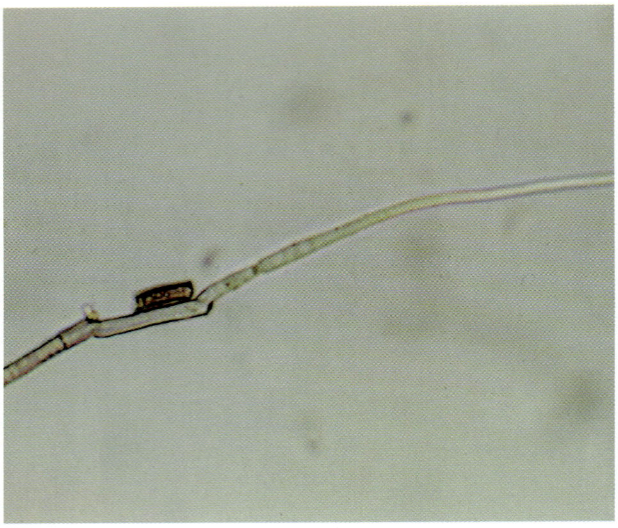

Cercospora capsici
(분생자경 및 분생포자)

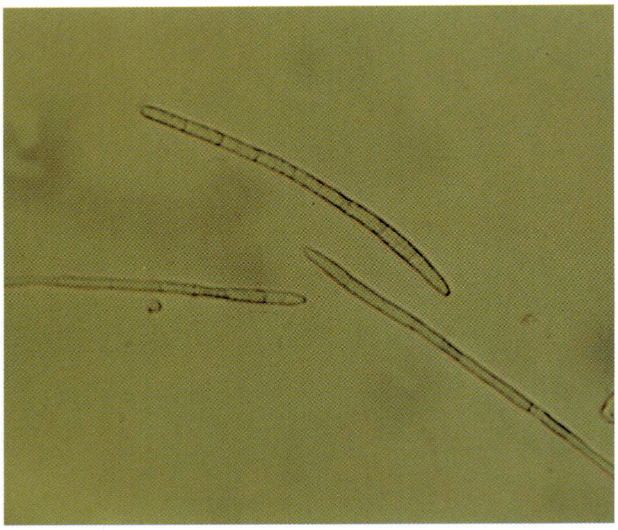

Cercospora carotae (분생포자)

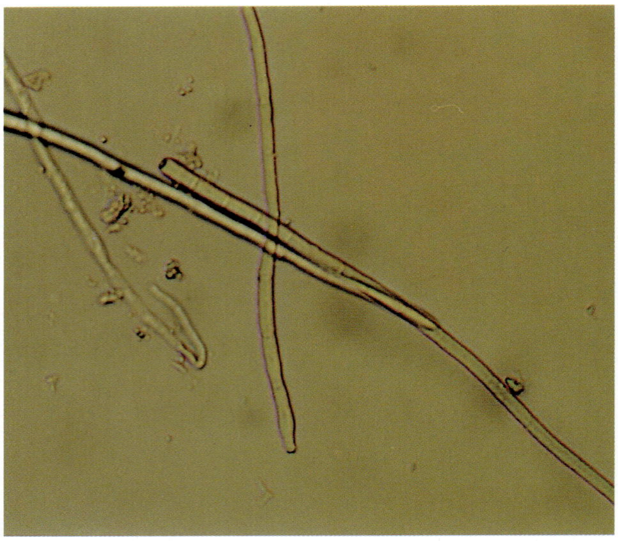

Cercospora citrullina (분생포자)

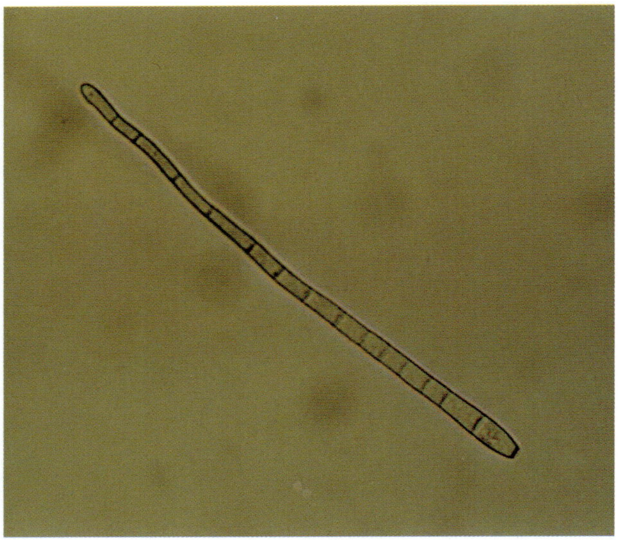

Cercospora longissima (분생포자)

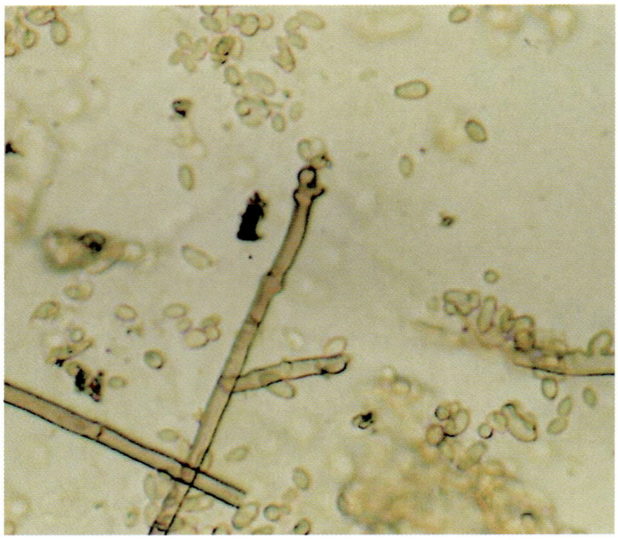

Cladosporium cucumerinum
(분생자경 및 분생포자)

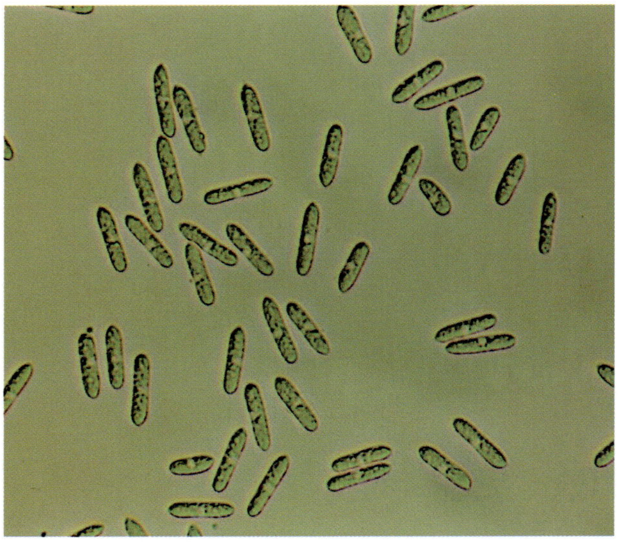

Colletotrichum coccodes (분생포자)

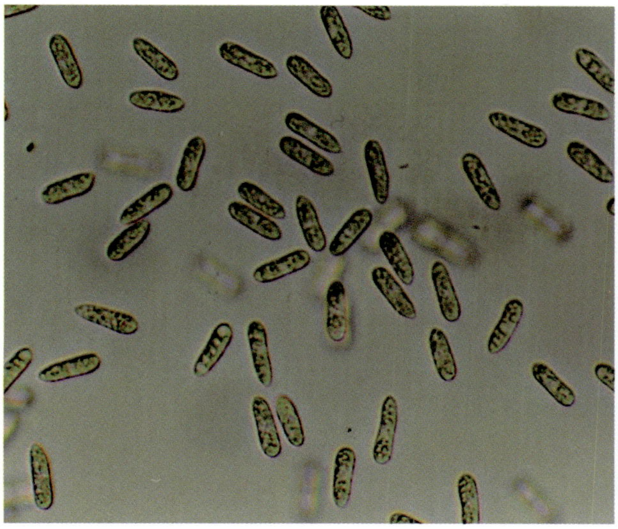

Colletotrichum gloeosporioides
(분생포자)

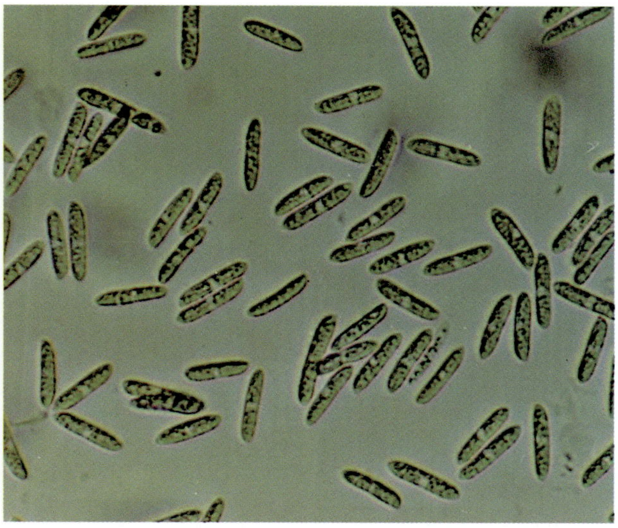

Colletotrichum higginsianum
(분생포자)

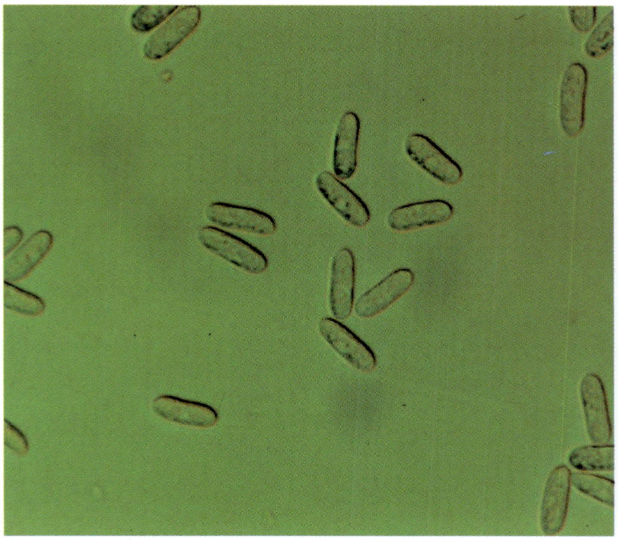

Colletotrichum malvarum
(분생포자)

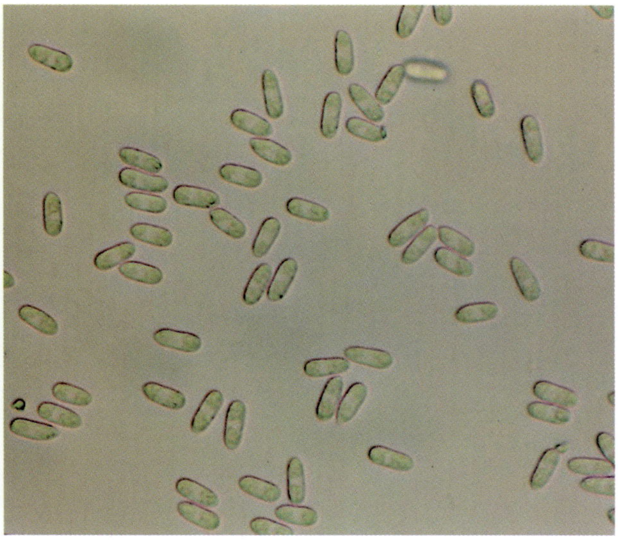

Colletotrichum orbiculare
(분생포자)

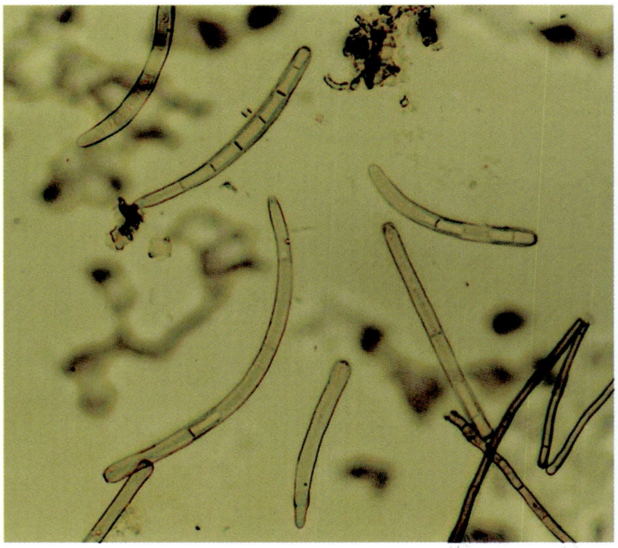

Corynespora cassiicola (분생포자)

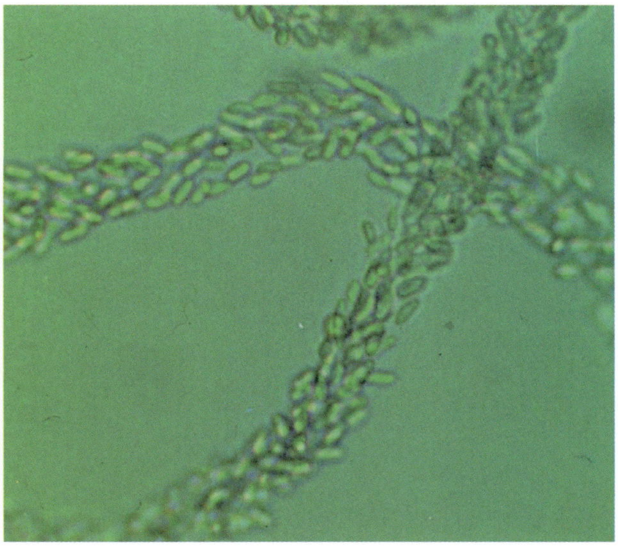

Dendrophoma obscurans (병포자)

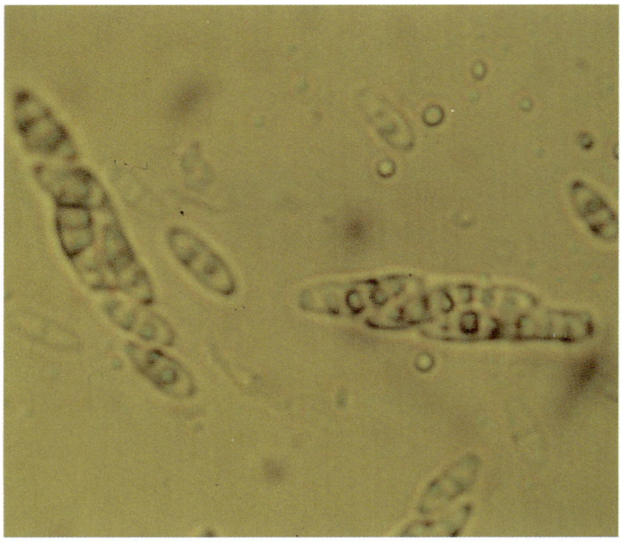

Diaporthe phaseolorum
(자낭 및 자낭포자)

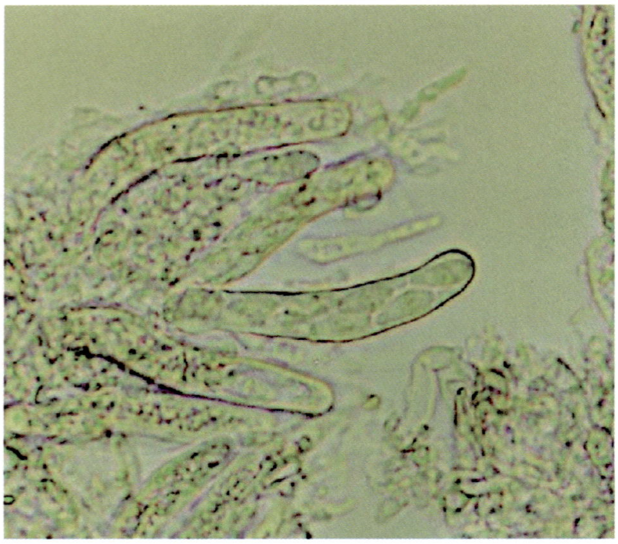

Didymella bryoniae
(자낭 및 자낭포자)

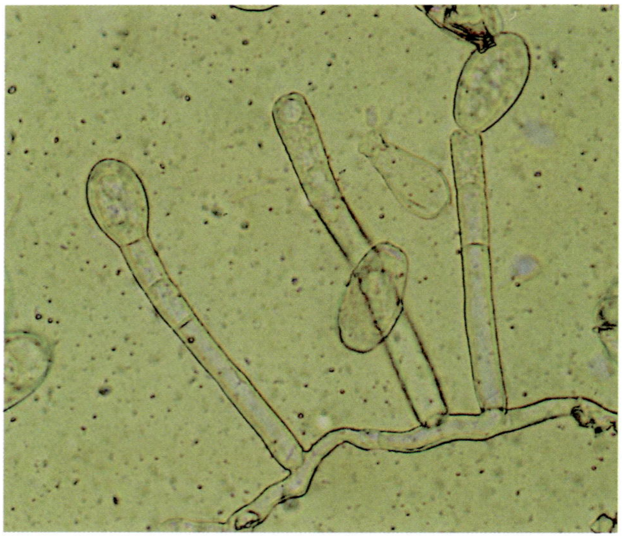

Erysiphe cichoracearum
(분생자경 및 분생포자)

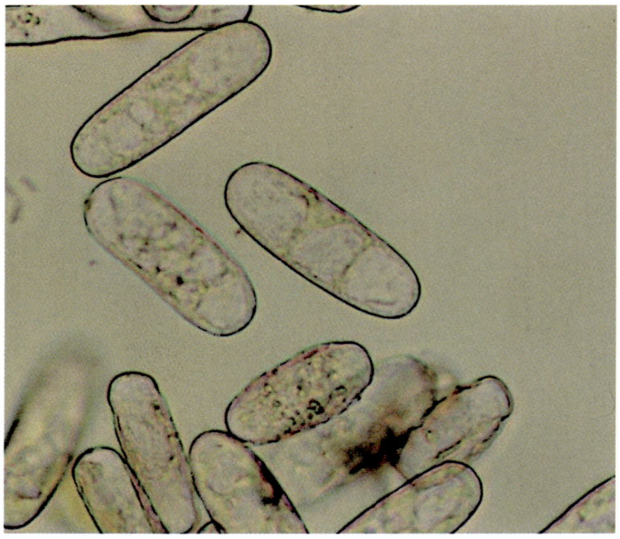

Erysiphe heraclei
(무성세대 : 분생포자)

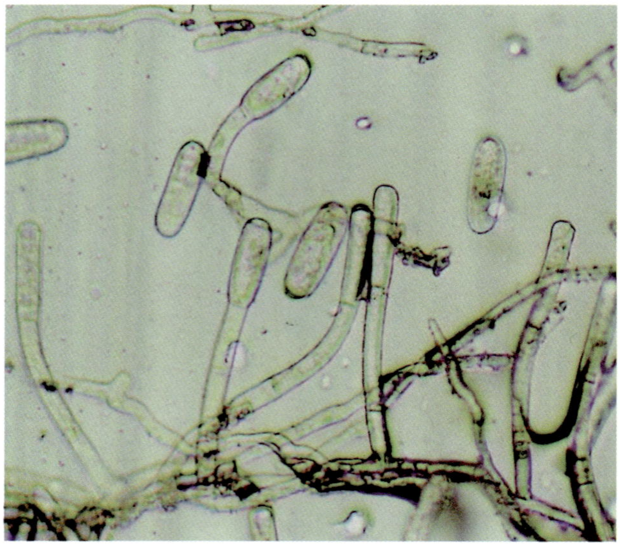

Erysiphe polygoni
(무성세대 : 분생자경 및 분생포자)

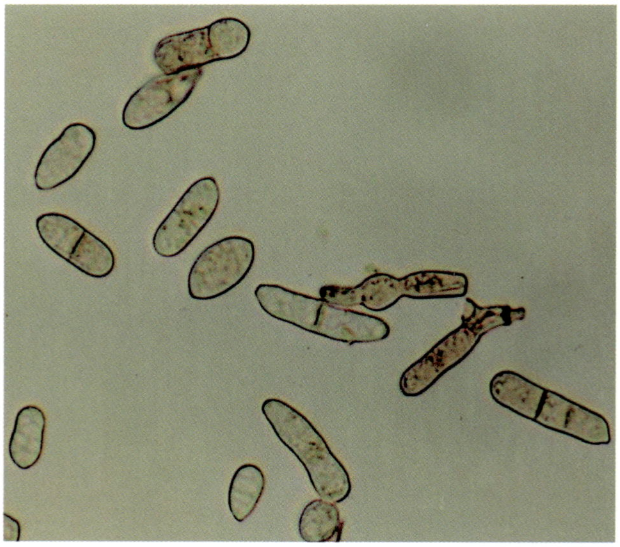

Fulvia fulva (분생포자)

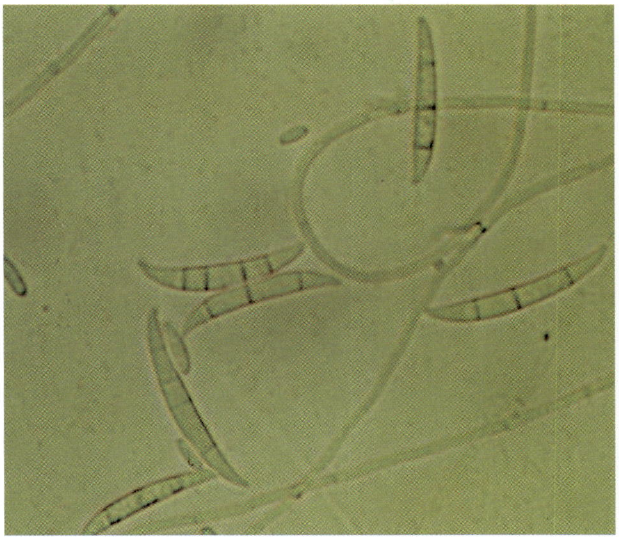

Fusarium oxysporum
(대형 및 소형 분생포자)

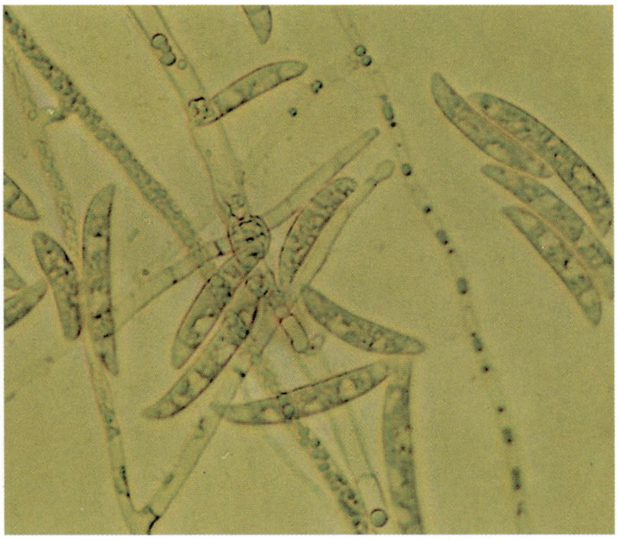

Fusarium solani (균사, 분생자경, 대형 및 소형 분생포자)

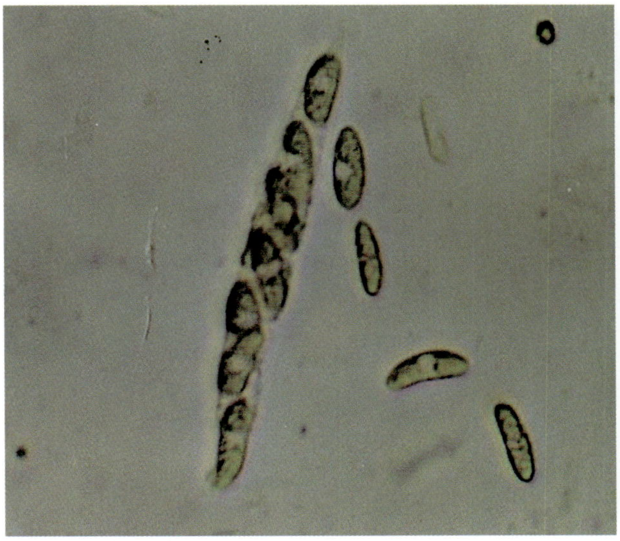

Glomerella cingulata
(자낭 및 자낭포자)

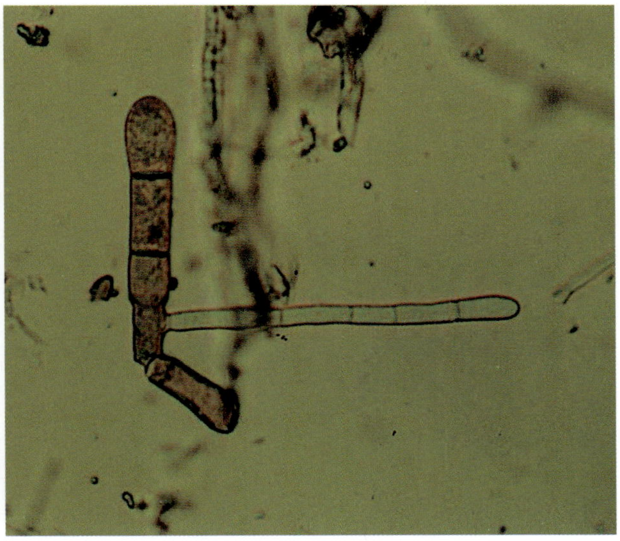

Heterosporium allii (분생포자)

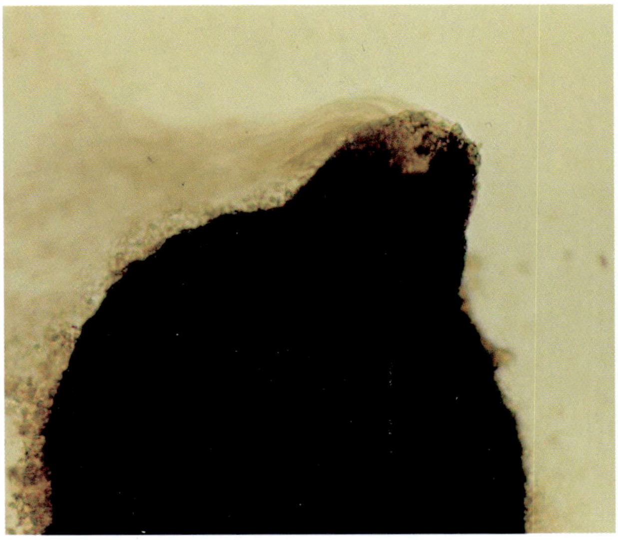

Leptosphaeria maculans
(무성세대 : 병자각 및 병포자)

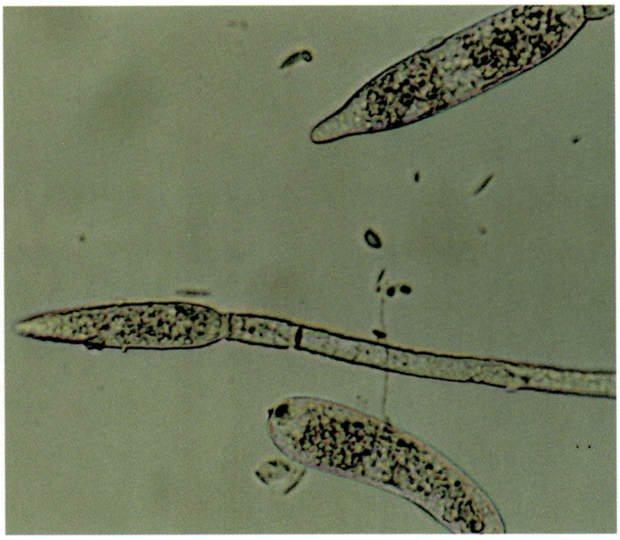

Leveillula taurica
(무성세대 : 분생자경 및 분생포자)

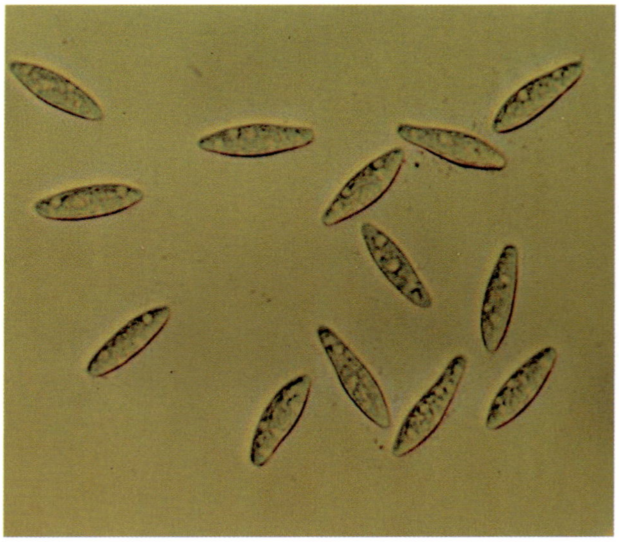

Macrophomina phaseolina(병포자)

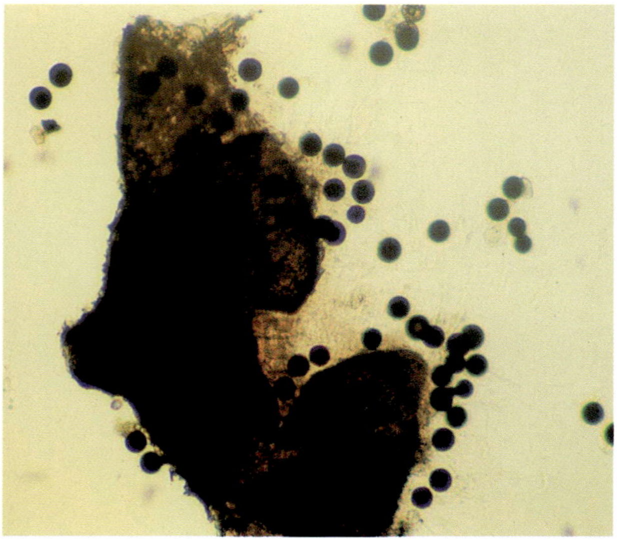

Monosporascus cannonballus
(자낭각, 자낭 및 자낭포자)

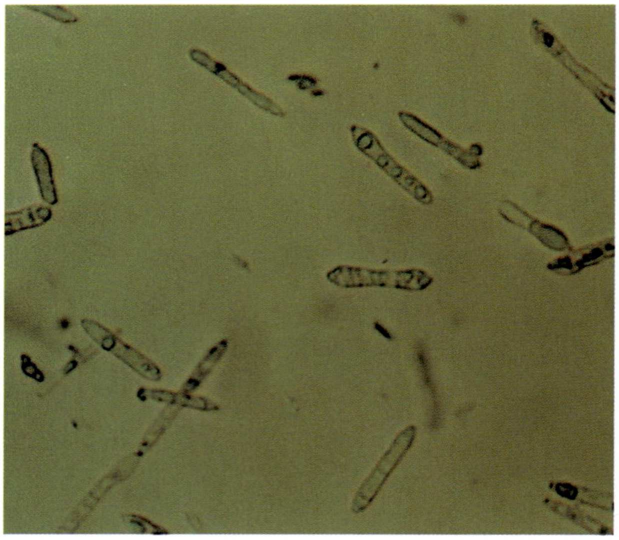

Mycosphaerella fragariae
(무성세대 : 분생포자)

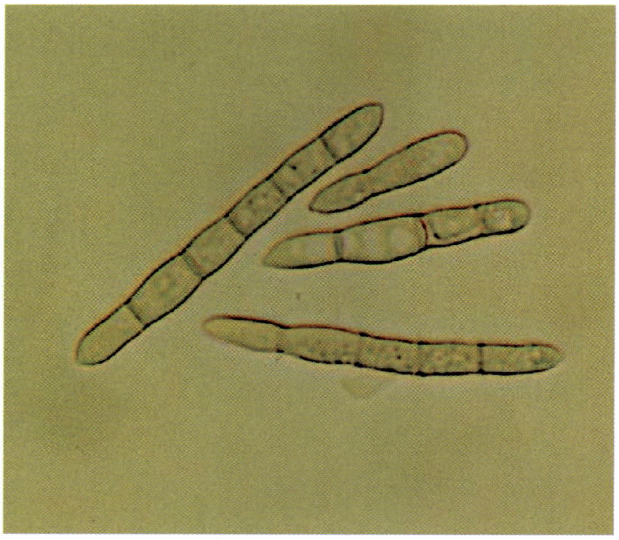

Mycovellosiella nattrassii
(분생포자)

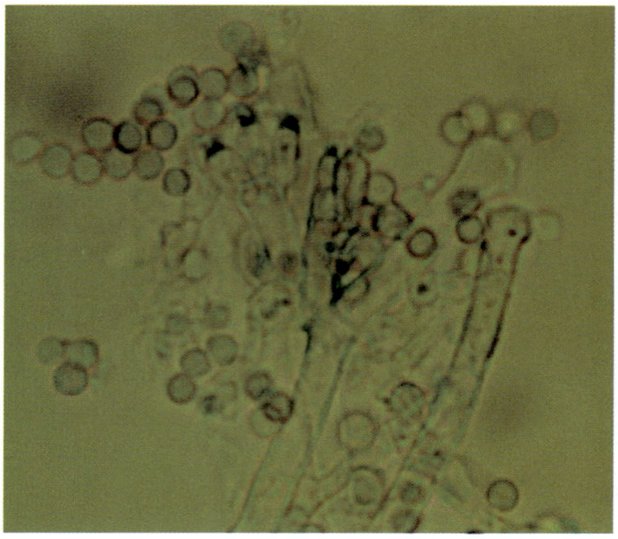

Penicillium hirsutum
(분생자경 및 분생포자)

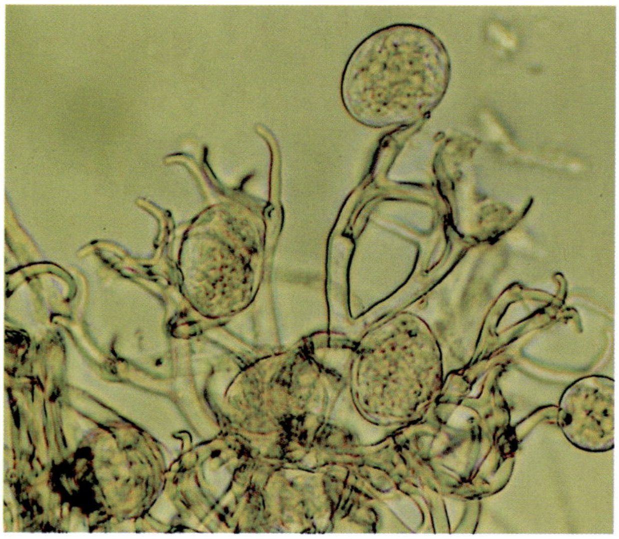

Peronospora brassicae
(포자낭병 및 포자낭)

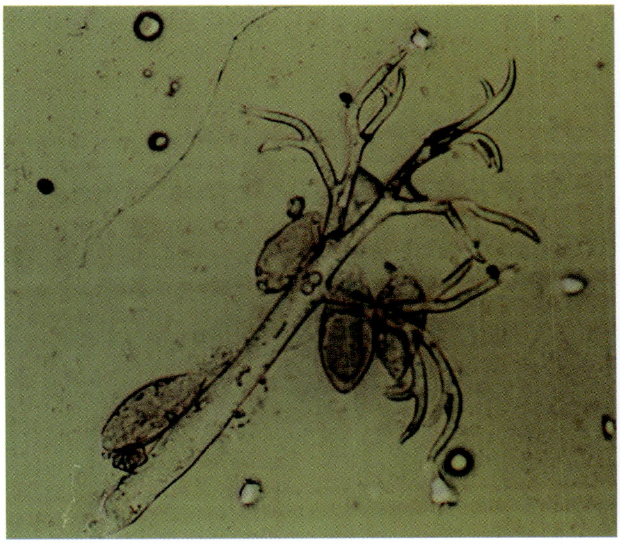

Peronospora destructor
(포자낭병 및 포자낭)

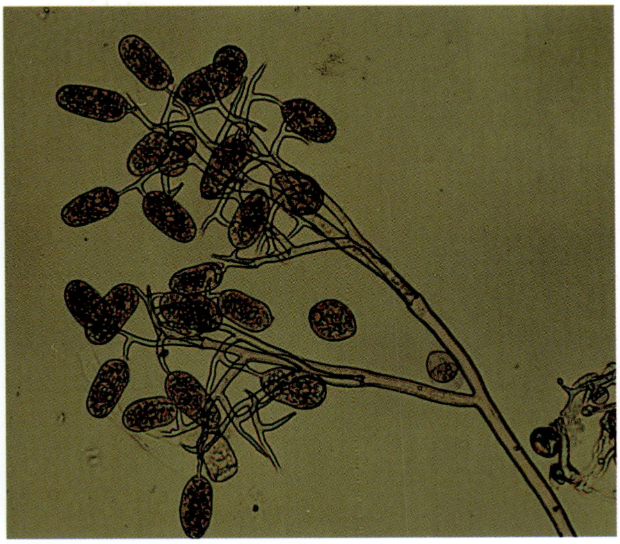

Peronospora spinaciae
(포자낭병 및 포자낭)

Phomopsis phaseoli
(병포자; α와 β포자)

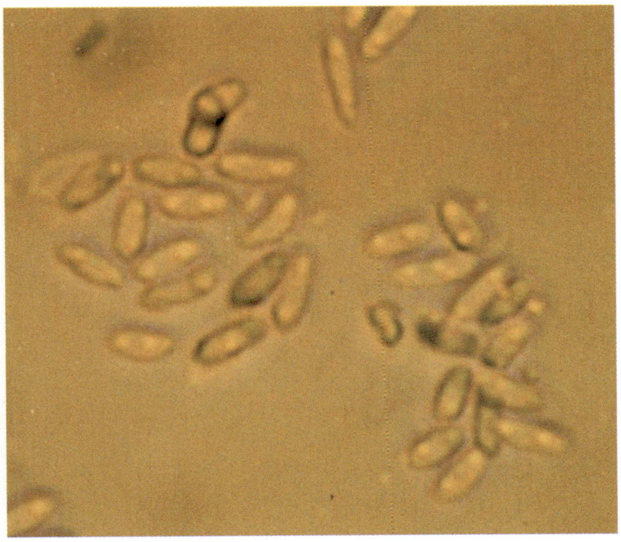

Phomopsis vexans (병포자; α포자)

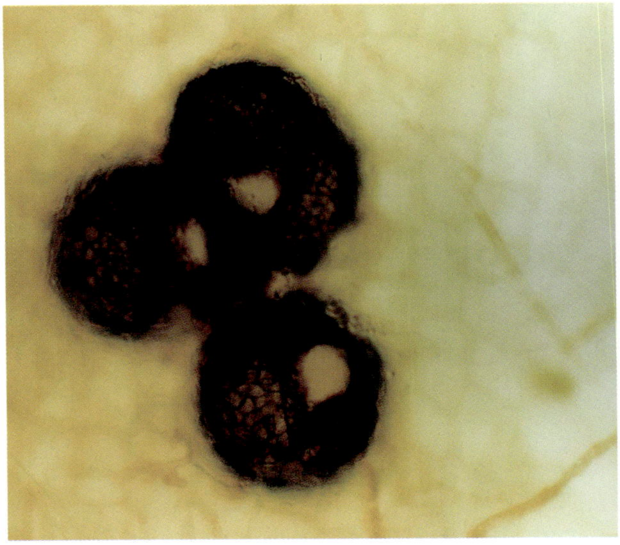

Phyllosticta zingiberi
(병자각 및 병포자)

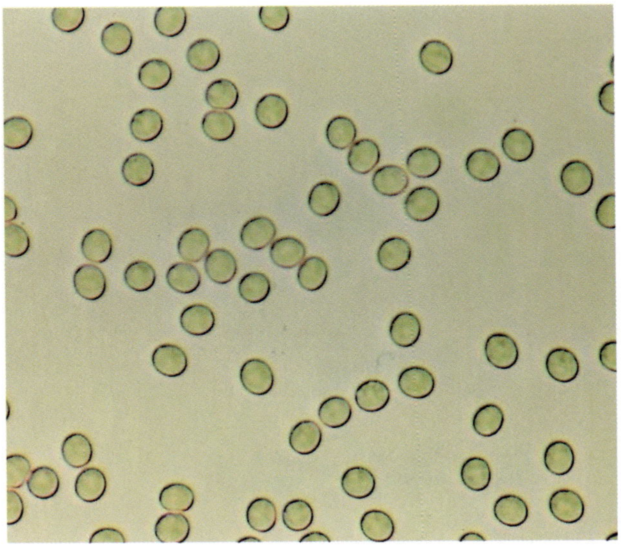

Physarum sp. (포자)

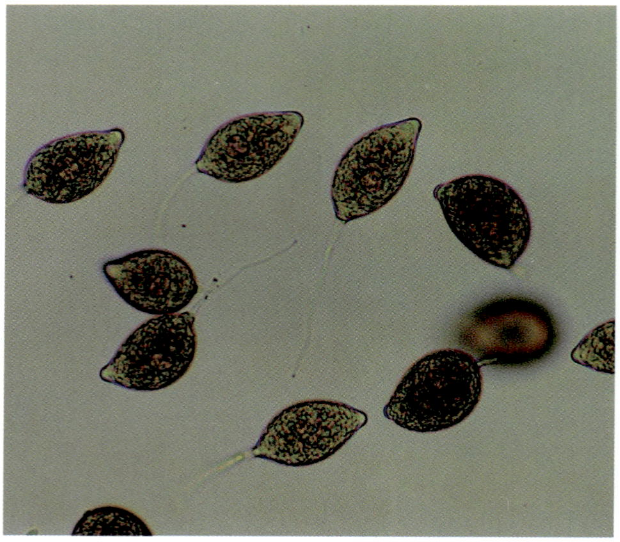

Phytophthora capsici (유주자낭)

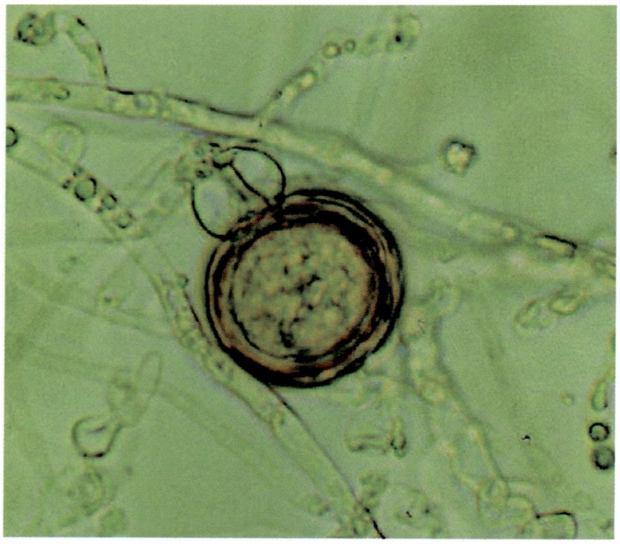

Phytophthora capsici
(균사 및 난포자)

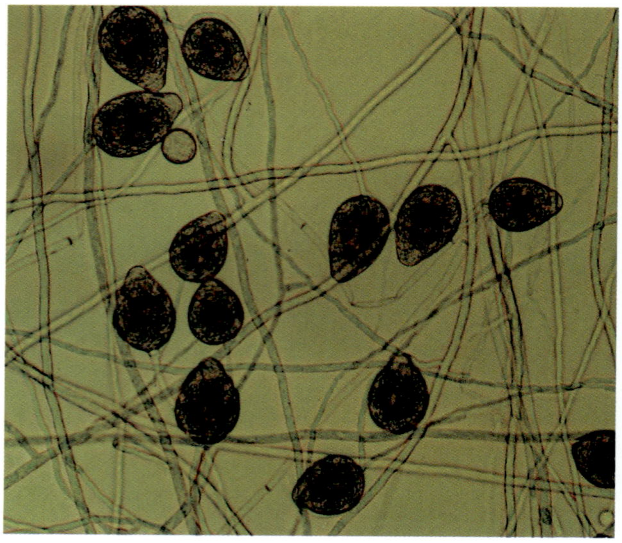

Phytophthora cryptogea
(균사 및 유주자낭)

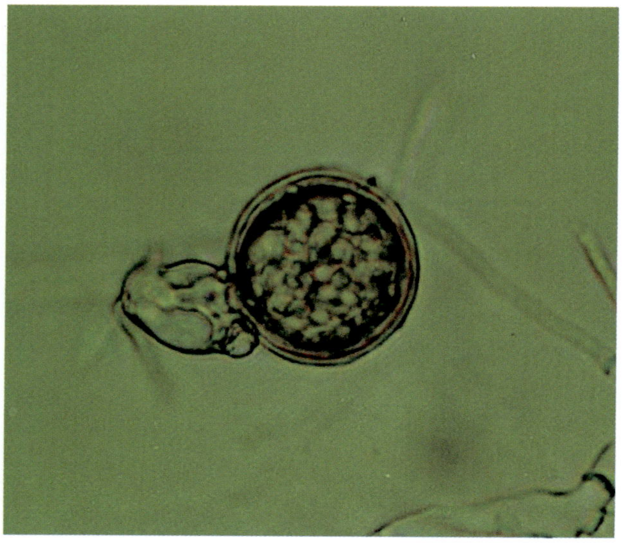

Phytophthora cryptogea (난포자)

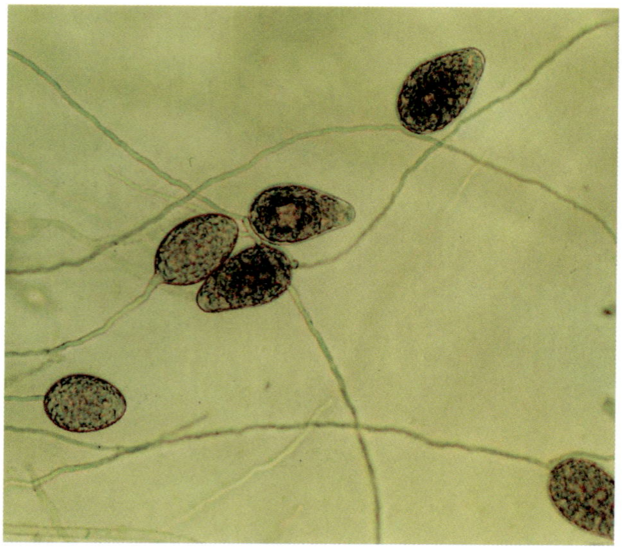

Phytophthora drechsleri(유주자낭)

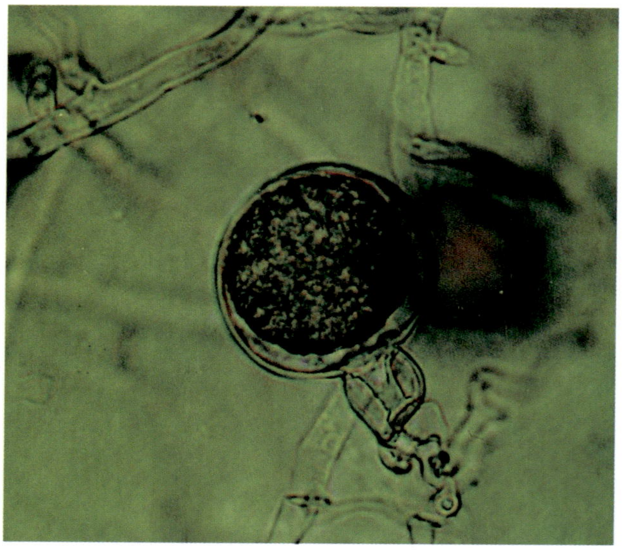

Phytophthora drechsleri (난포자)

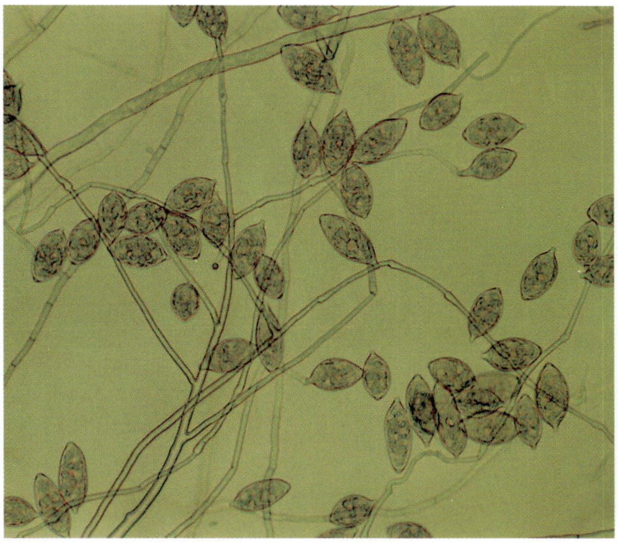

Phytophthora infestans
(균사 및 유주자낭)

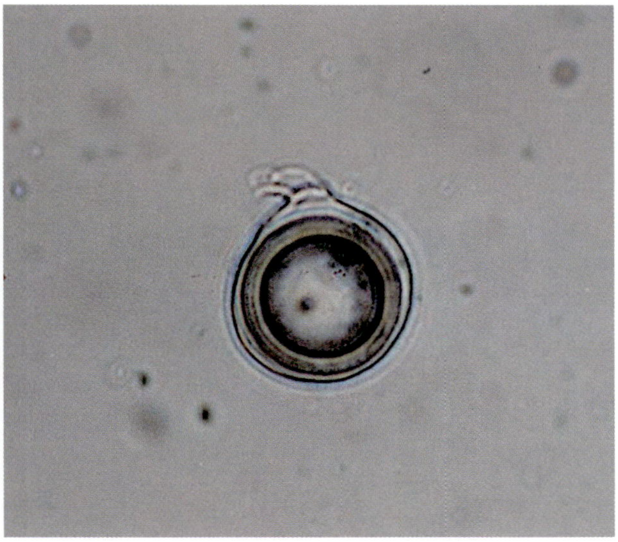

Phytophthora infestans (난포자)

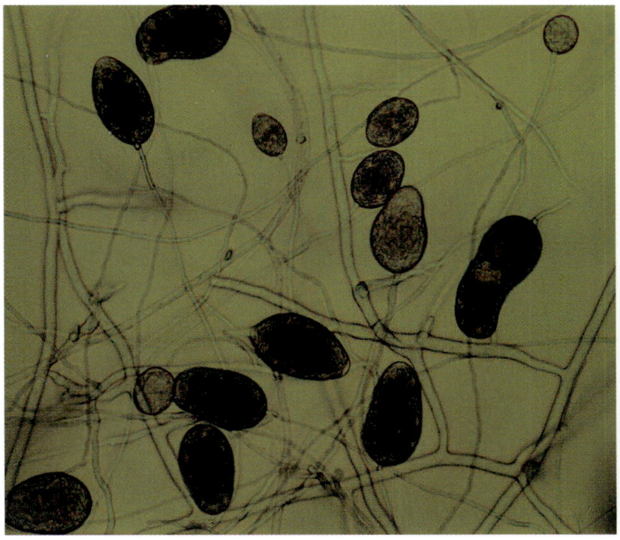

Phytophthora megasperma
(균사 및 유주자낭)

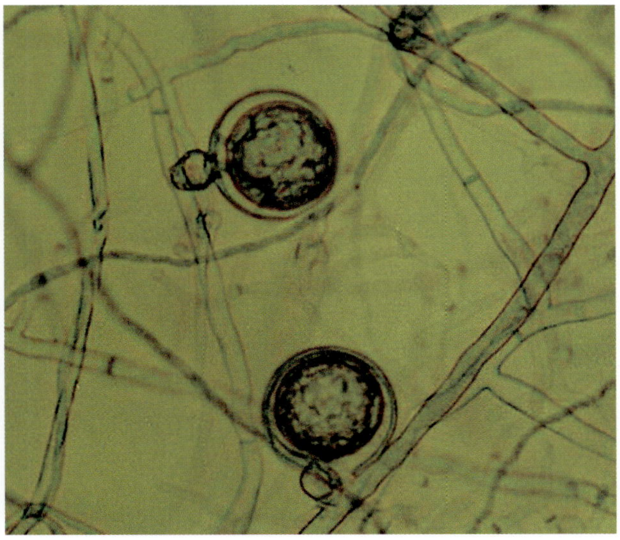

Phytophthora megasperma
(균사 및 난포자)

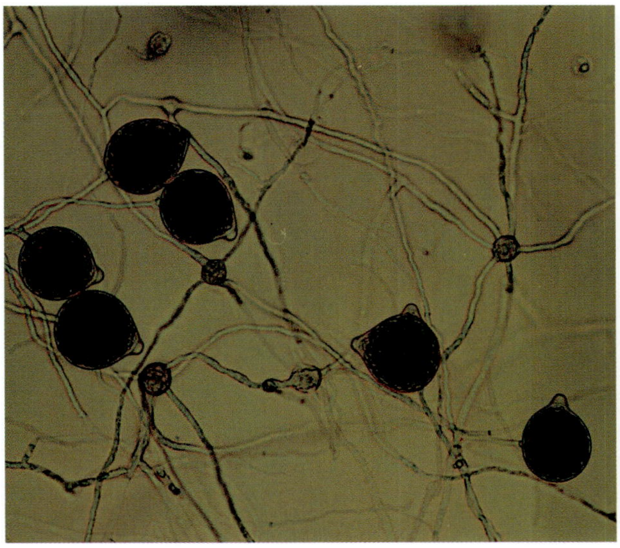

Phytophthora nicotianae
(균사 및 유주자낭)

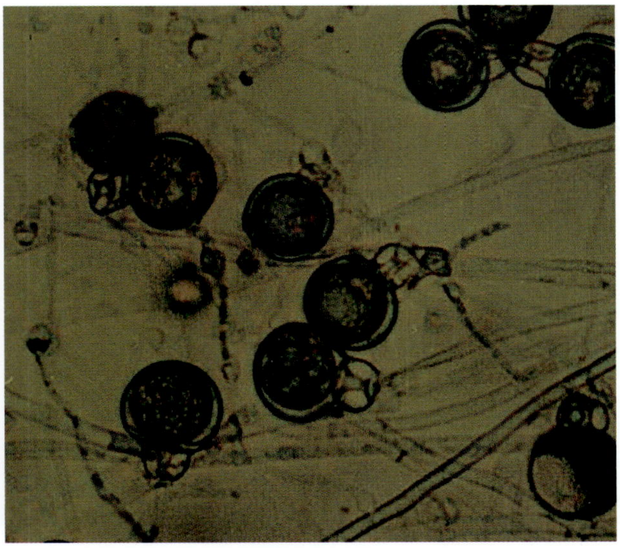

Phytophthora nicotianae (난포자)

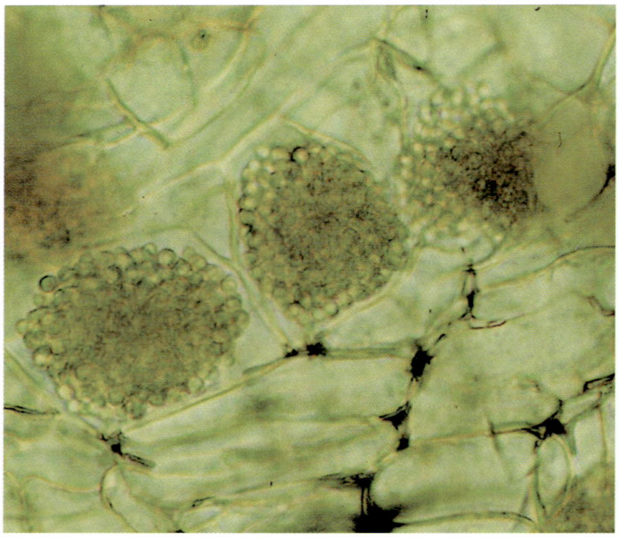

Plasmodiophora brassicae
(감염조직내 휴면포자)

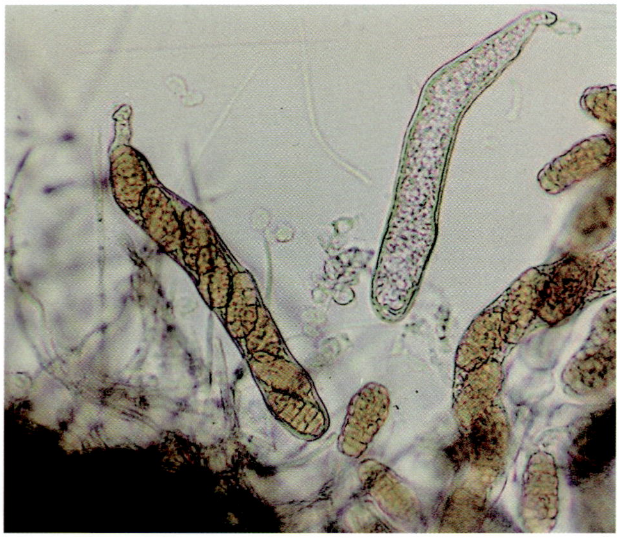

Pleospora herbarum
(자낭 및 자낭포자)

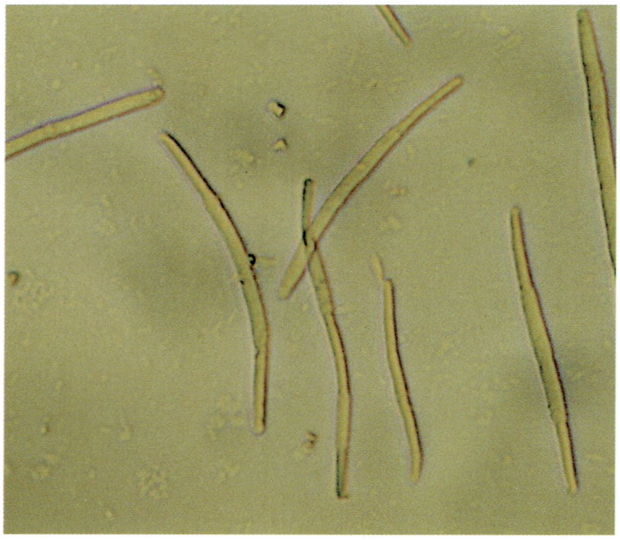

Pseudocercosporella capsellae
(분생포자)

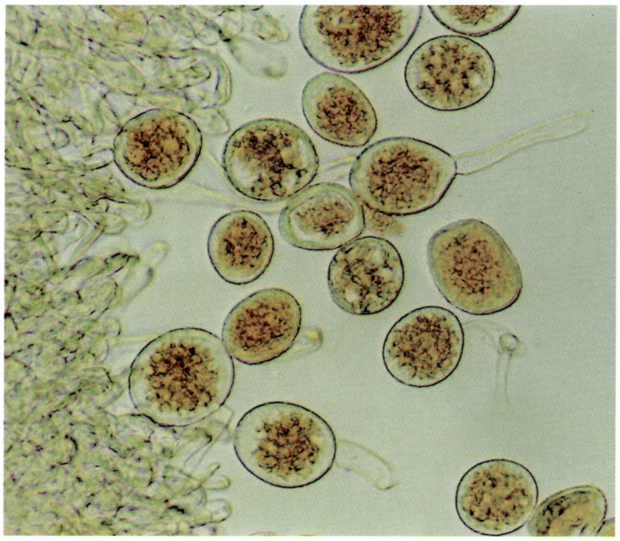

Puccinia allii (하포자)

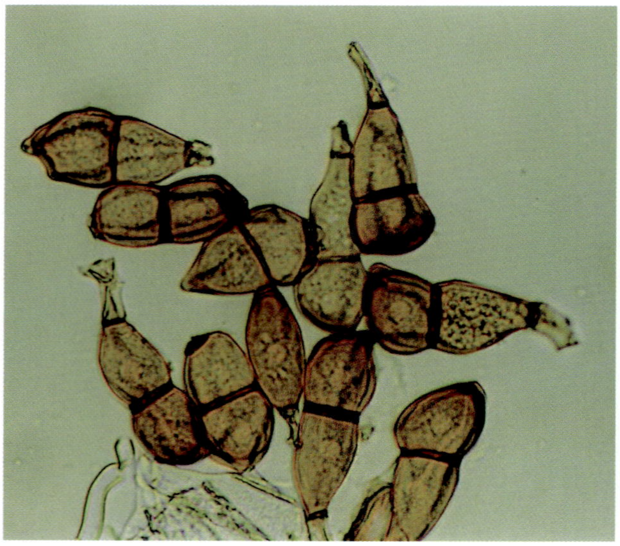

Puccinia allii (동포자)

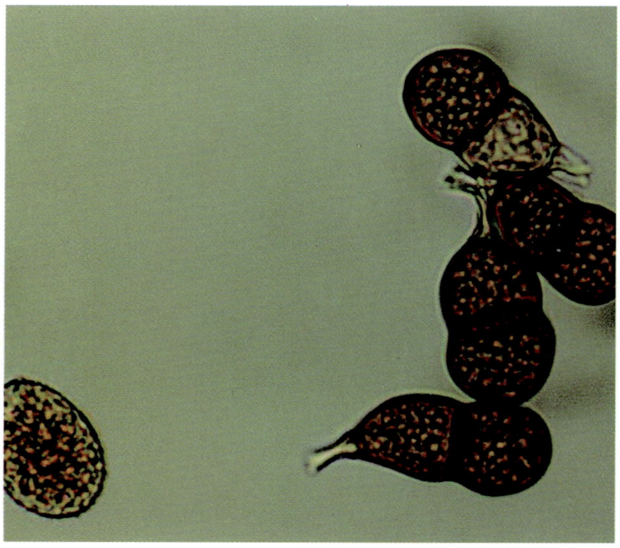

Puccinia oenanthes-stoloniferae
(하포자 및 동포자)

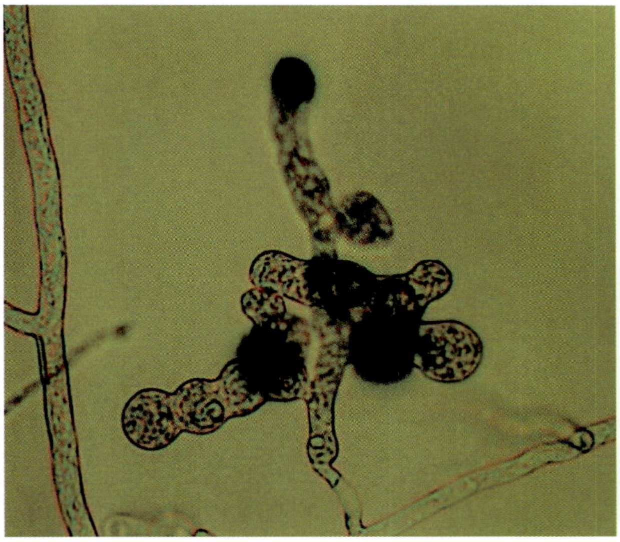

Pythium aphanidermatum
(균사 및 유주자낭)

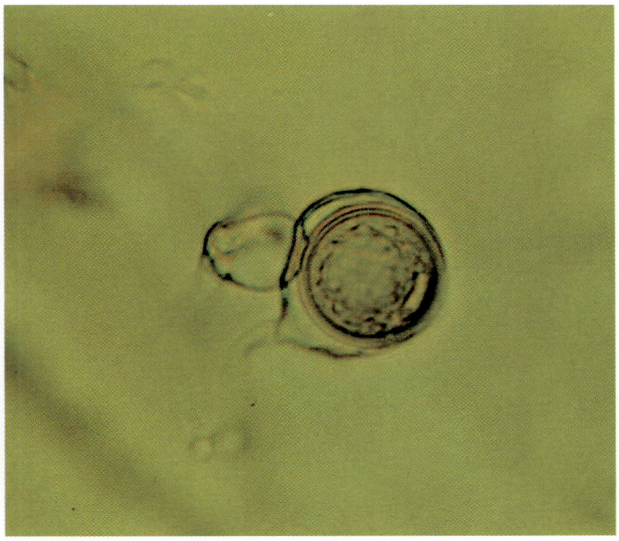

Pythium aphanidermatum(난포자)

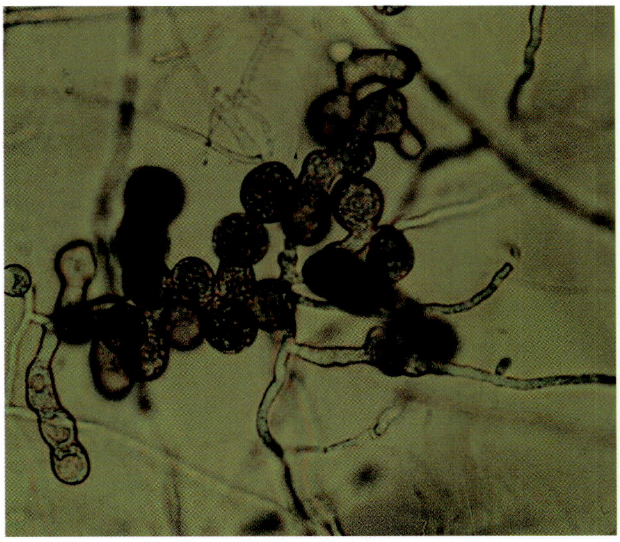

Pythium myriotylum (유주자낭)

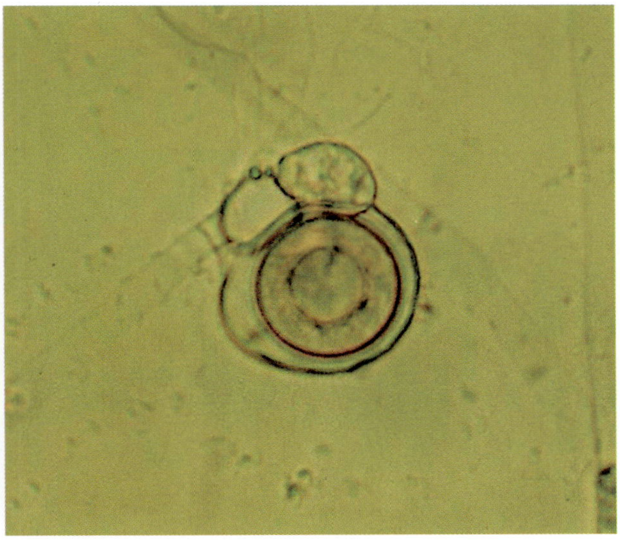

Pythium myriotylum (난포자)

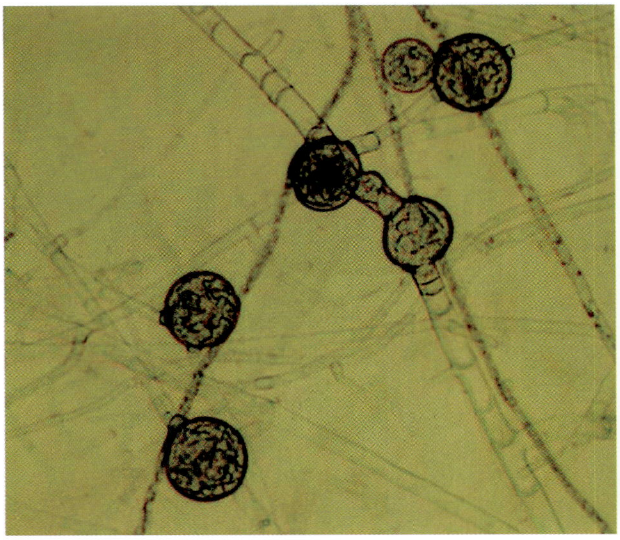

Pythium ultimum
(균사 및 유주자낭)

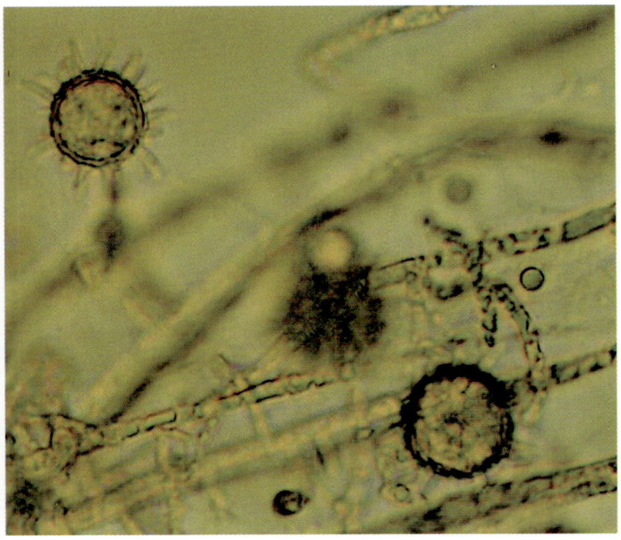

Pythium spinosum (유주자낭)

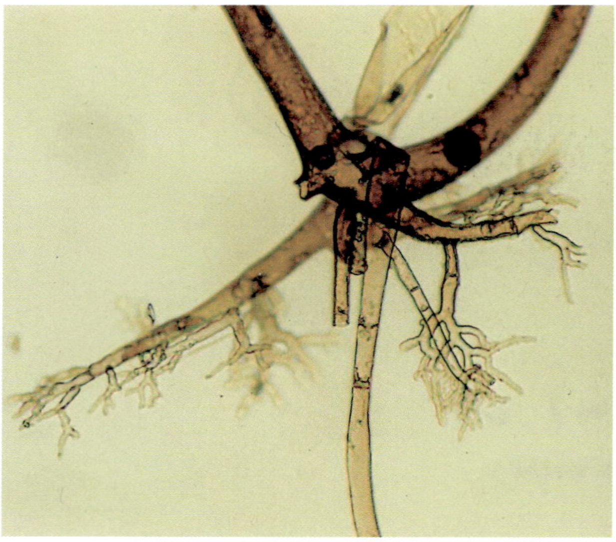

Rhizopus stolonifer
(포자낭, 포자 및 가근)

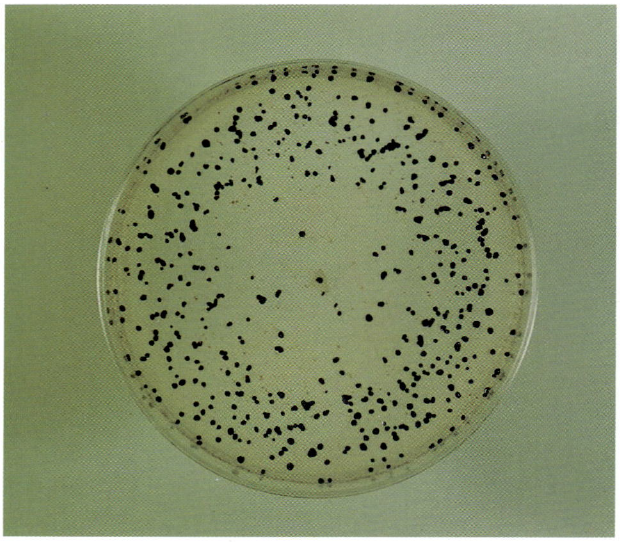

Sclerotinia minor (배양균핵)

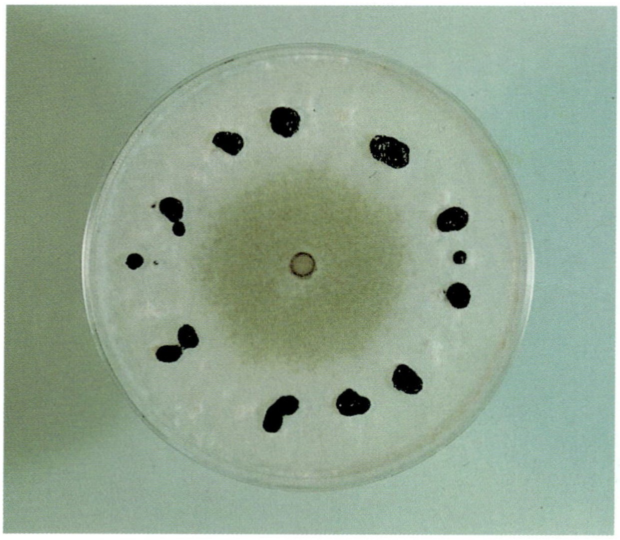

Sclerotinia sclerotiorum(배양균핵)

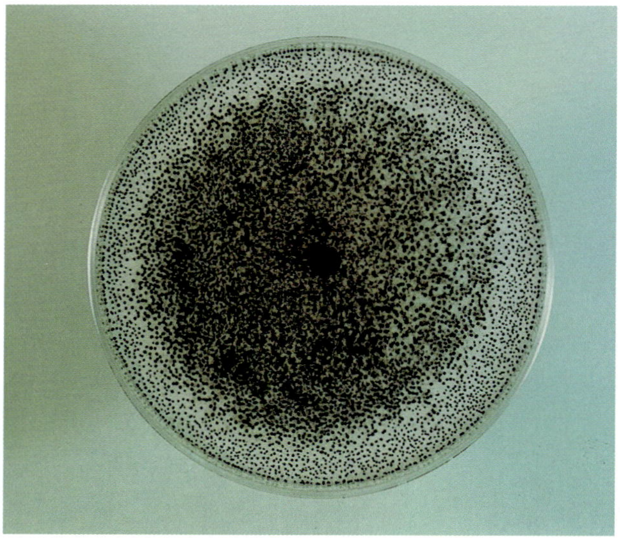

Sclerotium cepivorum (배양균핵)

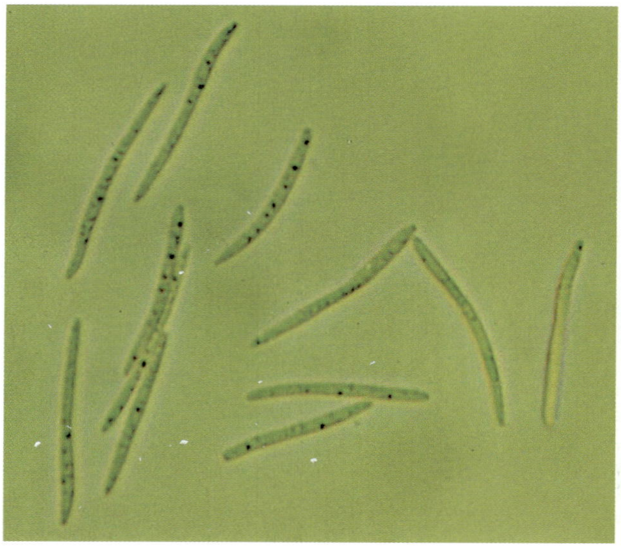

Septoria apiicola (병포자)

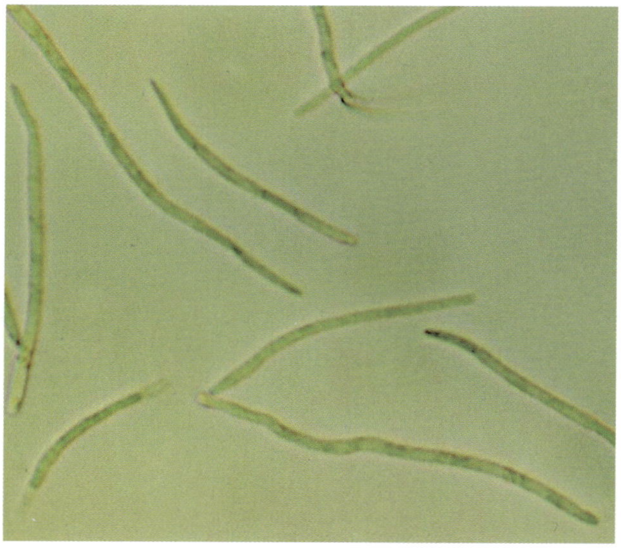

Septoria lycopersici (병포자)

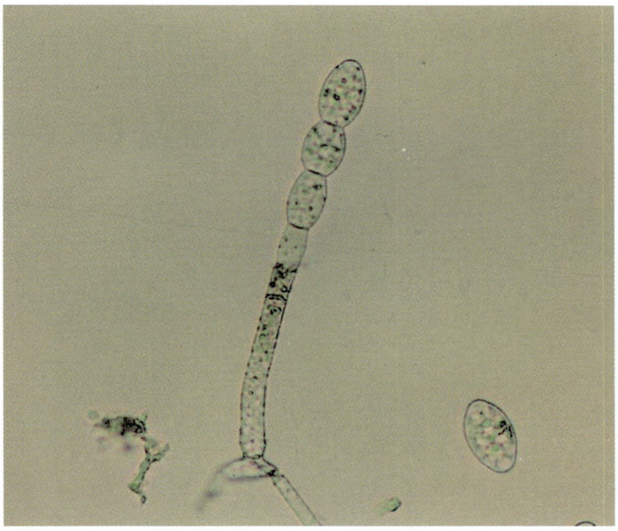

Sphaerotheca fuliginea
(무성세대 : 분생자경 및 분생포자)

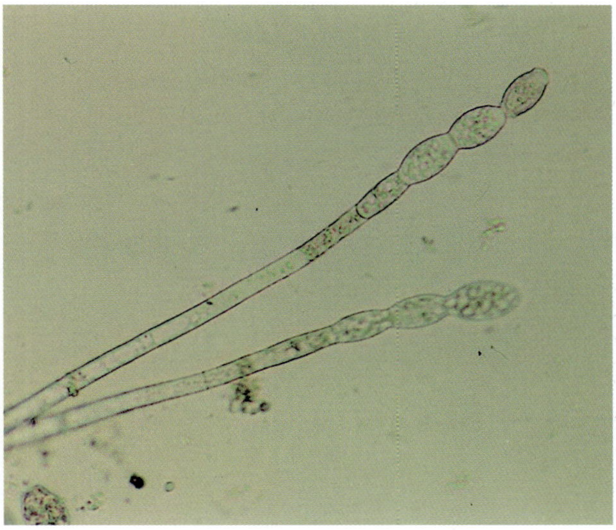

Sphaerotheca humuli
(무성세대 : 분생자경 및 분생포자)

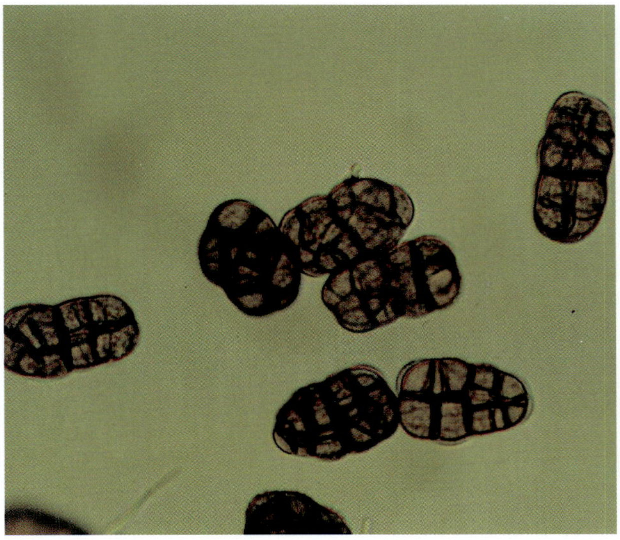

Stemphylium botryosum(분생포자)

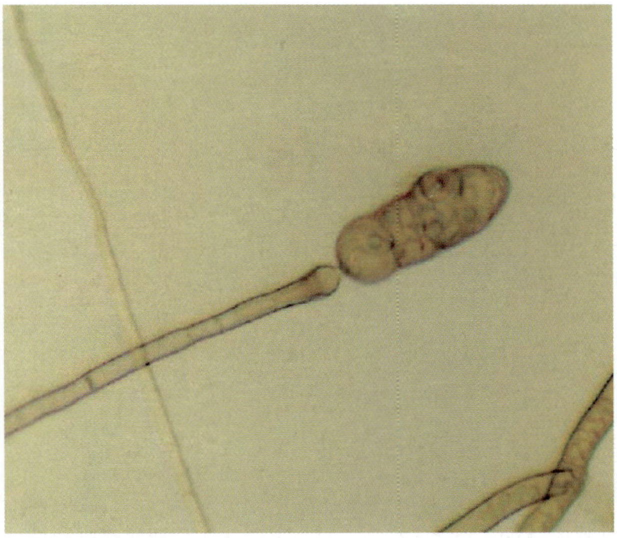

Stemphylium lycopersici
(분생자경 및 분생포자)

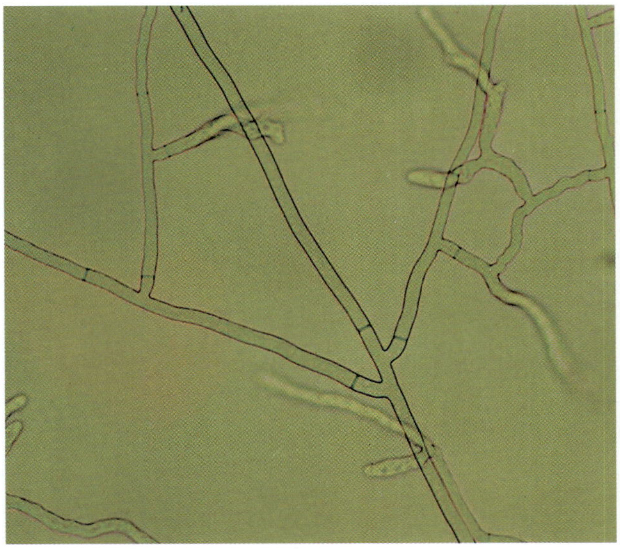

Thanatephorus cucumeris
(무성세대 : 균사)

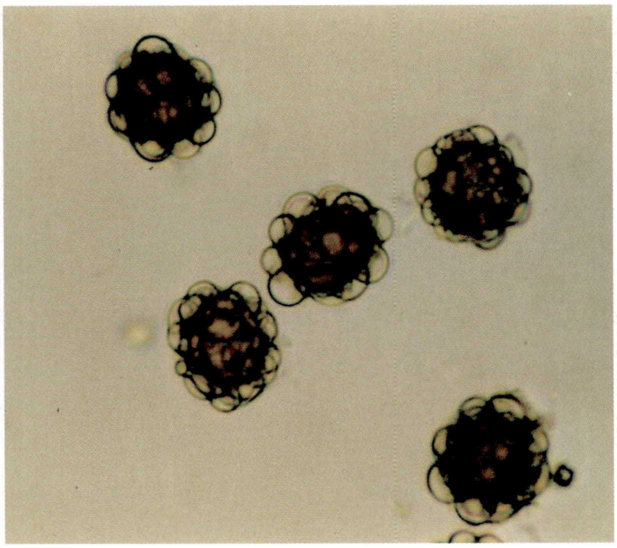

Tuburcinia cepulae (후막포자)

천적이용
방제편

천적 이용 실천 전략

01 천적 이용의 기본 모델

생물적 방제에 사용되는 천적을 어떻게 사용할 것인가에 관한 모델이 있으면 좀 더 쉽게 천적을 이용할 수 있다. 표1~1은 천적의 이용방법에 대한 모델이다. 모델 설정은 외국에서 천적 이용 사례를 참고로 하여 작성하였다. 천적 이용 방제는 해충 개체군의 밀도와 직접 관련이 있을 뿐만 아니라 온도, 습도,작물종류, 농약 사용 등 여러 가지 환경에 영향을 받기 때문에 천적 이용방법이 다르므로 이용 모델 설정이 쉽지 않다. 표1~1의 모델도 기본 모델로 개별 포장에 따라 차이가 있어서 참고용으로 활용하기 바란다.

잎응에 방제에 칠레이리응애를 사용하며 이는 치료용으로도 사용된다. 해충이 처음 발생된 것이 확인된 직후에 방사한다. 방사량 횟수는 점박이응애의 발생 정도에 따라 2~3회가 된다.

온실가루이 방제에 온실가루이좀벌을 사용하고, 예방용으로는 해충 발생 2주전에 투입하고, 치료용은 해충 발생이 확인된 후 1주 간격으로 5~8회 투입한다.

잎굴파리 천적은 굴파리좀벌과 굴파리고치벌을 혼합된 제품을 사용하며, 잎굴파리는 잎굴파리가 발생한 직후 사용하며, 조기 천적 투입으로 포장에서 천적이 증식하도록 한다.

총채벌레 천적은 오이이리응애, 으뜸애꽃노린재이며, 오이이리응애는 총채벌레가 발생하기 전에 투입하고, 남방애꽃노린재는 총채벌레 발생 직전에 사용한다. 굴파리좀벌과 애꽃노린재는 방제 효과는 우수하나 가격이 비싸 많이 사용할 수 없는 것이 문제점이다.

콜레마니진디벌은 예방, 치료, 포장증식 효과가 모두 있으나 예방용으로 사용이 효과적이다. 포장증식하기 위하여 뱅커플랜트를 이용한다. 뱅커플랜트에서 진디벌이 많이 증식하도록 하기 위하여서는 자주 뱅커플랜트를 관찰하여 진딧물이 부족하거나 없을 때는 추가 접종을 해야한다. 진딧물의 천적으로 진디흑파리, 무당벌레, 풀잠자리 등이 있으나 이들 천적은 진딧물 콜로니가 형성되었을 때 사용한다.

나방류의 알 기생 천적으로 쌀좀알벌과 곤충기생선충이 있다. 쌀좀알벌은 해충 발생 직후에 투입한다. 담배나방과 같이 나방류는 몇 천 개의 알을 흩어 낳기 때문에 기생률을 높이기가 쉽지 않다. 곤충기생선충은 방제 효과가 빠르며 자외선이 없을 때 농약과 같이 분무기로 살포한다.

02 온도와 습도의 영향

천적의 활동 가능 온도는 대체로 12~30℃ 이나 낮은 온도로 보면 콜레마니진디벌이 5℃로 가장 낮고, 다음으로 칠레이리응애와 오이이리응애가 12℃로 낮다(표1~2). 고온에서 활동 가능 온도로 보면 오이이리응애, 으뜸애꽃노린재, 풀잠자리가 35℃로 높았고, 나머지 천적은 30℃이다. 천적의 활동 적온은 대체로 20~25℃이다. 활동적온이 가장 낮은 천적은 굴파리고치벌이고, 가장 높은 천적은 풀잠자리다. 겨울철에는 콜레마니진디벌을 제외하고는 저온에서 활동을 못하여 천적을 넣어도 아무 소용이 없다.

대부분의 천적은 최저 습도가 65~80%이다. 콜레마니진디벌은 55~65%로 최적 습도가 낮다. 진디혹파리는 최적 습도 하한이 75%로 높고, 온실가루이좀벌은 최적 습도의 상한이 90%로 높다.

표 1-1 시설채소의 해충방재에 사용되는 천적의 표준 이용 모델

대상해충	천적	천적의 발육단계	전략	처리시기 (해충발생)	처리빈도	투입량 /10a	방 사 지 점 /10a
잎응애	칠레이리응애	성충,약충	치료	직후	2~3회	6,000	400
온실가루이	온실가루이좀벌	머미	예방 치료	직전 직후	2주 5~8주	1,500 3,000	30 60
잎굴파리	굴파리좀벌	성충	치료 포장증식	직후	1~3회	500	2
	굴파리고치벌	성충	치료	직후	1~3회	100	2
총채벌레	오이이리응애	약-성	포장증식	직전	1~3회	100,000	400
	으뜸애꽃노린재	5령,성충	치료	직전	1~3회	1,000	10
	총채가시응애	성-약	치료	직후	1~3회	10,000	400
목화진딧물, 복숭아혹진딧물	콜레마니진디벌	머미	예방 치료	직전 직후	매주 2회	100 500	5 10
	뱅커플랜트	성충	예방	2개월 전	1회	1~2	1~2
모든진딧물	진디혹파리	번데기	치료 포장증식	발생 시	4주	1,000	10
	풀잠자리	유충	치료	발생 시	-	20,000	발생지점
	무당벌레	성충	치료	발생 시	-	3,500	발생지점
나방	쌀좀알벌	번데기	치료	발생 시	4회	-	-
	곤충기 생선충	3령	치료	발생 시	1~3회	-	-

표 1-2 주요 천적의 활동 온도와 최적 습도

천적	활동 가능 온도	활동 적온	최적 습도
칠레이리응애	12~30°C	22~25°C	65~80%
오이이리응애	12~35°C	21~23°C	65~80%
으뜸애꽃노린재	15~35°C	21~23°C	65~80%
풀잠자리	15~35°C	24~26°C	70~90%
진디혹파리	16~35°C	20~24°C	75~85%
온실가루이좀벌	15~30°C	20~24°C	60~90%
콜레마니진디벌	5~30°C	20~24°C	55~65%
굴파리좀벌	15~30°C	20~25°C	-
굴파리고치벌	15~30°C	15~20°C	-

03 농약과 동시 이용

농약에 가장 잘 적응한 것이 지금 문제되고 있는 해충이라고 할 수 있다. 진딧물이나 점박이응애와 같이 농약에 대하여 저항성이 잘 발달한 것도 있고, 온실가루이 유충과 같이 표피가 왁스로 덮여 있어 농약의 침투가 어려운 것도 있고, 총체벌레나 잎굴파리와 같이 꽃 속이나 잎 조직 속에 살아서 농약의 직접 접촉이 쉽지 않는 것도 있다. 그러나 천적은 농약에 대한 경험이 없어 적응을 하지 못하여 쉽게죽는다. 적용범위가 넓어서 여러 종의 해충을 죽이는 농약이나, 잔효력이 길어 오랫동안 해충을 죽을 수 있는 농약이 천적에 더 해롭다. 이런 농약은 현재 가장 많이 사용되고 있는 합성 피레스로이드계, 유기인계, 카바메이트계 농약이며, 이들 모두 천적에 아주 해롭다. 한편 네오니코틴계 농약은 땅 위를 배회하는 포식자에게는 해롭지 않고 식물잎 배회성 포식자에게는 영양이 크다. 탈피저해제 농약은 기생성 천적과 지상 배회성 포식자에게는 영향이 없으며, 이리응애와 식물 잎 배회성 천적에게는 약간의 영향을 미친다. 식물잎 배회성 천적이 모든 농약에 해로운 것은 농약을 살포했을 때에 물리적인 타격도 영향을 주기 때문이다. 탈피저해제 농약은 천적과 동시에 사용하는 것이 가능하다. 그러나 천적에 해가 덜한 농약은 적용대상 해충이 많지 않고 선택성이 커서 동시에 여러 종의 해충 방제 효과가 떨어지는 단점이 있다.

04 친환경자재(유기농 자재)와 동시 이용 문제

친환경자재란 정의는 없으나 통상 유기농업이나 무농약 재배에 이용되는 자재라고 생각한다. 이 중 많은 자재가 비료라고 표시하면서 농약으로 이용되고 있다. 이런 자재의 특성은 (1) 불명확하여 복합적인 효과가 발현되며 재현이 어렵고, (2) 천적물질을 직접 이용하는 것으로 제조 원료가 다양하고 제품이 불균일하고, (3) 유통 경로가 불확실하고, (4) 품질관리가 곤란한 특성이 있다.

소비자의 안전농산물에 대한 관심이 높아지면서 유기재배 또는 무농약재배가 확산되고있다. 친환경이란 이름 자체만으로는 친환경적일 것이라고 생각하나 실제로는 전혀 친환경과는 관련이 없거나 아직까지 검증된 바 없는 것들이다. 많은 유기재배 등의 인증농가들이 비료로 등록한 친환경농자재가 지금 당장 효과가 있다고 하여 이를 이용하고 있다. 이런 친환경농자재는 천적과 달리 선택성이 없어 광범위한 살충성이 있어 해충만 죽이는 것이 아니라 천적까지도 죽게 하여 방제 효과가 오래 지속되지 못하며, 농약과 같이 해충의 재출현 문제가 발생하게 된다. 곤충의 출산력은 보통 100마리에서 수천마리로 극히 높고 한 세대기간은 한 달도 채 안되는 것이 많다. 천적이 없는 가운데 해충만 있다면 이와 같은 높은 곤충의 증식력으로 인해 해충이 대발생되기 때문이다.

외국에서 병해충 방제가 농약 중심에서 생물적 방제 중심의 종합방제로 전환하게 된 배경은 천적을 없애버림으로서 항상 해충 밀도가 높아지는, 즉 병 주고 약 주는 문제가 나타났기 때문이다. 당장 해충이 먹어들어 가고 있는 상황에서 농약을 사용하지 않으면서 우선 급하게 불을 끌 수 있는 것이 이들 농자재라고 할 수 있으나, 아직 인증되지 않은 자재가 해충 방제의 근간이 되어서는 안 된다고 본다. 선진국에서 찾아보기 어려운 이런 자재가 우리나라에서 급속히 확산되는 것은 바람직하지 않다.

유기농자재는 위와 같은 문제점이 있으면서도 해충의 밀도가 높아 천적 이용이 곤란하면서 무농약이나 유기재배를 하는 경우에 사용하여 해충의 밀도를 낮춘 후에 천적을 이용할 수 있다.

05 뱅커플랜트의 이용

뱅커플랜트(banker plants)는 천적을 유지 증식하는 식물이다. 식물에서 초식자가 증식을 하고, 이 초식자에서 포식자나 기생자가 증식한다. 초식자는 기주 전환을 못하여 작물에 해를 주지 않으나 천적인 포식자나 기생자는 기주 전환을 하여 작물에 발생하는 해충을 공격하는 점을 이용한 것이다. 뱅커플랜트는 작물과 유연 관계가 멀수록 뱅커플랜트 발생하는 초식자는 주 작물에 해를 주지 않는다. 원예작물은 모두 쌍자엽식물이며, 화본과식물은 단자엽식물이라서 두 식물에 발생하는 해충상(害蟲相)은 다르다. 이러한 이유로 보리나 밀 등 화본과식물을 뱅커플랜트로 원예작물의 해충 방제에 이용하고 있다. 또한 원예작물 내에서도 식물분류학상 유연 관계가 멀면 뱅커플랜트로 이용할 수 있다. 박과작물을 뱅커플랜트로 가지과작물에서 이용할 수 있다. 같은 종의 해충이 동시 기주가 아니면 뱅커플랜트로 이용할 수 있다. 뱅커플랜트의 설치 시기는 방제하고 해충이 발생하기 전이 좋다. 뱅커플랜트가 생육이 왕성할 때까지 재배하고 많은 초식자(草食者)를 발생시켜 많은 천적이 발생하여, 이 천적이 방제 대상 주 작물에 발생하는 해충으로 이동하여 방제하게 해야 한다. 뱅커플랜트의 성공 비결은 주작물 정식 초부터 천적을 오랫동안 발생시키도록 뱅커플랜트를 관리하는것이다. 뱅커플랜트의 천적 발생과 주 작물의 해충 발생 시기와의 타이밍을 맞추는 것이 중요하다. 그리고 뱅커플랜트에 초식자가 없거나 적으면 계속적으로 천적이 발생할 수 없으므로 초식자(곤충)를 접종해야한다.

06 천적 이외의 해충 방제방법

건전 묘의 사용 시설에서 해충 발생은 시설 내 자체 발생도 하지만 주로 외부에서 침입하여 시작된다. 바람에 의한 창으로의 침입은 방충방을 설치하여 막을 수도 있다. 겨울에는 해충 발생이 없어서 크게 문제가 되지 않으나 묘목에서의 침입은 일찍부터 번식하여 피해가 크다.

네덜란드 등 선진국의 묘목생산회사에서는 천적을 집중적으로 사용하고 있지만, 우리나라의 묘목회사 농장에서는 농약으로 해충을 방제하고 있으나 온실가루이, 잎굴파리, 총체벌레 등 많은 해충이 여전히 발생하고 있다. 묘목에 해충이 없는 것을 사용해야 한다. 잔류 농약이 문제가 안 된다면 묘목 시기부터 농약을 철저하게 사용하여 방제해야 한다. 부득이 해충이 발생한 묘목을 정식할 때는 정식과 동시에 천적을 방사해야 한다. 다만, 본포에서 묘목할 때에 사용한 농약이 잔류하여 천적에게 해를 줄 수 있어서 주의해야 한다.

천적 이용은 해충의 밀도가 높을 때에는 효과가 뒤늦게 나타나 피해를 받을 수 있어 해충의 밀도가 낮을 때 사용하는 것이 기본이나 조기에 해충이 발생하면 천적 이용은 효과가 떨어지거나 실패하게 된다.

병해충 저항성 품종의 재배 해충에 대한 저항성 품종의 재배는 품종 선택만 잘 하면 방제비용이 전혀 없는 가장 바람직한 방제수단이다. 그러나 저항성 품종의 육종은 쉽지 않아 현재 채소 해충에 대하여 저항성 품종으로 알려진 것이 거의 없다. 조명나방을 죽이는 곤충 독소(Bt)유전자가 들어가 있는 옥수수 품종이 외국에서 개발되어 이용되고 있지만, 아직 국내에는 연구개발 단계이고 실용화된 곤충 저항성 유전자를 가진 품종은 없다. 저항성 품종의 재배는 해충의 밀도를 낮추게 하여 천적 이용의 효과를 높일 수 있다.

잡초 이용 또는 제거 시설 내에 발생하는 잡초에 주 작물의 해충이 발생하는 잡초는 없애 버려야 한다. 잡초는 해충의 발생된 역할을 하게 되므로 제거해야 한다. 그러나 잡초에 발생하는 곤충(초식자)이 작물에 해를 끼치는 것이 아닐 때에는 잡초에 발생하는 곤충은 천적의 먹이 자원이며, 천적의 서식처가 되어 작물에 이롭기 때문에 제거하면 안 된다. 노지작물에서 잡초는 해충의 서식처가 될 뿐만 아니라 종 다양성을 높이며, 천적의 서식처가 되어 잡초 제거는 바람직하지 않다.

해충 침입 저지 자재의 사용 측창에 방충망을 설치하고 출입구는 이중문을 설치하여 해충이 들어오지 못하게 한다. 그 외에 해충 방재 효과가 있다고 알려진 자재로는 자외선 제거 필름, 광 반사 필름,황색등(黃色燈)등의 이용이 있다. 이와 같은 자재의 이용은 해충의 발생밀도를 줄일 수 있어 낮은 해충밀도에서 방제 효과가 있는 천적 사용에 도움을 준다. 이들 자재는 농약이나 유기농자재와는 달리 어떠한 생태계의 교란이나 물리적 타격이 없어 천적에게 영향을 끼치지 않아 천적과 동시에 이용하는데 아무런 문제가 없다.

교미 교란 페로몬의 이용 교미교란 페로몬의 이용은 아직 연구 개발단계이나 사과, 배, 복숭아 등 과수에서 주로 해충 발생은 적으나 피해를 심하게 주는 심식나방이나 잎말이나방의 방제에 이용되고 있다. 교미교란 페로몬의 이용의 조건은 표1~3와 같이 사용에 제한 사항이 많다. 페로몬에 의한 해충 방제는 밀도가 낮으나 피해가 큰 관건 해충을 대상으로 하고 있다. 농약 중심의 해충 방제는 약효 기간이 길고 여러 종의 해충을 죽이는 유기인계나 피레스로이드계 농약이 관건 해충을 잡는 우수한 농약이었다. 그러나 이들 농약은 천적에 아주 나쁜 영향을 주지만 다른 방제 대안이 없기 때문에 어쩔 수 없이 사용해 왔다. 앞으로 페로몬이 이들 농약을 대체하여 관건해충을 방제할 수 있을 것으로 기대하고 있다. 이들 농약의 절감은 그동안 사라졌던 많은 천적을 되살리게 할 것이다. 천적을 되살려 살충제를 절감하는 성공사례는 선진국에서 많이 볼 수 있으며, 우리나라에서도 사과 IPM시범 사업을 통하여 실천하고 있다. P181 하단 좌측 사진은 예찰 또는 대량 유살용 성페로몬 트랩이고, 오른쪽 사진에 구부려 놓은 끈 같이 보이는 것은 교미교란용 페로몬 방출기다. 시설채소작물에는 일본에서 배추좀나방 등이 방제에 이용하고 있다. 우리나라에서도 고추에서 담배나방 방제 연구를 수행하고 있으며 조만간 실용화될 것으로 기대되고 있다.

표 1-3 교미교란 페로몬 이용이 적합한 대상 해충과 조건

항　　　목	대상 해충 또는 지형
밀도가 낮으나 피해가 큰 해충	복숭아순나방,복숭아심식나방,담배나방
약제 저항성이 큰 해충	배추좀나방,파밤나방
이동성이 작은 해충	복숭아순나방
상승 기류가 적은 곳	분지
바람이 적고 넓은 지역	안개가 많은지역
바람이 적게 부는 장치가 있는 장소	방풍림이나 건물에 둘러싸여 있는 곳

대량 포획용 성페로몬 트랩

교미 교란용 페로몬 방출기(줄에 감긴 것)

노지재배에서 천적 보호

01 토양, 물, 작물 잔재물의 관리

토양관리 토양관리에는 경작, 유기질 또는 화학 비료주기, pH의 조절 등이 있다. 이런 작업은 작물에 발생하는 해충뿐만 아니라 천적에게도 영향을 준다. 밭갈이를 하면 표토나 토양 속에 있는 해충도 죽이지만 천적도 죽일 수 있다.

물관리 물대기는 토양습도를 높이는 등 여러 종류의 천적에게 좋은 환경을 제공한다. 특히 물대기를 하여 곤충병원성 곰팡이의 활력을 높여 주는 것도 아주 중요하다. 진딧물과 온실가루이 방제를 위한 *Verticillium lecanii* 의 병원균 포자 발아에는 습도가 중요하다.

작물 잔재물의 관리 많은 작물에서 수확 후 잔재물은 밭갈이를 하거나 불에 태워서 처리한다. 이러힌 농법은 확실한 이점도 있지만, 다른 한편으로 작물의 잔재물을 없애 버리는 것은 다음 작물의 재배를 위해 토양 표면을 깨끗이 하는 전통적인 방법 이상의 기능은 없다. 어떤 경우에는 작물 잔재물이 해충의 천적 보호에서 중요하다. 토마토에서 온실가루이좀벌을 방사하고 아래 잎을 따내서 밖으로 버리면 그 잎 위에 붙어 있는 천적도 함께 버리는 상황이 된다. 환경농업을 위해서는 깨끗한 농사(clean farming: 잡초와 작물 잔재물이 없는 농업)는 원칙적으로 해서는 안 된다.

02 작물재배 패턴 이용

사과, 포도와 같은 작물과는 달리 일년생 작물은 토양의 비옥도를 높이거나 해충의 발생을 억제하기 위하여 작물 재배 패턴을 변경할 수 있다. 즉, 일년생 작물은 쉽게 천적의 활동을 높일 수 있는 작형으로 바꿀 수 있다.

천적 발생을 도모하는 작물재배 사과, 감귤과 같은 영속적 작물은 여러 해 동안 같은 장소에 있게 된다. 이러한 안정성은 생물적 방제를 촉진한다. 영년생 작물은 만족할 만한 수준으로 해충의 밀도를 유지하거나 억제할 수 있어 천적이 너무 늦게 찾아오는 일년생 작물에서 발생하는 시차(time lag) 문제가 없다. 일년생 작물 주변에 안정성이 높은 영년생 작물이 있으면 천적은 초기부터 영년생 작물에서 일년생 작물로 들어 올 수 있어 생물적 방제가 용이하다.

일부 포장은 주 작물보다 조기 재배하여 일찍 주 작물에 천적을 발생시킬 수 있다. 그림 2-2는 시설 하우스에서 주 작물인 가지 재배보다 1개월 전에 수박 1주를 재배하고 여기에 목화진딧물을 발생시킨 다음 콜레마니진디벌을 접종하여 수박에서 천적인 진디벌을 발생하게 하여 가지에 발생하는 복숭아혹진딧물을 방제에 성공한 장면이다. 수박에 발생하는 목화진딧물은 가지에 피해를 주지 않으며 목화진딧물을 기주로 하여 발생하는 진디벌은 가지에 발생하는 복숭아혹진딧물에 기생한다.

Vorley 와 Wrantten(1987)은 약간의 포장은 가을 재배에 앞서 일찍 파종을 하여 월동하는기생된 진딧물을 확보하므로 진딧물의 생물적 방제방법을 개선하였다.

그림 2-1 숲으로 둘러싸인 시설 고추 하우스 천적은 숲에서 시설작물로 이동한다.

그림 2-2 주 작물(가지)보다 수박 한 포기를 조기 재배하여 진딧물 방제에 성공한 농가포장.

이들 월동 진딧물에서 출현한 진디벌은 조기에 출현하여 늦게 파종한 포장에 정착하였다. 경작면적의 4%만이 조기 재배에 필요하다. 새로운 작물은 오래된 작물 가까이 파종하여 좀더 빨리 천적을 정착시킬 수 있다. 새로운 파종은 오래된 작물이 수확되기 전에 하기도 하고, 오래된 작물이 수확된 곳에서는 수확 잔재물은 천적이 나와 정착할 때까지 기다렸다가 치운다.

넓은 면적이 짧은 기간에 수확되면 그 속에 있는 천적은 먹이 부족으로 살아남을 수 없다. 수확방법은 좁은 면적으로 나눠 실시하는 줄 수확(strip-harvest)이 바람직하다.

간작(intercropping)은 같은 장소에 한 종류 이상의 작물을 동시에 재배하는 것이다. 작물 다양성 전략은 작물에 정착한 해충 발생을 저지하거나 낮추는 데 있다. 작물은 완전히 혼합하거나 엇갈려 줄 재배하기도 한다. 간작은 식물다양성(vegetational diversification)을 높이는 것이다. 식물 다양성은 이론적으로 2가지의 유익한 효과가 있다. 하나는 해충이 작물을 발견하기 어렵게 만들고, 다른 하나는 천적의 활동을 높이는 것이다.

03 비 재배작물의 조작

휴경지 또는 작물 재배 인접지역은 생물적 방제에 영향을 줄 수 있다.

피복작물의 재배 효과 작물 재배 장소에서 천적의 활동을 강화할 수 있는 것 중의 기본은 잡초와 피복작물 재배다. 피복작물을 아무 것도 심지 않은 것과 비교할 때, 토양온도를 낮추고, 상대 습도를 높이며, 이용할 수 있는 물을 더 보존한다. 지표면은 딱정벌레, 반날개, 무당벌레, 꽃등에 등 천적에게 서식장소를 제공한다. 피복작물은 천적의 활동을 조장하여 해충의 밀도를 낮추기도 한다. 피복작물은 영양이나 습도에 대하여 주 작물과 경쟁을 하여 수량을 떨어뜨리기도 하므로 피복작물의 종류와 파종밀도는 좀더 면밀하게 검토하여 지역 특성에 맞게 선정해야 한다.

과수작물에서 피복작물은 주 작물인 과수와 경쟁이 되지 않기 때문에 좀더 널리 이용되고 있다. 나무에서 피복작물은 응애와 진딧물 천적의 활동을 높일 수 있다. 초생재배를 하면 잎응애나 진딧물은 문제가 되지 않는다,

우리나라에서는 과수원 토양의 물리성을 개량할 목적으로 호밀을 재배하고 있다. 토양개량 효과 이외에 호밀 재배는 과수원에 발생하는 진딧물 발생을 줄일 수 있다. 호밀에 발생하는 보리두갈래진딧물은 벼과작물에만 가해하며 원예작물에는 발생하지 않아 원예작물에는 피해를 주지 않는다. 보리두갈래진딧물을 먹고 사는 진디벌은 호밀뿐만 아니라 원예작물에 발생하는 진딧물에도 기생하여 진딧물 발생을 억제한다. 그림 2~3은 배 과수원에서 초생재배를 하여 천적을 발생시켜 진딧물과 점박이응애 밀도를 경제적 피해 수준 이하로 낮춘 농가의 포장이다.

그림 2-3 배 과수원에서 피복작물 이용.
피복작물재배는 과수에 발생하는 해충의 밀도를 경제적 피해 수준 이하로 낮춘다.

농경지 주변 잡초 이용 논둑이나 밭둑의 잡초는 천적이 살수 있는 서식처인 동시에, 천적에게 먹이를 제공하는 장소가 된다. 논에 농약을 살포하였을 때, 논에서 살아남은 천적은 먹이를 논둑에서 구할 수 있다. 또한 논둑은 살아남은 천적의 은신처가 되어 준다. 논둑에 발생하는 잡초에 사는 해충들은 벼메뚜기와 섬서구메뚜기를 제외하면 대부분 경제적 피해를 주지 않는다. 따라서 논둑 잡초는 벼에 지장을 주지 않을 정도라면 제초제를 살포하거나 풀베기를 하지 말고 그냥 두는 것이 좋다.

그림 2-4는 밭둑의 잡초를 그대로 놓아 두어 잡초에 발생한 천적이 포도나 채소작물로 이동하여 밭작물에 발생하는 해충 방제에 이용될 수 있는 모델을 제시한 것이다. 초식자는 기주 특이성이 높아 잡초에 발생하는 곤충이 밭작물에 발생할 가능성은 높지 않은 반면, 천적은 기주 전환 가능성이 높아 잡초에 발생하는 곤충은 천적의 먹이 자원으로 이로움을 주기 때문에 제초는 나쁘다.

**그림 2-4 비 경작지에서 천적의 역할.
비 경작지의 식생은 천적의 서식처가 되고, 농약 살포시 피신처 역할을 하며, 생물종다양성을 높인다.**

천적

진딧물의 천적을 유인하는 식물로는 망초, 개망초, 무궁화, 보리, 메꽃, 소리쟁이 등이 있다(그림 2-5). 총채벌레의 천적을 유인하는 식물은 토끼플, 민들레가 있다. 나방류의 천적인 고치벌이나 맵시벌은 꽃이 피는 식물에 많이 유인된다.

오이, 참외, 수박, 멜론 등 박과작물에 발생하는 목화진딧물은 다른 식물(잡초)에는 거의 발생을 하지 않으며, 잡초에는 복숭아혹진딧물 등 박과작물에는 전혀 발생하지 않는 진딧물이 발생하므로 박과작물 시설에서 발생하는 잡초는 진디벌, 곤충기생균, 포식자의 발생원으로서 뱅커플랜트 역할을 한다.

그림 2-5 소리쟁이에 발생한 복숭아혹진딧물.

인접지역에서 작물 재배 작물의 인접지역에서 작물 재배는 꿀과 꽃가루 같은 먹이 자원을 제공하여 주기 때문에 천적에 이롭다. 이러한 재배는 감로와 같은 탄수화물을 제공하는 진딧물과 같은 절족동물의 서식처가 된다. 작물 재배지역과의 경계에서 절족동물은 포식자의 먹이가 되거나 또는 기생자의 기주가 된다. 야생 꽃에서 꿀은 여러 종류의 벌목 곤충의 먹이가되며, 그런 꽃이 많으면 기생률이 높아진다.

인접지역에서 작물을 재배할 때 주 작물과 인접지역 작물의 선택은, 가능한 한 식물의 유연관계가 멀어 해충 발생 종류가 달라서 인접작물로 해충이 이동하는 피해를 줄이면서도 천적은 두 작물에 동시에 발생함으로써 작물간 이동으로 주 작물에서 해충 방제 역할을 할 수 있는 것으로 한다.

04 먹이나 은신처 제공

천적의 생존과 증식을 위하여 직접 먹이나 은신처를 제공할 수 있다. 이것은 상대적으로 비싸지 않아야 하며 자재와 노동 비용을 보상할 수 있을 정도로 해충의 사망률을 높여야한다. 천적은 활동하기 위해 탄수화물이 필요하며 자손 생산을 위해 단백질을 필요로 한다. 자연생태계에서 탄수화물은 먹이나 기주 체액, 감로, 식물의 즙액(nectar), 설탕에 있는 다른 물질에서부터 얻는다. 이런 물질이 부족하면 인위적으로 제공할 수도 있다.

가지에 발생하는 총채벌레를 방제하기 위하여 이랑에 쌀겨와 밀기울을 놓아 천적(오이이리응애)의 먹이가 되는 가루응애를 발생하게 하고 여기에서 이리응애가 증식하도록 하여 가지의 총채벌레 방제를 하고 있다.

대량증식 천적 이용

천적이 없을 때, 또는 천적이 해충을 방제하기에는 너무 늦게 발생하거나 그 수가 적을 때에 사육한 천적을 방사하게 된다. 이러한 것을 대량 증식(augmentation) 이용이라고 하며, 민간기업이나 정부의 지원으로 이루어지고 있다. 대량 생산 천적 이용은 영속적으로 천적의 정착이 어려운 시설이나 천적이 없는 곳에서 사용하게 된다. 천적이 없는 경우에는 대상 해충의 원산지에서 천적을 도입하여 영구적으로 정착시키는 방법을 사용한다. 영속적 정착이 어려운 경우에는 도입 천적의 대량 증식을 이용하여 토착 천적의 역할을 도울 수 있게 한다. 방사된 천적의 자손까지 이용하는 증식을 접종증식(inoculative augmention)이라 하고, 방사된 천적의 자손은 이용하지 않고 방사한 당 세대만을 이용하는 것을 대량증식(inundative augmentation)이라고 한다.

01 방제인자 선발

증식을 통한 생물적 방제의 첫 단계는 대상 해충의 밀도를 억제할 수 있으며, 대량 생산이 가능한 천적을 선발하는 것이다. 대량증식 프로그램에 이용된 천적은 정착하여 대상해충을 공격할 수 있어야만 한다. 세계적으로 수백 종의 해충이 있으며, 이 중 극히 일부의 천적이 조사되었다. 대량증식 생물적 방제를 확대하기 위해서는 해충의 천적에 관한 많은 정보를 갖고 있어야 할 필요가 있다.

많은 생물적 방제인자는 그 특성이 다양하다. 어떤 종은 어느 해충 방제에 아주 효과적이지만 그 종과 유사한 다른 종에는 방제 효과가 전혀 없는 것도 있다. 특성의 분화는 기주선호성, 증식물, 기후에 대한 내성 등의 영향에 기인한다. 종 내에서도 휴면에 필요한 일장반응(Havelka and Zemek 1988), 기생력(Pak and van Heiningen 1985),약제에 대한 저항성(Rosenheim and Hoy 1986; Inoue et al. 1987)과 같은 특성에 차이가 있는 것이 알려져 있다. 유용한 천적을 선택하기 위하여 실험실에서의 검정이 필요하다. 높은 기주 특이성이 있는 것은 일반적인 것보다 더 우수하다.

대상 천적은 실험실에서 대량 생산이 가능한 가를 먼저 검정할 수 있다. Van Lenterenand Woets(1988)는 계절별로 천적을 선발하기 위한 계획을 발표하였다. 검정 계획은 여러 단계가 있다. 1단계는 그 종(種)이 대상해충 방제에 어떠한 부정적인 면을 갖고 있는 가를 평가한다. 2단계는 그 종이 대상해충에서 성충까지 발육하는 가를 조사한다. 3단계는 그종이 작물에 있는 해충을 공격하고 그 장소에서 성공적으로 발육하는가를 조사한다. 4단계는 대상 천적이 대상 해충보다 증식률이 높아야 한다. 그리고 같은 환경에서 다른 익충을 공격하지 않아야 한다. 대량증식방법(inundative manner)은 땅 속에 있는 유충을 방제하는 데는 다소 부적합할 수도 있다. 대량증식 방사(inundative release)는 기주를 모니터링하여 방사시기를 결정할 수 있으므로 대상 기주가 발생하고 천적이 뒤따라오는 현상은 본질적으로 없다. 이와 반대로 접종적 방사(inoculative release)는 기주 탐색력과 출산에 관한 정보를 갖는 것이 중요하다.

결론적으로 특별한 사용에 특별한 천적 후보종이 우수하다는 것의 증명은 포장조건에서 후보 천적을 검정해야만 한다. 어느 종의 효과는 작물, 작형, 지역에 따라 다를 수 있으으로 해당지역에서 대상작물에서 검정을 해야 한다.

02 품질

대량 생산하게 되는 천적은 이들이 만족할 정도로 임무를 수행하려면 적절한 품질을 갖추어야 한다, 품질에 영향을 주는 것은 (1) 상업적으로 생산하는 동안 최초 사육집단의 품질 확보, (2) 상업적 생산조건에서 품질을 유지하기 위한 사육과정,(3) 천적의 품질을 개선하기 위한 유전적 선발방법 등이 있다.

최초 사육집단의 품질 확보 증식 프로그램에 사용되는 천적은 대표적인 기후와 농업조건에서 대상작물의 대상해충에 대하여 어느 정도 받아들일 만한 품질을 갖고 있어야 한다. 목적한 바에 적합하도록 선택하려면, 유전적 다양성이 있는 크고 건전한 기본 집단을 얻어야 하고, 병원균과 중기생자(hyperparasitoids), 기타 오염물이 없어야 하며, 번식을 잘 하는 것이어야 한다. 건전한기본집단이면 생산의 품질은 상업적 생산을 하는 동안 유지시켜야 한다.

상업적 생산조건에서의 품질 유지 효율적으로 사육을 하는 조건과 최고의 품질을 유지하는 조건과의 차이는 분명히 있다. 실험실의 것과 본래의 것과는 차이가 있다. 품질 유지에는 유전성, 영양, 오염 방지, 기주나 먹이의 화학물질 접촉 금지 요인이 관여한다.

▶**유전성** 사육 중에 품질을 떨어뜨리는 것으로는 자식열세(inbreeding depression), 절손(drift), 선발(selection)의 3가지가 있다(Mackauer 1972; Roush 1990). 앞의 2가지는 집단이 작을때 나타나고, 마지막은 집단의 크기와 상관없이 나타난다. 자식열세는 열성 형질이 있는 자손이 동질성이 높아질 때 근친교배를 하여 나타나며, 임의교배하는 집단에서 집단이 작을 경우에만 나타난다. 작은 집단에서 절손은 어떤 대립유전자가 우연히 다음 세대에 전사될 때 이 대립유전자가 없어져서 나타난다. 절손과 자식열쇠와 달리 선발은 야외환경에 대한 적합성이 떨어지고 실험실조건에서 유사성 선발이 일어난다. 상업적 집단에서 일어나는 적응의 유형은 사육하게 되는 집단의 생물적 특선과 물리적, 화학적 조건에 의존하다. 대표적으로 대규모 사육은 사육밀도가 높고, 비행조건이 나쁘고, 비 자연적 먹이를 이용하고, 비 자연적 광 조건 등의 상업적 집단에서 기주는 발견하기 쉽고, 기생자는 감소된 비행력에서 선발되며, 보행 속도는 느려진다. 품질이 모두 유전적인 것은 아니다. 질병이나 부적합한 영양분과도 관련이 있다. 품질 저하가 유전적 선발에 의하여 이루어지는지 여부를 결정하는 것은 야생의 것과 교배해 보면 알 수 있다. 문제가 유전적인 것에 있다면 자손은 좀더 나은 특성을 보인다. 선발효과의 치료는 상업적 집단에 야외집단을 주기적으로 넣어 줌으로써 이루어진다 (Roush 1990). 그러한 개체는 자연에서 채집하거나 알이나 번데기로 오랫동안 저장한 것중에서 사용할 수 있다. 야외 집단을 이용할 때는 나쁜 야외종이 침입할 수도 있고, 질병에 감염될 위험도 있다.

▶**영양** 상업적으로 천적을 생산하기 위한 먹이나 기주는, 생산하게 될 천적의 크기, 활력, 출산력, 성비, 기주 탐색능력에 영향을 준다. 천연 사료는 활력 있는 천적 생산을 위해 최고의 사료라고 추정된다. 최고의 사료를 제공하지 못할 때 이리응애는 화분, 곰팡이, 또는 대체먹이 응애와 같은 것에서 추가 먹이를 얻기도 한다. 천연 사료나 먹이의 이용은 엄청난 비용이 들 수 있고 상업적으로도 이용하기 어려울 때가 있다. 이러한 문제로 인공사료로 대체하여 천적을 사육, 생산하기도 한다. 대체사료를 이용하여 생산한 것은 자연 먹이나 기주를 사용한 것과 차이가 있는지 조사해야 한다. 채소사료 (콩의 꽃가루)를 이용해서 사육한 이리응애(*Amblyseius potentillae*)는 점박이 응애를 먹이로 하여 사육한 것에 비하여 applerust mite에 대한 포식력이 감소했다 (Dicke er al. 1989). 이와 반대로 6년 동안 인공사료로 사육한 *Geocoris punctipes* Say는 야생의 것과 비교해 기주탐색력에서 전혀 차이가 없었다 (Hagler and Cohen 1991). 일반적으로 사료는 여러 세대 동안 사육한 천적에 크게 영향을 준다. 품질 저하 여부는 주기적으로 야외의 것이나 저장한 것과 비교하여 조사한다.

▶**오염방지** 사육하는 동안 다른 종류에 오염되기 쉽다. 높은 밀도의 사육은 전염성이 있는 병원균이 접촉하기 쉬워 배지에 침입할 수 있다. 야생 개체를 상업적으로 생산하는 집단에 넣을 경우 병원균에 감염되기 쉽다. 예를 들어 나비목에서 과립 바이러스는 야생 나비의 유충이나 그 기생벌(*Cotesia rubecula*)을 도입할 때 쉽게 감염된다. 사육집단은 중기생자가 침입하여 병원균을 감염시킬 수도 있다. 중기생자는 진딧물무당벌레와 같은 천적을 사육할 때에도 침입할 수 있다. 사육상자를 잘 만들어 그와 같은 오염원이 침입하지 못하도록 해야한다. 그 외에도 다른 종이 침입해 교미를 하는 경우에 생기는 교잡오염(cross contamination)도 있을 수 있다.

▶**먹이나 기주로부터 화학물질 감지** 기주나 먹이와 관련된 화학물질은 천적에게 중요한 정보가 될 수 있다 (Ver and Dicke1992). 만약 천적이 인공사료나 대체기주에서 사육되면 사육조건은 기주의 화학물질과 접촉할 기회가 전혀 없다. Anagast Kuebniella에서 사육된 *Trichogramma barssicae*는 본래 기주가 아닌 기주 (*Ostrinia nubilalis*)에서 사육한 것이 원 기주인 O. nubilalis에서 사육한 것보다 덜 효과적이었다. 대체기주를 이용해서 사육한 것은 포장조건에서 효과가 떨어질 수 있다. 천적을 방사하기 전에 대상 해충에 접촉시켜 감지 능력을 높일 수 있다.

▶**품질관리 모니터링** 사육기간 중 천적의 규칙적인 품질평가는 생산의 기본이다. 사육하는 과정에서 문헌에 있는 원래의 특성에 대하여 시기적으로 조사해야만 한다. 사육하는 것은 저장중이거나 야외에서 최근 체집한 것과도 비교할 수 있다. 특성 비교는 유리온실 검정에서 전체를 할 수도 있고 보행속도와 같은 특별한 행동을 측정 할 수도 있다. 예를 들어 *Ostrinia nubilalis*에 이용하고자 사육한 Trichogramma는 생산집단에 대하여 유리온실에 그 알덩어리를 식물위에 놓고 조사할 수 있다. 그 때 사육의 품질은 벌이 옥수수 식물까지 날아가서, 기주 알을 발견하고 ,산란한 뒤 성공적으로 벌육하는가를 조사한다 (Bigler 1994). 여러 가지 방법(일정 시간에 식물까지 도착한 벌의 수, 알무더기를 발견한 수, 알을 공격한 비율, 기생된 알에서 성충으로 출현한 벌의 비율)을 이용하여 원래 사육했던 집단과 비교할 수 있다. 온실작물의 해충에 대한 많은 천적의 품질검사가 개발되었고 이들 검사는 품질 모니터링에 정기적으로 반영된다.

유전선발을 통한 천적 개량 유전선발은 그 종의 기본적인 생물적 특성에 손상을 일으키지 않으면서 바람직한 방법으로 일정 특성을 바뀌거나 강화하기 위한 것으로 천적에 응용할 수 있다. 유전선발을 통하여 선충에서는 이동과 기주탐색능력을 높였고 (Gaugler et al. 1989), 휴면 특성을 바꿨다(Weseloh 1986). 그 외에 한 개 이상의 농약에 대한 저항성을 갖는 것이 선발되었다 (Roushand Hoy 1981; Hoy and Standow 1982; Markwick 1986; Grafton-Cardwell and Hoy1986; Hoy and Cave 1986). 유전적으로 선발된 천적은 포장에 방사된 후 다른 종의 천적에 의하여 바뀔 수도 있고 다른 천적과 교잡할 수도 있다. 농약에 저항성이 있는 천적의 사용은 농약을 사용하면서도 작물을 재배할 수 있어서 생물적 방제를 확산시킬 수 있다.

03 비용

사육비용 상업적으로 천적 사육은 사육된 천적의 판매 가치면에서, 사육 시스템의 생산성이 상대적으로 자본, 노동, 원자재의 비용에 비하여 높을 때 농약과 경쟁이 된다. 생산비는 대량 생산에 의한 투자 효율을 높이는 것과 동시에 원자재비를 낮추고, 값싼 대체물질을 찾거나 사육공정을 자동화하여 낮출 수 있다.

▶**자연사육 시스템** 자연사육 시스템은 천적이 자연기주나 먹이를 이용해서 생산되고, 기주나 먹이도 보통식물에서 사육하는 것이다. 점박이응애를 이용한 칠레이리응애의 대량 생산은 성공적이었다(Fournier et al.1985). 이와 유사하게 다른 이리응애도 자연 시스템을 이용하여 생산된다(Friese et al. 1987). 온실가루이좀벌도 자연사육 시스템을 이용하여 생산한다. 그 외에 잎굴파리, 총채벌레, 깍지벌레, 진딧물, 가루깍지벌레의 기생자나 포식자도 이 방법으로 생산한다. 그러나 이 방법은 식물재배에 노동비가 많이 들어 화학적 방제에 비하여 경쟁력이 떨어지고, 작물 생산성에 비하여 천적 이용 비용이 크다. 이 시스템에서 식물은 천천히 자라고 비용이 많이 들거나 밀식재배하면 동족 포식이 일어나거나 식물병 발생이 많다.

▶**대체사육 시스템** 사육시스템에서 식물이나 초식자 대신 값싼 대체물을 찾으면 비용을 절감할 수 있다. 예를 들어 알벌에서 보통 대체기주는 *Anagasta kuehniella*또는 *Sitotroga cerealella*와 같은 저작곡류에 발생하는 나방의 알을 이용하여 싼값으로 쉽게 생산할 수 있어 많이 이용된다. 이들 곤충은 큰 용기에서 값싼 곡식으로 포트에서 식물을 재배하여 생산하는 시스템에 비하여 적은 노력으로 생산할 수 있다. 노동비를 절감하기 위한 대체사육 시스템으로의 전환은 사육 공정과 재료를 기계로 조작할수록 더 커졌다. 기생자가 기주해충으로 사육한 것 중에서 기생이 안 된 기생자를 방사할 때의 문제는 포장에 해충을 방사하게 된다는 점이다. 따라서 기생이 안 된 것은 자외선, 방사선, 열, 추위(Barton and Ster 1970; Brower 1982; Goldstein et al.1983)또는 기계적 분리(물에 띄우기,솔질, 체로 치기)를 통하여 죽인다. 포장에서 이용되는 먹이와 기주는 사육되는 것과 다를 수 있다. 인공사료에서 생산되는 기생자는 기주에서 나오는 카이로몬이 없어 기주 발견에 실패할 수 있다. 그러한 경우 사료에 건조한 기주식물을 첨가해 주어 카이로몬의 활성을 회복시킬 수 있다. 포식자의 사육은 살아 있는 먹이 대신에 음식을 제공하여 좀더 효율적으로 생산할 수 있다. *Lygaeid bug(Geocoris punctipes)* 생산에 간과 쇠고기가루가 들어 있는 고기 사료를 이용하여 곤충 1,000마리당 0.63달러의 비용을 들여서 생산하였다(Cohen 1985). 포식성 응애(*Amblyseius teke Pritchard and Baker*)를 벌꿀,계란 노른자,Wesson' salt, 물이 들어간 사료로 생산하였다(Ochieng et al. 1987). 대체 사료를 이용한 알 기생자의 사육을 위해서는,첫째 발육에 적합한 사료의 개발, 둘째 인공사료에 산란하도록 하는 화학적 자극이 있는 막(membrane)의 개발과 더불어,셋째 인공사료에서 생산된 기생자의 포장 효과시험이 선행되어야 한다.

화학농약과의 경쟁 사육한 천적의 비용은 천적을 이용하여 보호된 작물생산의 가치와, 그리고 농약과 같은 다른 해충 방제수단과의 경쟁을 비교하여 판단해야 한다. 남아프리카에서 감귤 해충 방제에 알기생자 (Trichogrammatoidea cryptophlebiae Nagaraja)의 방제효과가 54~60%뿐이라고 해도 경제적이다. 왜냐하면 농약과 경쟁하여 1/3정도의 비용만이 소요되기 때문이다(Newton and Odendaal 1990). 서유럽 토마토 재배에서 천적은 다른 모든 해충(가루이,잎응애, 총채벌레, 잎굴파리) 방제에 농약보다 비싸지 않다(van Lenteren 1989). 어떤 경우에는 사회 정치적 요소가 생물적 방제와 화학적 방제의 선택에 주요 요인으로 작용하기도 한다. 화분 매개곤충이 필요할 때 천적이 사용된다.

작물의 가치와 방제 비용 천적 구입 비용이 크면 천적 사용은 해충의 피해가 심한 고소득작물로 제한될 수밖에 없다. 미국 매사추세츠에서 카란베리는 연간 헥타르당 11,000달러의 소득이 있었으며, 재파종 비용은 헥타르당 80,000달러를 초과한다. 뿌리바구미가 심하게 발생하여 이 해충 방제에 필요한 천적 구입에 헥타르당 600달러를 사용할 수 있었다. 이와 반대로 매사추세츠에서의 감자 재배는 헥타르당 단지 400~600달러의 이득밖에 없어 천적을 구입할 여력이 없었다. Trumble and Morse (1993)는 캘리포니아 딸기 재배에서 점박이응애 방제에 칠레이리응애를 사용하는것과 농약을 사용하는 것을 비교한 결과, 두 가지를 결합하여 사용하는 것이 가장 경제적이라는 것을 확인하였다.

▲ 점박이응애 성충

▲ 점박이응애 암컷성충

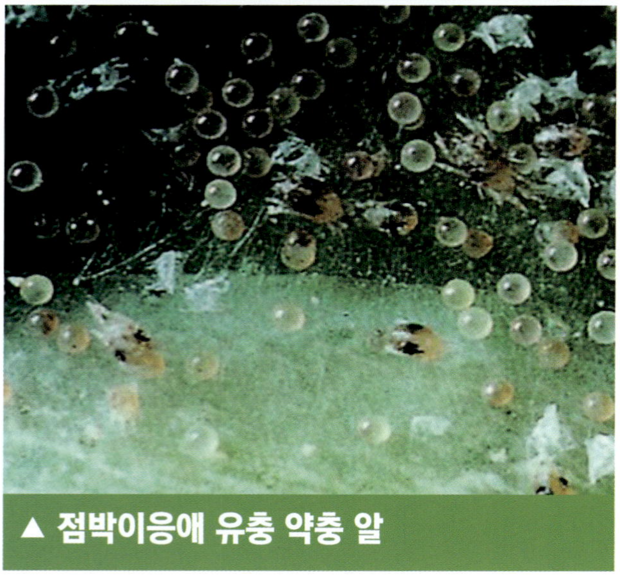

▲ 점박이응애 유충 약충 알

▲ 점박이응애 휴면 암컷성충

04 저장과 선적

저장은 1년 중 몇 달만 필요할지 모르는 천적 생산을 연중할 수 있도록 하므로 아주 중요하다. 효과적으로 저장할 수 없으면 천적이 필요한 시기에 많이 생산해야 하고, 필요 없을 때는 생산을 중단해야 한다. 천적의 저장이 가능하면 사육시설을 천적 수요가 없는 시기에도 생산에 사용할 수 있어 연중 일정 수준으로 천적 생산이 가능하게 한다. 여러 종의 천적을 생산하여 연중 생산이 가능하다. 몸집이 큰 천적(기생자,포식자)은 상대적으로 선충이나 미생물에 비하여 저장이 잘 안된다. 저온은 천적을 오랫동안 저장할 수 있게 한다. 종에 따라서 저온, 상대습도, 일장 등 저장하게 되는 조건이 다르다. 무당벌레인 *Synonycha gradis* Mulsant는 18~20℃ 에서 5개월 동안 저장이 가능했다(Deng et al.1987). 진딧물의 포식자인 진디혹파리는 1℃ 에서 2개월 동안 저장해 사망률이 10% 미만이었고, 5℃ 에서는 10일간 저장할 수 있었다(Gilkeson 1990). 월동하는 벌레는 월동하지 않는 것보다 장기간 보관할 수 있다. 풀잠자리 성충은 5℃ 에서 31일간 보관해도 사망률은 아주 낮다(Tauber et al. 1993). 월동하는 *Trichogramma evanescens* Westwood는 거의 1년간 저장할 수 있다. 그러나 활동하지않는 *Trichogramma minutum*은 단지 1~2일간 저장한다 (Laing and Eden 1990). 포식성 응애 *Amblyseius cucumeris*는 9℃ 에서 10일간 저장하며 생존율은 63%였다(Gillespie and Ramey 1988).

안전하게 소비자에게까지 도착하기 위하여 선적할 때에 용기는 습도 유지와, 추위나 더위에 안전하도록 보온봉지나 저온봉지를 넣는다. 가능한 한 신속하게 소비자에게 도착하도록 해야 한다.

05 이용방법

좋은 품질의 적합한 천적이 생산되어 사용자에게 전달되고 나서 이들 천적의 효과를 극대화하기 위하여 이용 시스템이 필요하다. 천적을 언제 이용할 것인가는 표적해충의 발생에 예찰용 트랩을 사용하고 있다. 예를 들어 캘리포니아 아보카도와 감귤 재배에서 페로몬 트랩으로 알벌의 이용 시기를 결정한다(Ano, 1987).또한 미국 캘리포니아 감귤 재배에서 Califonia red scale을 방제하기 위하여 *Aphytis melinus* 방사시기는 페로몬 트랩과 육안조사로 한다(Philips 1987). 적합한 방사시기 결정은 해충의 특정 발육단계에만 공격을 하고 천적의 수명이 짧기 때문에 아주 중요하다. 예를 들어 기주 산란이 3~4주간에 걸쳐 된다면 알 기생자는 겨우 며칠밖에 살 수 없으므로 천적의 투입은 여러 차례 이루어져야만 한다.

천적의 방사는 물리적으로 피해가 없이 고르고, 빠르게, 저 비용으로 이루어져야 한다. 방사는 손으로 또는 온실가루이좀벌이 있는 카드를 식물에 놓아 하기도 하고, 기계로도 한다. 포식이리응애 방사는 응애가 같이 들어 있는 밀기울을 손으로 뿌리거나 또는 입제농약 살포기로 처리한다. 산림에서 알벌의 방사는 기생된 알이 있는 판지를 나뭇가지 위에 얹어놓거나(Houseweart et al. 1984), 또는 작은 종자파종기를 이용하여 비행기에서 뿌린다(Hope et al.1990). 프랑스에서는 알벌을 방사하기 위해 캡슐을 개발하였다. 캡슐은 발육단계의 천적을 보호한다. 캡슐에 구멍을 뚫어 놓아 성충이 되면 이 구멍으로 탈출하도록 하는 구조다.

천적 방사에서 고려할 하나의 사항은 천적 방사 전에 기주 또는 기주 자극에 노출할 필요가 있으며, 방사는 아침이나 저녁에 하는 것이 좋다. 이렇게 하므로 천적이 외부로 나가는 것을 막을 수 있다. Gross et al(1981)은 벌을 기주 알에 노출시켜서 *Trichogramma Pretiosum*을 다른 곳으로 못 나기게 6배나 억류시켰다. 기주가 오랜 시기 동안 포장에서 공격할 수 있다면 여러 차례 방사할 필요는 없다.

시설작물 해충의 천적

01 진딧물의 천적

진딧물의 천적은 기생자로 콜레마니진디벌(*Aphidius colemani*), 싸리진디벌(*Aphidius giffensis*), 진디좀벌(*Aphelinus abdominalis*), 수염진디벌(*Aphidius ervi*)가 있고, 포식자로 잔디혹파리(*Aphidoletes aphidimyza*), 무당벌레(*Harmonia axyridis*), 칠성풀잠자리(*Chrysopa pallens*), 어리줄풀잠자리 (*Chrysoperle*), 꽃등에(*Eristalomyiatenax*)가 있다. 진딧물은 거의 수컷이 없고, 교미 없이 새끼를 낳으며, 알로 낳지 않고 직접 새끼를 낳는 특징을 가진 다른 어떤 해충보다 번식속도가 빨라 방제가 쉽지 않은 해충이다. 이러한 이유로 진딧물 방제에 이용되는 천적 또한 여러 종류가 있다. 예방용으로 진디벌이 사용되고, 밀도가 높을 때는 무당벌레나 어리줄풀잠자리를 이용한다.

콜레마니 진디벌 (*Aphidius colemani*)

진딧물의 천적으로는 목화진딧물이나 복숭아혹진딧물에 *Aphidius colemani* 를, 수염진딧물에 *Aphidius ervi* 를 각각 이용하고, 고온기에 혹파리 종류인 *Aphidoletes aphidimyza* 를 사용한다. 포식자로 풀잠자리 (*Chrysoperla carnea*), 무당벌레(*Harnonia axyridis*)가 이용되고 있다.

콜레마니진디벌 - 성충

진디벌의 산란

기생된 머미

기생된 머미

기생후의 검은색

진디벌의 우화한 흔적

▶**형태** 고치벌과에 속하는 천적으로 성충은 약간 갸름하며 , 시맥이 분명하지 않고 긴 더듬이가 있으며 체색은 검다. 크기는 기주에 따라 약간 차이가 있지만 약 2mm다. 진디벌은 진딧물 체내에서 알과 번데기 기간을 보내며 성충이 되면 진딧물의 표피를 뚫고 밖으로 나온다. 유충은 4령까지 있다. 성충은 3~4mm이고 체색은 검정색이다.

▶**생활사** 암컷은 복부를 다리 아래로 구부려 산란관으로 진딧물에 알을 낳는다. 진딧물의 성충과 약충에 다 같이 산란을 한다. 기생된 진딧물은 더 많이 먹고 감로를 분비한다. 기생된 진딧물 성충과 4령충은 산란활동을 계속한다. 이 벌의 유충은 치명적으로 진딧물을 흡즙하지 않는다. 21℃ 에서 기생7일 후에 진딧물을 잎에 고정 시키고 고치를 만들어 진딧물을 부풀린다. 이 진디벌의 산란수는 25℃ 에서 388개로 20℃의 302개보다 많다. 유충의 발육기간은 암컷이 20℃ 에서 12.7일, 수컷이 12.6일이고 25℃ 에서 암컷은10.0일, 수컷은 9.6일이다. 유충 사망률은 20℃ 에서 14.1%, 25℃ 에서 27.8%이고, 머미 사망률은 20℃ 에서 1.5%, 25℃ 에서 6.6일로 사망률은 모두 25℃ 에서 높다. 성충의 수명은 20℃ 에서 5.8일, 25℃ 에서 4.4일 이다. 목화진딧물에서 사육한 콜레마니진디벌은 우화 후 3일 이후부터 사망하는 개체가 나타나기 시작하고, 우화 후 9일 이상 살아남은 개체는 없다. 그 결과 온도별 매일 산란수는 20℃ 에서 우화 1일째에 149.7개, 2일째에 92.7개로, 우화 후 2일 이내에 대부분 산란을 마치고, 5일 이후에 산란하는 개체는 적다. 25℃ 에서도 마찬가지로 우화 1일째에 171.1개, 우화 2일 째에 134.5개를 산란하고, 3일째부터는 산란수가 점점 떨어진다. 콜레마니 진벌은 대부분 한 마리의 목화진딧물에 한 개의 알만 산란한다. 간혹 2마리 이상의 진디벌유충이 한 마리의 기주 체내에서 발견되기도 하지만, 그 숫자는 극히 적다.

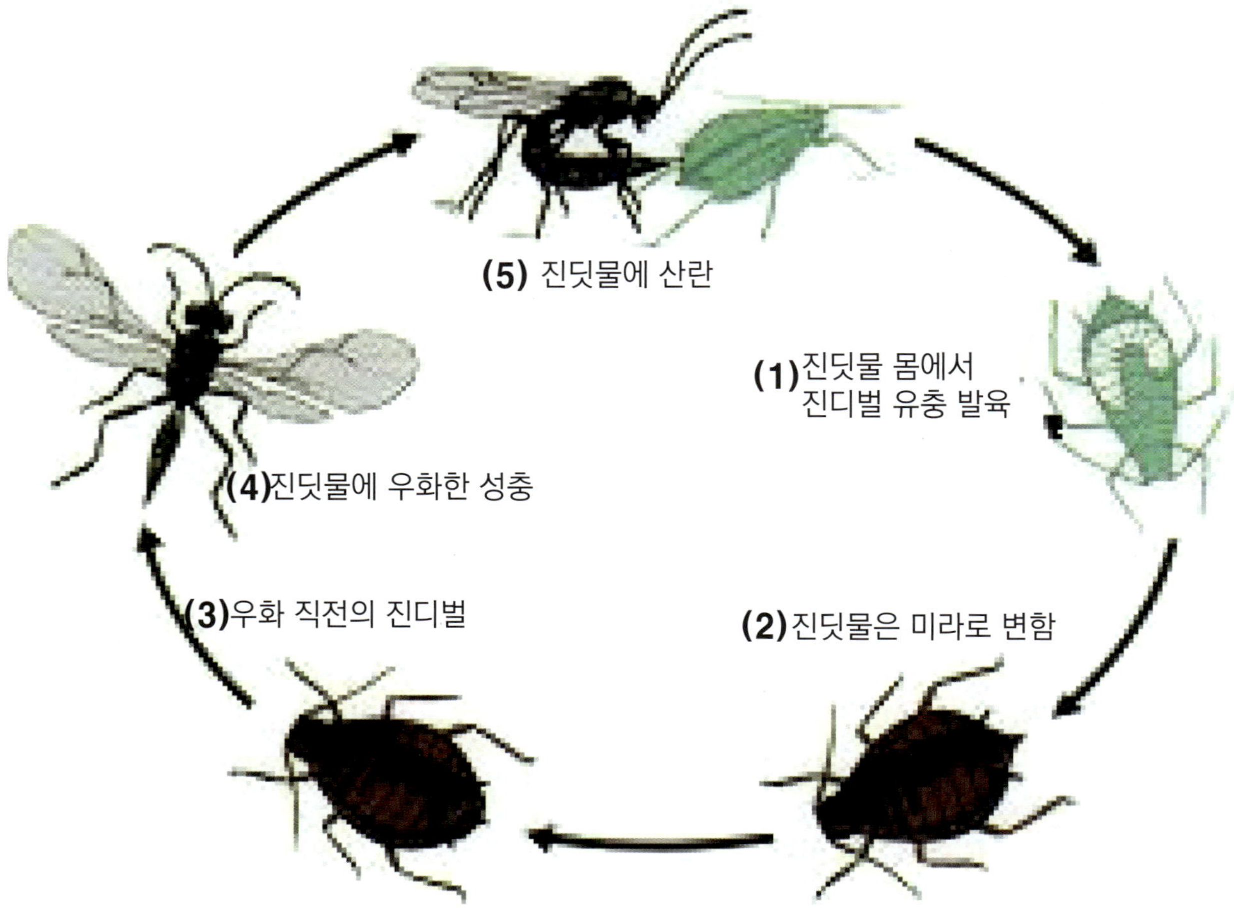

진디벌의 생활사

▶ 대상해충과 이용 작물 복숭아혹진딧물, 목화진딧물 등 40여 종의 진딧물에 기생한다. 그러나 감자수염진딧물 같이 다리가 긴 진딧물은 기생하지 못한다. 이용작물은 채소작물, 화훼작물, 과수 등 대부분의 원예작물에 이용할 수 있다.

▶ 이용방법 진딧물이 발생하기 전에 투입하면 방제 효과가 높다. 진디벌의 최소 방사량은 1주일 동안 ㎡당 0.15마리다. 진딧물이 끈끈이 트랩에 잡히기 시작하면 ㎡당 방사량은 0.5~1마리로 늘려야 한다. 밀도가 높아지면 이 천적만으로는 효과가 떨어지는데 이때는 진디혹파리와 함께 사용하는 것이 효과적이다. 진딧물이 많이 발생하면 무당벌레와 같이 사용하면 좋다. 30℃ 이상에서는 효과가 떨어진다. 이 천적은 여름에는 중복기생봉이 많이 발생하여 효과가 떨어지며, 성충의 수명과 산란기간이 짧아 계속적으로 방사해야 하는 단점이 있다. 진디벌 이용은 주로 천적 유지식물(banker plants)로 이용하는데 이용기간은 10~12주이며, 중기생자(hyperparasites)가 나타나기 전까지이다.

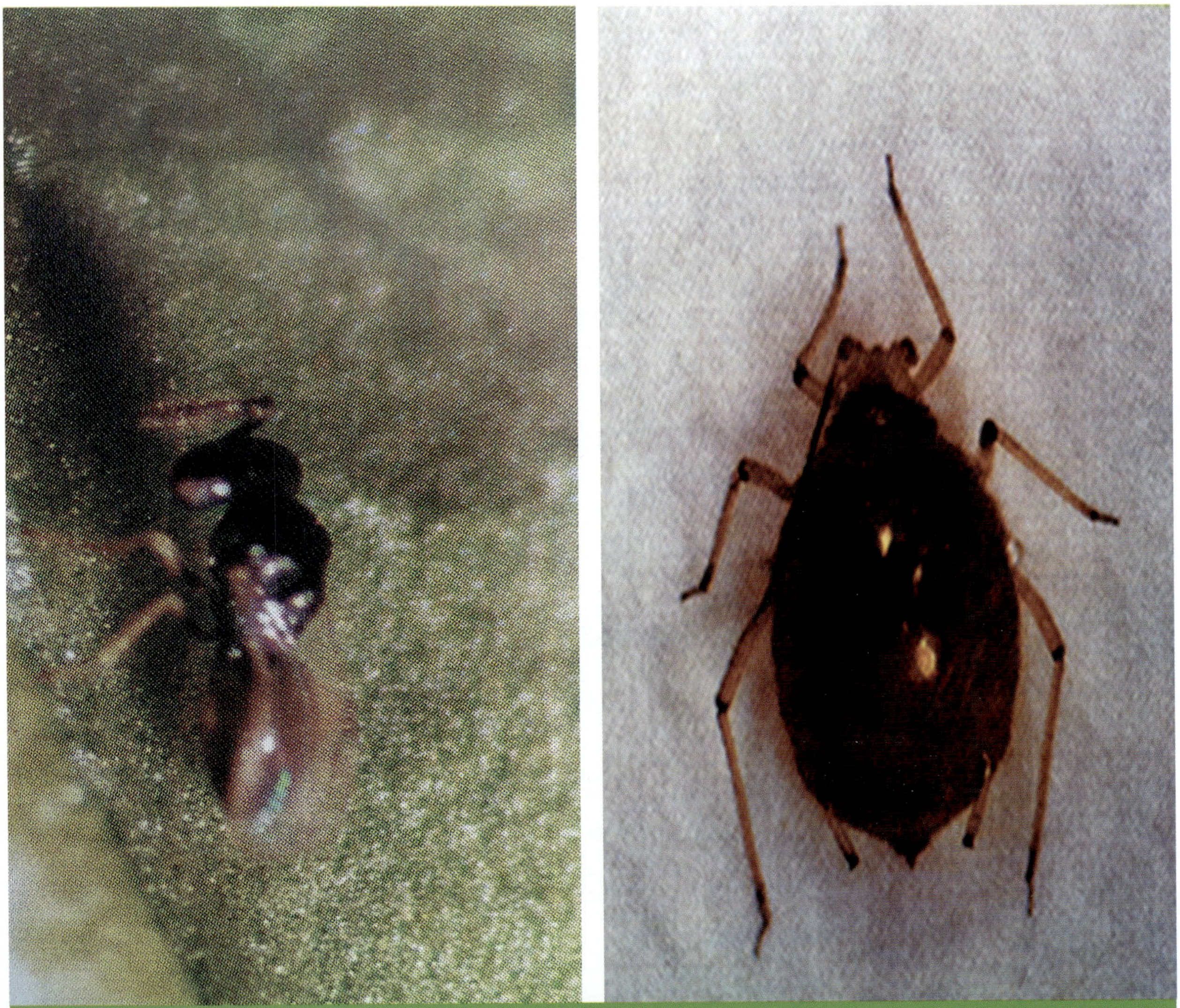

중기생자

▶ 뱅커플랜트(banker plants)란 화분에 보리를 파종하여 20~30일간 재배한 뒤, 그곳에 화본과식물에만 자라는 보리두갈래진딧물 등을 넣어 증식시킨다. 진디벌을 넣어 진디벌이 계속해서 발생하도록 한다. 즉 천적이 살고 있는 보리 재배화분을 만드는 것이다. 뱅커플랜트는 진디벌 성충의 수명과 산란기간이 짧아 오랫동안 방제 효과를 지속할 수없는 단점을 보완하기 위한 것이다. 좋은 뱅커플랜트란 식물이 살아 있는 상태로 기주곤충이 증식하면서 진디벌이 오랫동안 출현하는 것이다. 좋은 뱅커플랜트는 화분 하나에서 진디벌은 약10주간 약300마리의 성충이 출현한다. 점적핀을 이용한 물을 줄 수 있고, 보리 재배화분에서 보리를 분리하여 땅에 파묻어 관리할 수도 있다.

▶ 주의사항

◈ 예방용으로 사용한다.

◈ 시설내에서 병마개를 열고 병은 45도 각도로 기울여 나오게 한다.

◈ 병마개를 닫고 성충이 많이 나올 때까지 온실온도에서 보관한다.

◈ 2~4일 후 성충이 거의 다 나오면 다시 방사한다.

◈ 부화되지 않은 성충이 더 나올지 모르기 때문에 온실 내에 병마개를 열어 놓는다.

진디혹파리(*Aphidoletes aphidimyza*)

진디혹파리는 온실 내 진딧물의 생물적 방제에 있어서 중요하다. 이는 파리목, 혹파리과에 속한다. 유충은 식물의 표면에서 대부분의 생활을 한다. 일부 종의 경우 식물에 혹을 만드는 중요한 해충도 있지만 혹파리는 진딧물류, 깍지벌레류, 온실가루이, 응애류와 기타곤충들의 포식자다. 진딧물을 포식하는 혹파리류는 세계적으로 *Aphidoletes*속에 4종, *Monobremia*속에 1종등 모두 5종이 분포하고 있다. 혹파리는 가장 많이 알려진 종으로 몇몇 작물에 수십 종의 진딧물을 방제할 수 있는 것으로 알려져 있다. 1847년에 최초로 발견되었으며 *Cecidomyia aphidimyza*로 명명하였지만 지금은 *Aphidoletes aphidimyza*로 불린다. 현재까지 60종의 진딧물을 기주로 하는 것으로 알려져 있다.

진디혹파리 - 성충

진디혹파리 - 유충

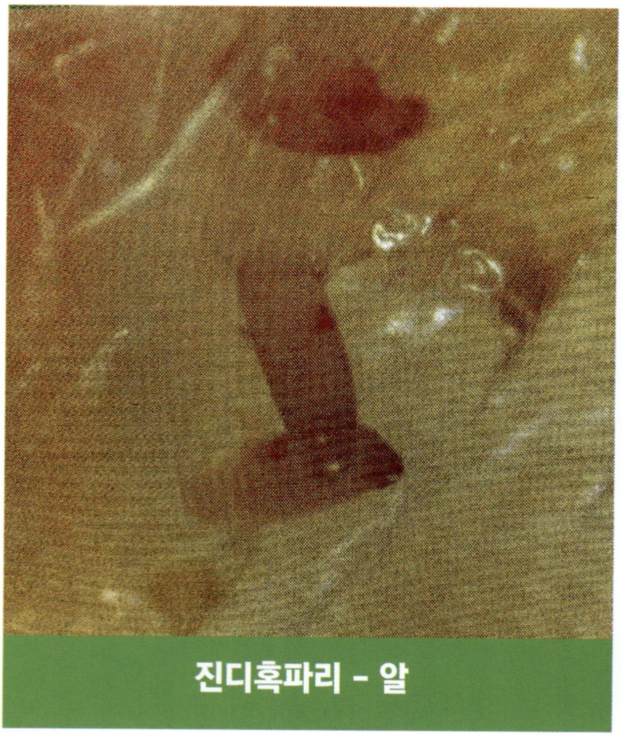

진디혹파리 - 알

진디혹파리

▶**생활사** 성충은 교미와 산란을 저녁과 해질녘에 한다. 알은 진딧물의 밑이나 옆에 낳는다. 알의 크기는 0.3x0.1mm로 길고 오렌지~적색을 하고 있다. 알에서 깨어난 유충은 0.3mm로 1령 유충은 진딧물 사이에서 찾기가 어렵다. 갓 부화한 유충은 진딧물의 감로를 먹기도 하지만, 건조해지기 전에 재빨리 진딧물을 찾아야 한다. 유충의 색은 오렌지,노란색,빨간색,갈색 또는 회색을 띠는네 이는 위에 차 있는 식물체에 따라 달라진다. 번데기는 토양 1cm 이내에 있으며 이때 난소를 생산하고, 갈색의 고치를 만드는데 가늘고 긴 실을 꿰매는 것과 같다. 이 고치는 모래, 진딧물의 껍질 등으로 표면을 장식한다. 길이는 2mm 이고, 때때로 고치는 식물체 근처에서 발견된다. 번데기 기간에 사망률이 높은편이다. 성충의 길이는 약 2.5mm이고 암컷의 날개 길이는 2.5~3.5mm다. 그들의 다리는 길고 얇다. 수컷의 안테나는 길고 긴 털로 덮여 있으며 뒤로 구부러져 있다. 이에 반해 암컷은 짧고 얇다. 땅에서 높지 않고, 식물체 사이의 덮여진 공간에서 휴식을 취한다. 이들은 온실에서 5월에서 9월까지 서식한다. 포장에서 진디혹파리의 최초 출현시기는 5~6월에서 9월 말까지로 많은 작물에서 발견된다. 9월 말에 종령 유충은 토양 2cm 이내의 깊이로 들어가 번데기가 되고 다음해 5월에 다시 나타난다. 온실 내에서는 늦은 가을에 휴면을 시작하고 이른 봄에 휴면이 끝난다. 온실 내의 온도가 높은 여름 동안에 활동을 하고, 휴면은 낮은 온도일 때 단일에 이루어진다. 진디혹파리의 발육은 온도, 기주의 밀도, 습도 등에 영향을 받는다. 21℃ 에서 알 기간은 2~3일, 유충은 7~14일 그리고 번데기 기간은 14일이 걸리며, 전체 한 세대 기간은 약35일 이다.

▶**포식** 진디혹파리는 진딧물이 있는 식물과 없는 식물을 쉽게 구분한다. 알에서 갓 부화한 유충은 반경 2.5cm 이내에서 진딧물을 찾는다. 알들은 일반적으로 진딧물 군집에 낳기 때문에 유충이 먹이를 찾는 데는 그리 어렵지 않다. 혹파리 유충의 공격을 받은 진딧물은 스스로를 방어할 수 없는데 이는 혹파리 유충이 진딧물 체내에 독물질을 찔러 넣기 때문이다. 이 독물질은 10분이면 진딧물의 몸을 마비시키며, 마비된 진딧물의 체액을 혹파리 유충이 빨아먹는다. 일반적으로 혹파리의 진딧물 포식량은 10~100마리이며, 온도,습도,기주의 밀도에 영향을 받는다. 포식량의 반 정도가 마지막 종령 유충시기에 이루어진다. 또한 진디혹파리유충은 필요 이상의 진딧물을 죽이며, 진딧물 한 마리를 포식하는 데는 수분에서 두시간 정도 걸리는데 이는 혹파리의 령기별, 진딧물의 충체 크기에 따라서 다르다. 진디혹파리는 응애, 깍지벌레에서는 살 수 없지만 60종 이상의 진딧물에서는 살 수 있다.

▶**번식** 혹파리의 성충은 밤에 활동한다. 알을 낳고, 교미하는 것은 해질녘에서 동틀 무렵에 이루어진다. 암컷은 진딧물의 큰 무리에 알을 낳는다. 진딧물의 형태에 따른 산란은 영향을 거의 받지 않는다. 산란은 주로 식물체의 잎 뒷면과 하부에 하게 되는데 이는 어둡고 습도가 높기 때문일 것이다. 식물체 없이 진딧물만을 공급했을 때는 알을 낳지 않았다. 성충에 꿀을 공급했을 때는 꿀을 주지 않았을 때보다 산란을 많이 하였다. 우화 후 산란을 가장 많이 하는 기간은 2~4일 이다. 수명은 수컷이 암컷에 비해 짧으나, 꿀을 공급하면 길어진다. 건조하면 사망률이 높아진다.

천적

▶방제효과 상업적 이용은 1977년에 핀란드에서 시작되었으며, 이용할 때에는 다음과 같은 주의사항을 준수할 것을 명시했었다. 진딧물이 발생되면 혹파리가 들어 있는 모래를 곧바로 뿌리고 3마리의 진딧물 당 한 개의 고치 수준으로 m^2당 2~5개의 고치를 넣어 주어야 한다. 2~4주 후에 다시 넣어 주여야만 좋은 결과를 얻을 수 있다.

휴먼유도나 타파가 가능하며(휴면은 단일조건에서 유도되고 100W 백열등을 켜 놓으면 타파할 수 있다), 주로 고치 상태로 판매되는데 성충은 아주 약해서 운반이 어렵다. 현재는 진디혹파리에 영향이 적은 약제들을 선발하는 연구 등 많은 연구가 진행되어 진딧물 방제에는 가장 좋은 소재로 인식되고 있다.

진디혹파리는 진딧물만 먹으며 천적 유지식물에 이용할 수 있고, 공격받은 진딧물은 곧바로 죽게 되는데 밀도가 높으면 죽이는 양이 많아지고, 적은 수의 진딧물만 먹어도 성충까지 발육할 수 있는 장점이 있다. 온실에서 이용할 때는 20~26°C에서 가장 효과적이며 고치를 짓는 장소가 필요하기 때문에 시멘트 바닥으로 된 온실에서는 모래, 부스러기 등을 깔아두는 것이 좋으며, 축축한 흙바닥으로 된 온실에서 효과적이다. 거미줄을 주로 교미장소나 쉬는 장소로 이용하기 때문에 거미줄이 음습한 장소에 있으면 효과가 좋아진다.

▶주의사항

◈ 치료용으로 사용할 때는 진딧물 집단 주변에 m^2당 10마리씩을 놓아 둔다.

◈ 진딧물이 분산되었을 때는 m^2당 5마리 비율로 놓아 둔다.

◈ 젖지 않을 정도며 습기가 있는 상태의 버미큐라이트 혼합물을 시설 내에 놓거나 락울이나 메트 위에 조금씩 떨여뜨려 놓는다.

◈ 겨울잠을 잘 수 있으므로 낮 길이가 긴 3~9월에 이용한다.

◈ 저장온도는 6~8°C이며, 직사광선이 닿는 곳에 놓지 않는다. 물품 인수 후 18시간 이내에 사용한다.

진디혹파리는 진디벌 다음으로 많이 이용되고 있는 천적이다. 이 천적은 파리목, 혹파리과에 속하며, 80여 종의 진딧물을 잡아먹으며 진딧물 밀도가 높은 곳에서도 방제 효과가 높다. 이 천적의 발육기간은 25°C에서 약 15일로 짧다. 유충은 진딧물의 헤모 림프를 빨아 먹는다. 진딧물에 독소를 분비해 진딧물을 마비시킨 후 잡아먹는다. 진디벌을 뱅커플랜트로 이용한 다음 3월 이후 진딧물의 밀도가 높아질 무렵 온도가 높아지면 진디혹파리를 많이 이용한다. 이 천적은 고온에 잘 적응하여 우리나라에서의 활용이 기대된다.

수염진디벌 (*Aphidius ervi*)

수염진디벌은 200여 종의 진딧물을 기생하며, 이 중 감자수염진딧물(*Macrosiphum euphorbiae*), 싸리수염진딧물(*Aulacorthum solani*)은 중요 해충이다. 감자수염진딧물은 크기가 2~4mm이고 상대적으로 긴 다리를 가지고 있다. 이 진딧물은 토마토, 가지, 고추, 국화, 장미, 담배, 감자 등에 발생한다. 싸리수염진딧물은 크기가 1.8~3mm이고, 더듬이가 자기 몸길이보다 길다. 이 진딧물은 야외에서 감자, 시설 내에서는 고추, 국화, 토마토, 가지, 상추, 콩에 발생한다.

수염진디벌 - 성충

▶**형태** 수염진디벌은 콜레마니진디벌과 비슷하게 보이나 2배 정도 크다. 이 진디벌은 갈색 다리와 긴 안테나가 있고 검고 길쭉한 몸을 가지고 있다.

▶**생태** 알에서 성충까지 14°C에서 26일, 20°C에서 13.5일, 23.6°C에서 12일이 걸린다. 성충이 되고 나서 5~7일 사이에 알을 낳는데, 하루에 55개의 알을 낳는다. 좋은 탐색 능력이 있으며, 저온에서도 잘 날아다닌다. 이 진디벌이 나타나면 진딧물은 무서워 땅으로 떨어지기도 한다.

▶**이용방법** 콜레마니진디벌이 기생을 못하는 감자수염진딧물과 싸리수염진딧물 방제에 이용한다. 이용작물은 토마토, 고추, 가지, 거베라, 장미, 오이, 딸기, 콩 등이다. 좋은 탐색 능력 때문에 예방용으로 사용하기 좋으며, m^2당 0.05~0.1마리를 방사한다. 진딧물 발생이 적을 때는 진디혹파리와 동시에 이용하고, 발생이 많을 때는 무당벌레와 같이 사용할 수 있다.

▶**주의사항** 콜레마니진디벌과 같다.

진디좀벌(*Aphelinus abdominalis*)

진디좀벌도 수염진디벌과 같이 콜레마니진디벌이 기생할 수 없는 감자수염진디물과 싸리수염진디물의 방제에 이용한다.

진디좀벌 - 성충

진딧물에 기생하는 진디좀벌

▶**형태** 온실가루이좀벌과 같이 좀벌과에 속한다. 크기는 3mm 가량이고, 상대적으로 짧은 다리와 더듬이를 가지고 있다. 암컷은 검은 가슴과 노란 배를 갖고 있고, 수컷은 작고 더 검은 배를 가지고 있다.

▶**생태** 20˚C에서 7일만에 번데기가 된다. 기생된 진딧물은 검은색 미라(머미)가 된다. 머미(번데기)가 된 후 8일만에 성충이 된다. 이벌의 특색은 오랫동안 산란을 한다는 것이다. 어미가 되고 나서 첫날은 알을 낳지 못하지만 3~4일째부터 산란이 증가하며, 매일 5~10마리씩 8주 동안 낳는다. 기생한 것과 안 한 것은 구분할 수 있다. 충분한 일조와 높은 온도에서 활동을 잘 한다. 오랫동안 알을 낳는 장점이 있지만 기생력은 떨어진다.

▶**이용방법** 콜레마니진디벌이 기생을 못하는 감자수염진딧물과 싸리수염진딧물 방제에 이용한다. 이용작물은 토마토, 고추, 가지, 거베라, 장미, 오이, 딸기, 콩 등이다. 진딧물이 발견되자마자 투입한다. 방사량은 m^2당 0.5~2마리다. 진딧물 발생이 적을 때는 진디혹파리와 동시 이용하고, 발생이 많을 때는 무당벌레와 같이 사용할 수 있다.

▶**주의사항** 콜레마니진디벌과 같다.

무당벌레(*Harmonia axyridis*)

무당벌레는 유충과 성충기간 모두 진딧물을 포식한다. 우리나라에 서식하는 무당벌레류는 약 90여 종 이상이며 모두 포식성이다. 28점박이무당벌레, 큰이십팔점박이무당벌레가 가지, 감자 등을 가해하는 해충이다. 진딧물이 대 발생했을 때 방제 효과가 빠르게 나타난다. 성충으로 월동을 하며 10월 중하순 경부터 남향으로 위치한 바위나 담 같이 양지 바른 곳에 수천 마리씩 모여드는 특성이 있다. 성충으로 방사하였을 경우 진딧물을 포식한 다음날부터 하루에 30개 이상 알을 낳으며, 산란한 알은 노란색으로 3~4일 휴면 유충으로 부화되어 유충들이 진딧물 포식을 한다. 진딧물을 주로 포식하지만 온실가루이 약충, 응애류, 나방류, 알 등도 포식하며, 유충과 성충기간에 약 1,000마리의 진딧물을 포식한다. 성충이 일생 동안 산란하는 알의 수는 약 600~800개를 낳는다. 알→유충→번데기→성충의 단계를 거치며, 봄과 가을철의 경우에는 알에서 성충까지 약 21~25일이 걸린다. 성충 수명은 약 2~3개월 정도다.

무당벌레 - 성충

무당벌레 - 알

무당벌레 유충의 진딧물 포식

무당벌레 번데기

풀잠자리류

풀잠자리류는 모두 포식성이다. 이용하기가 가장 적합한 종은 칠성풀잠자리와 (*Chrysopa pallens*)와 어리줄풀잠자리(*Chrysoperla carnea*)다. 칠성풀잠자리는 유충과 성충시기에 모두 포식하는 반면에 어리줄풀잠자리는 유충시기에만 진딧물을 포식하며 성충은 산란활동만 한다. 진딧물이 있는 곳이면 풀잠자리가 서식하는데, 5월 이후부터는 야간에 전등 불빛으로 유인하면 집안으로 날아들어오기도 한다. 칠성풀잠자리의 경우 40~50개의 알을 무더기 형태로 잎 뒷면에 산란하지만 어리줄풀잠자리는 한 개씩 낳는다. 알은 낚시줄 같은 것에 하나씩 매달아 놓는다. 무당벌레와 같이 많은 수의 진딧물을 포식하고 있기 때문에 진딧물이 높은 밀도로 발생했을 경우 방제 효과가 빨리 나타난다. 칠성풀잠자리는 유충과 성충시기에 약 2,000여 마리 내외의 진딧물을 포식한다. 어리줄풀잠자리는 유충시기에만 포식하며 칠성풀잠자리에 비하여 체장이 훨씬 작기 때문에 포식량은 많지 않다. 그러나 칠성풀잠자리에 비해서 세대가 짧은 것이 장점이다. 두 종 모두 진딧물 이외에 나방류 해충의 알이나 온실가루이 약충, 총채벌레도 포식한다. 칠성풀잠자리 성충은 약 2~3개월을 살며, 약 2,000개 내외의 알을 낳아 번식력이 매우 높아 진딧물 방제에 효과적이다. 어리줄풀잠자리는 약 300여 개의 알을 낳는다. 4월 경부터 10월 하순 경까지 발생하며, 고치(번데기)로 월동을 한 후 봄에 성충으로 우화한다. 여름철의 경우 산란된 알은 약 2~3일이면 유충으로 부화하고 유충은 약 일주일에 걸쳐 3번의 탈피를 한 뒤에 고치를 틀고 약 2주 후에 성충으로 우화한다.

풀잠자리 - 성충

풀잠자리 - 알

풀잠자리 - 유충

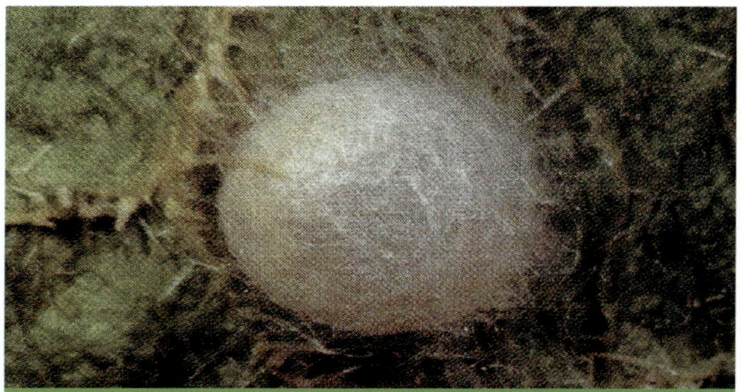

풀잠자리 - 번데기

▶주의사항

◈ 진딧물 집단 가까이 혼합물을 흔들어 떨어뜨린다.

◈ 방사량은 m^2당 10~30마리다.

◈ 유충은 먹이가 없으면 서로 잡아먹는다.

◈ 직사광선을 피해서 수평으로 보관하고, 보관온도는 5~10˚C이다.

◈ 물품을 인수한 후 18시간 이내에 사용한다.

꽃등애(*Episyrphus balteatus*)

꽃등애는 모양은 꿀벌과 유사하나 파리목에 속하는 천적이다. 대량생산에 의한 이용은 일부 실용화되었으나 아직까지 보편화되지 않았다. 야외 작물에서 천적 보호에 관심을 두어야 할 천적이다.

꽃등애 - 성충

꽃등애 - 알

▶**형태** 성충은 길이가 13mm이고, 머리와 가슴은 검고, 복부는 노랑과 검은 줄무늬가 있는 꿀벌과 거의 닮은 아름다운 곤충이다. 알은 1mm로 백색의 타원형 소시지 모양이다. 알은 진딧물 콜로니가 있는 곳에서 육안으로 볼 수 있다.

▶**생활사** 꽃에서 꽃으로 날쌔게 떠돌아다니므로 떠돌이파리(hover flies)라고도 한다. 성충은 다른 곤충을 먹는 것보다 꿀과 꽃가루를 잘 먹는다. 암컷은 회색의 알을 진딧물 밀도가 높은 곳에 낳는다. 알은 2~3일 후 부화하며, 유충은 다리가 없는 구더기 모양이며, 길이는 발육단계에 따라서 1~13mm이다. 유충은 3령까지 있으며 유충에서 성충까지는 약 1개월이 걸린다. 잎에서 진딧물을 먹고 자란 유충은 번데기가 될 때에는 땅으로 떨어져 고치를 만든다. 유충은 전 생육기간에 300~500마리의 진딧물을 먹는다.

▶**대상해충** 모든진딧물

▶**이용작물** 고추 같이 털이 없는 작물, 노지 작물에서도 이용이 가능하다.

▶**이용방법** 15°C 이하에서는 증식이 안되나 어느 환경에서도 이용할 수 있다. 예방용 또는 치료용으로 사용할 수 있다. 주로 진딧물의 밀도가 높은 곳에 사용한다.

02 잎응애의 천적

잎응애 천적은 이리응애로, 칠레이리응애(*Phytoseiulus persimilis*), 사막이리응애 (*Amblyseius californicus*), 긴털이리응애(*Amblyseius womersleyi*), 서양이리응애 (*Galendromus* (=*Typhlodromus*) *occidentalis*), 팔라시스이리응애(*Amblysieus fallacis*), 기타 포식자로 응애잡이 혹파리(*Feltiella acarisuga*), 꼬마무당벌레(*Stethorus punctillum*)가 있다.

칠레이리응애(*Phytoseiulus persimilis*)

포식성 응애는 1982년까지 약 1,000여 종이 보고되었으며, 2000년까지는 5,000여 종이 기록될 것으로 추정하고 있다(Hoy, 1982). 이 중 경제적으로 크게 문제가 되고 있는 잎응애의 천적으로는 칠레이리응애가 가장 우수한 것으로 알려졌다. 칠레이리응애가 우수한 천적으로 알려진 것은 1958년 칠레로부터 독일에 수입된 묘목에서 Dosse 박사가 발견한 후 부터다 (Dosse, 1958). 칠레이리응애를 시설 내에서 점박이응애의 천적으로 이용하기 시작한 것은 1960년대 중반 네덜란드의 Koppert가 오이에 처음 시작하였다. 그 후 점차 발전되어 대량 사육기술이 개발되어 산업적으로 여러 나라에서 이용되고 있다.

칠레이리응애 성충의 포식장면

칠레이리응애 - 성충과 알

▶생활사 칠레이리응애의 생활사는 잎응애와 같이 알, 유충, 제1약충, 제2약충, 성충의 단계가 있다. 점박이응애와 다른 점은 유충과 약충 단계에 휴식기가 없다는 것이다. 알은 먹이가 있는 곳에 낳는다. 산란 직후 투명한 핑크색이나 점차 검은색으로 되며, 점박이응애보다 2배정도 크고 약간 타원형이다. 유충은 3쌍의 다리가 있으며, 먹지도 않고 움직이지도 않는다. 전약충(제1약충)이 유충에서 나오면서 먹기 시작한다. 후약충(제2약충)은 항상 먹이 사냥을 하며, 크기는 점박이응애의 성충과 비슷하다. 옅은 적색을 띠며 온도가 높으면 매우 활동적이다. 보통 성충은 점박이 응애보다 다리가 길고 몸체도 크며, 성충은 등에 긴 털이 드물게 나 있다. 25℃에서 칠레이리응애는 알 기간 2.26일, 유충 0.68일, 제1약충 1.12일, 제2약충 1.31일이다. 산란 전 기간 1.5일, 산란기간은 21.6일, 산란 후 기간은 13.1일이고, 성충의 총 생존일수는 36.4일이다. 산란 수는 총 79.5개, 일당 산란 수는 3.7개이다. 20℃에서의 수명은 점박이응애보다 길고 알도 더 많이 낳기 때문에 번식률이 높아 생물적 방제에 적합하다.

▶적합한 온도와 습도 최적온도는 20~25℃이나 점박이응애 증식속도를 고려하면 20℃에서 가장 효과가 우수하다. 최적습도는 75% 이상이며, 40% 이하의 습도에서는 부화율이 극히 낮다.

▶방사방법 딸기에서는 점박이응애가 발생하는 잎의 비율이 0~5%일 때 투입한다. 딸기에서 투입 시기는 점박이응애의 발생 정도에 따라 빠르고 늦어질 수 있다. 육묘단계부터 발생할 경우는 11월 중순부터 투입하나 그렇지 않을 경우에는 기온이 올라가는 2월 초부터 투입한다. 투입량은 200평 하우스 당 2,000마리씩 1~3회, 점박이응애 밀도가 높은 포장은 4,000~6,000마리를 한 번에 투입한다. 점박이응애가 전혀 발생하지 않을 때에 방사하면 이 천적은 먹이가 없어서 정착하지 못하게 된다. Koppert Biological System의 추천 방사량은 10a당 예방용 방사 2,000마리, 적게 발생할 때는 6,000마리, 전 면적에 발생할 때는 10,000마리로 했다. 심하게 발생할 때는 발생지점에만 약 10마리씩 방사한다. 방사횟수는 예방용 방사는 3주 간격, 소량 발생할 때는 2주 간격으로 하지만 피해가 더 늘어나지 않으면 더 방사하지 않아도 된다. 칠레이리응애 투입량은 잎응애의 밀도, 딸기 잎의 우거짐 정도, 온도, 경작 연수 등에 따라 달라질 수 있다. 투입시간은 해질 무렵이 온도가 낮고 습도가 높아지므로 칠레이리응애가 정착하는 데 유리하다. 투입 전에 주의할 점은 칠레이리응애를 냉장고나 저온에 보관하지 않고 온도가 높은 곳에 방치하면 먹이가 없어서 서로 잡아먹을 우려가 있다.

▶농약과 동시 사용 대부분의 농약은 칠레이리응애에 영향을 줄 수 있지만 일부 농약은 별 영향이 없어서 동시에 사용할 수 있다. 점박이응애 이외의 병해충이 동시에 발생할 때 여러 종의 천적을 동시에 이용하거나 농약을 사용하여 방제할 수 있다. 점박이응애 밀도가 높을 때는 칠레이리응애에 해가 적은 농약을 살포한 후 천적을 투입하면 효과적이다. 칠레이리응애는 유기인계, 카바메이트계, 피레스로이드계 농약에 대부분 해롭고, 살균제와 IGR살충제에 해가 적다. 그러나 거의 모든 농약이 정도의 차이는 있으나 해가 되기 때문에 가급적 농약은 적게 사용하는 것이 바람직하다.

▶주의 사항
◈ 용기는 수평으로 놓는다.
◈ 사용 전까지는 추운 곳에 보관해야 한다(저장온도 5~10℃).
◈ 햇빛이 있는 곳에 놓아두지 않는다.
◈ 사용 전에 용기 내 버뮤큐라이트가 섞이게 살살 흔들어 준다.
◈ 병마개는 사용 직전 온실에서 개방한다.
◈ 응애가 있는 곳에서 병을 흔들어 방사한다.
◈ 사용 후 빈 병은 병속에 남아 있을 지도 모르는 천적이 나가도록 작물에 놓아 둔다. 다른 이리응애에 대한 주 의사항은 칠레이리응애에서와 같다.

▶행동 습성 먹이밀도가 높아감에 따라 공격률은 낮아지지만 성공률은 밀도에 크게 영향받지 않는다. 유충은 먹지 못하며 전약충부터 먹기 시작한다. 성충은 모든 충태의 잎응애를 먹으나 약충은 성충을 먹지 못하고 알, 유충, 약충 등만을 먹는다. 잎응애 알을 가장 많이 먹고 잎응애 성충 포식량은 적다. 30℃ 이상이 되면 포식량은 감소하고 35℃에서는 먹지 않는다. 먹이밀도가 5마리 이상이 되면 전약충의 포식량은 약 4마리이고, 잎응애알(먹이)이 30개 있으면 일당 포식 알 수는 20개 정도가 된다. 잎응애 전약충이 20마리 이상이 되면 암컷은 15마리를 포식한다. 30마리의 먹이(암컷)에 2마리의 칠레이리응애 암컷이 있으면 10일 후에는 먹이도 천적도 사라진다.

천적

사막이리응애(*Amblyseius californicus*)

사막이리응애는 미국이 원산지이며, 캘리포니아나 플로리다의 딸기에서 자연 발생한다. 움직임이 매우 활발하며 , 고온(30℃), 건조한 환경에서 효과가 우수한 천적이다. 우리나라 시설환경에서 여름철에 잎응애류를 방제하는 데 가장 유력한 천적이 될 수 있다. 칠레이리응애와는 달리 꽃가루에서도 증식이 가능하므로, 잎응애류가 없는 조건에서도 예방차원에서 미리 도입이 가능하다.

▶**형태** 크기는 0.34mm이고, 성충은 연한 노란색이며, 타원형으로 복부 끝이 뭉뚝하다. 등에 짧은 강모가 드물게 나 있다.

▶**발육 및 번식** 점박이응애와 같이 알, 유충, 제1약충, 제2약충, 성충의 발육단계를 가진다. 고온조건에서 4일 내에 성충이 된다. 같은 온도에서 발육속도는 잎응애류보다 두 배 더 빠르다. 성충 캘리포니쿠스 응애는 약 20일을 생존하며, 암컷은 일일 평균 3개씩, 14일 동안 알을 낳는다.

▶**포식** 사막이리응애는 점박이응애와 사과응애의 모든 발육단계를 먹을 수 있으며, 어린 발육 단계를 선호한다. 잎 뒷면에서 주로 발견되며 하루 5마리의 잎응애 성충을 먹는다. 칠레이리응애와는 달리 먹지 않고 오랫동안 생존할 수 있는 능력이 있고, 꽃가루를 먹고도 살 수 있으며, 동종간에는 잡아먹지 않는다.

▶**방제 효과** 장미같이 지면에서 떨어져 있어 습도가 낮은 조건에서 이용된다. 잎응애류가 발견되지 않더라도 예방 차원에서 도입할 수 있으며, 작물에서 오랫동안 생존이 가능하기 때문에 자주 방사할 필요는 없다.

▶**주의 사항**

◈ m^2당 4~20마리를 방사한다.

◈ 용기는 수평으로 놓고 직사광선은 절대 피해야 한다.

◈ 병마개를 열기 전에 병 아래를 쳐서 천적이 혼합물과 골고루 섞이도록 한다.

◈ 사용할 준비가 다 되었을 때 시설 내에서 마개를 개봉한다.

◈ 응애가 발생한 곳에는 병을 더 많이 흔들어서 혼합물을 풀어 놓는다.

◈ 직사광선을 피해서 10~15℃에서 운반하고 18시간 이내에 사용한다.

긴털이리응애(*Amblyseius womersleyi* Evans)

긴털이리응애는 우리나라에 생태적으로 적응되어 온 토착 천적으로 점박이응애의 밀도 억제에 이용할 수 있는 것으로 알려져 있다(이,1990). 이 천적은 6월 이전까지는 잡초에 있는 점박이응애를 주로 잡아먹으며 살다가 점박이응애가 사과나무로 이동함과 동시에 사과나무로 올라가는 특성이 있어 초생재배를 하면 방제 효과가 큰 것으로 알려졌다. 먹이가 없을 때 생존력이 높은 장점이 있다. 그러나 이 천적은 칠레이리응애 등 다른 이리응애에 비하여 활동성이 떨어져 높은 밀도에서 방제 효과가 떨어지는 것으로 나타났다. 응애의 밀도가 낮을 경우는 효과가 크므로 이 천적의 이용은 대량 증식을 통한 이용보다 보호에 관심을 기울여야 할 것이다.

서양이리응애(*Galendromus*(=*Typhlodromus*) *occidentalis*)

이 천적은 북미에서 사과, 복숭아, 팜 등의 과수원에 발생하는 응애 방제에 많이 이용되고 있다 (Croft 등, 1977). 성충의 모양은 배 모양이고 알을 먹은 것은 희나 보통은 붉거나 갈색을 띤다(Beers, 1993). 이 천적은 덥거나 건조한 기후에서 살 수 있다. 이 천적은 점박이응애, 사과응애, 차응애 등 많은 식식성 응애를 공격한다. 월동을 하며 봄에 어린 잎에서 활동을 시작한다. 이 천적은 상업적으로 판매되고 있다.

팔라시스이리응애(*Amblyseius fallacis*)

이 천적은 미국 동부지역의 과수원에서 많이 이용되고 있는 천적이다. 미국의 캘리포니아에서는 딸기에 발생하는 점박이응애 방제에도 이용하고 있다(McMurtry, 1970;Croft 등, 1992). 이 천적은 성충의 색깔이 흰색에 가까우며, 여러 종류의 식식응애를 공격하고, 월동을 한다. 이 천적 이리응애는 유기인계 농약에 저항성이 있으나 몇 가지 살균제와 제초제에는 약한 것으로 알려져 있다. 야외 작물에 주로 사용되고 있으며, 대량 생산하여 시설 작물에도 이용하고 있다. 또한 이 종은 국내에서 적용 가능성과 천적으로 이용성이 확인되어(권, 1996)앞으로 이용 가능성이 높을 것으로 생각된다.

응애잡이혹파리(*Feltiella acarisuga*)

포식혹파리의 일종인 *F. acarisuga*는 혹파리과(Cecidomyiidae)에 속하며 가장 효과적이고 널리 이용되는 응애의 천적 중 하나다. 점박이응애 밀도가 높을 때 이용할 수 있다.

응애잡이혹파리 - 성충

응애잡이혹파리 - 유충포식

▶생활사 극단적으로 건조하거나 추운 계절이 없는 기후에서 주로 활동한다. *Feltiella*속의 종들은 알에서 알까지의 발육은 26~33일 정도 걸리며 평균 29일이 소요되지만, *F. acarisuga*는 약 15일 정도 걸린다. 생식과 발육은 15~25℃에서 일어나며, 알과 유충은 약 30℃, 30% 상대습도 이하에서는 생존하지 못한다. 적어도 50% 상대습도에서 정상적인 발육이 가능하다. 최적온도와 상대습도는 20℃, 90%다. 그러나 먹이가 풍부할 때에는 포식 수준이 발육범위 내의 온도와 습도에서도 일정하다.

▶효과 다양한 온실, 포장작물에서의 응애 개체군을 억제하는 데 사용될 수 있으며 특히 IPM을 운용하는데 있어 중요하다. 이 중 *F. acarisuga*는 40% 이상의 응애수를 감소시키는 것으로 보고되었다. 혹파리의 각 유충태는 최소 15마리의 응애 성충을 포식하며 하루에 80개의 알을 낳는다. 헥타르 당 1주에 1,000마리를 방사하면 토마토, 고추, 오이에서 응애를 방제하는 데 매우 효과적이다. 또한 딸기와 다양한 관상식물에서도 응애를 방제하는 데 사용되고 있다. 딸기와 관상식물에서는 주당(1헥타르)200~1,000마리 정도를 방사하는 것을 추천하고 있다. 이 파리유충은 점박이응애나 점박이응애붙이를 포식한다. 성충에는 작고 구부러진 더듬이가 있다. 창백한 파리로 수명은 짧으며 다른 것을 잡아먹지 못하고 진딧물의 배설물을 주로 먹는다. 유충은 투명하고 노란색을 띠며 응애를 주로 먹는다.

▶주의 사항

◈ 응애가 있는 곳 주변의 지면 가까이 그늘진 곳에 놓아둔다.

◈ m^2당 예방용으로 1마리, 치료용으로 5마리를 방사한다.

◈ 낮 길이가 짧으면 휴면을 한다.

◈ 가루이장님노린재와 같은 포식자가 있는 곳에는 사용하지 않는다.

◈ 유황을 사용하는 곳에서는 사용을 피한다.

꼬마무당벌레(*Stethorus punctillum*)

꼬마무당벌레는 무당벌레과에 속하며 크기는 약 1.5mm 정도되는 무당벌레다. 국내 토착종이지만 아직 잘 알려져 있지 않은 천적이다. 응애류를 전문으로 포식하며, 활동할 수 있는 온도가 16~35℃로 고온에서 이용할 수 있는 천적이다. 시설 내의 포장에서 응애 발생밀도가 높아졌을 때에 이용하는 천적이다.

▶생태 무당벌레와 같이 알, 유충, 번데기, 성충의 단계를 거치며 알에서 성충까지는 14~20일 정도 걸린다(21~26℃). 하루에 암컷 성충은 20~40여 마리의 응애를 포식하며, 알은 50여 개씩 먹어치운다. 먹이가 없을 경우에는 나방류의 알 등을 먹기도 한다. 암컷은 하루에 3~13개 정도의 알을 낳으며 일생 동안(약 2년) 1,000개의 이상을 산란한다.

꼬마무당벌레 - 성충

꼬마무당벌레 - 유충

03 가루이의 천적

작물에 피해를 많이 주는 가루이로는 온실가루이와 담배가루이가 있다. 온실가루이의 기생성 천적은 온실가루이좀벌(*Encarsia formosa*), 고온에서 이용하는 황온좀벌(*Eretmocerus eremicus*) 등이 있다. 황온좀벌은 고온 적응성이 높으며 온실가루이와 담배가루이 방제에도 이용된다. 천적으로 포식성 침노린재로 가루잡이노린재(*Macrolophus caliginosus*)는 작물재배 초기에 소량 방사하여 번식시켜서 이용하고 있다. 온실가루이의 밀도가 높아졌을 때는 가루이무당벌레(*Delphastus catalinae*)를 이용한다.

온실가루이좀벌(*Encarsia formosa*)

온실가루이좀벌 - 성충

온실가루이좀벌 -번데기(머미)

온실가루이좀벌 머미 카드

▶**형태와 생태** 온실가루이좀벌은 알, 1령, 2령, 3령, 번데기와 성충의 발육단계를 거친다. 이 6개의 발육단계 중 성충을 제외한 모든 발육단계는기주인 온실가루이의 약충이나 번데기의 체내에서 생활한다. 암컷 성충은 모든 약충에 산란할 수 있지만 특히 3령과 4령 초기의 온실가루이에 산란하는 것을 선호하는데 그 이유는 발육에 성공할 확률이 가장 높기 때문이다. 온실가루이좀벌이 온실가루이의 번데기 체내에서 발육하는 과정 중에 기주의 번데기는 검정색으로 변하기 때문에 쉽게 기생 여부를 판단할 수 있다. 성충은 거의 동그란 모양의 구멍을 뚫고 우화하며 성충의 크기는 0.6mm 정도로 머리는 검정색이고 가슴과 배는 노란색이다. 수컷 성충은 온몸이 모두 검은색이며 암컷보다 약간 크고, 수컷의 비율은 정상적인 집단에서 1~2%미만이다. 온실가루이좀벌의 성충은 감로나 기주인 온실가루이 체액을 먹고 산다.

▶**생식과 번식** 온실가루이좀벌의 정상적인 집단에는 수컷의 비율이 매우 낮으며 짝짓기를 하지 않아도 암컷을 낳는 처녀생식을 한다. 암컷은 가장 좋은 조건에서 약 300개의 알을 낳으며 매일 10~15개의 알을 낳는다. 온도와 습도는 산란에 큰 영향을 주지 않는데 온도 18~27℃, 습도 50~80% 정도면 무난하다. 암컷 성충의 수명은 온도가 증가함에 따라 급격히 줄어들어 30℃에서는 며칠밖에 살지 못한다.

▶**방제 효과** 방사후 방제 효과를 볼 수 있는 것은 약 3주가 지나야 확인이 된다. 온실가루이 약충에 기생된 것은 검은색으로 변하여 쉽게 구별할 수 있다. 방사 이후 뒤늦게 방제 효과가 나타나기 때문에 예방 차원에서 이용되어져야 한다. 따라서 농가에서는 온실가루이가 어느 정도 날아다니는 것이 보일 때는 바로 온실가루이좀벌을 방사하는 것이 가장 이상적이다.

▶**주의 사항**

◈ 한 개의 카드에는 온실가루이좀벌 암컷이 60개 붙어 있다. 온실가루이가 나타날 때 120m²당 1개의 카드를 매주 설치하고, 카드는 기생률이 90%가 될 때까지 점차 20~60m²당 1개씩 높여 나간다.

◈ 시설 내에서 천적상자를 개봉한다.

◈ 토마토와 오이에서는 작물 위에서부터 1미터 떨어진 그늘진 곳에 알 카드를 매달아 놓는다. 화분재배작물은 아래 잎 부근에 매달아 놓는다.

◈ 방제 효과는 6주간 지속된다.

◈ 낮 온도가 18℃ 이하, 밤 온도가 14℃ 이하로 떨어지면 성충 출현은 늦어지고 정착률이 많이 떨어진다.

◈ 온실가루이좀벌은 담배가루이 방제에 부적합하다.

황온좀벌(*Eretmocerus eremicus*)

온실가루이와 담배가루이 약충에 기생하는 벌로, 고온에서 온실가루이좀벌보다 효과가 우수한 천적이다. 온실가루이좀벌은 머리와 가슴이 검은색이고 배는 노란색이지만 이 천적은 몸 전체가 황색을 띤다.

황온좀벌 - 성충

▶**형태와 생태** 알은 약 4일 후에 부화하고 가루이의 내부 기생자와 외부 기생자로 발육한다. 부화된 유충은 3~4일이 지나면 가루이 약충에 구멍을 뚫고 안으로 들어간다. 벌유충이 3령을 경과하면, 성충이 될 때까지 약 12일이 걸려서 우화한다. 알을 제외한 모든 령기의 약충에 기생하지만, 특히 2령 약충을 선호한다. 기생하여 2주가 경과되면 기주는 노란색으로 변한다. *E. eremicus* 암컷은 엷은 노란색이며 눈은 녹색을 띤다. *Eretmocerus*라는 이름은 "노처녀처럼 생긴 모양"이라는 뜻의 라틴어로, 이는 암컷 더듬이의 모양에서 유래되었다. 수컷은 암컷보다 크고, 구부러진 더듬이를 가지고 있으며 황갈색을 띤다.

▶**방제 효과의 특성** 온실가루이 밀도가 높아질 때는 기주 흡즙을 많이 한다. 고온에서 온실가루이좀벌보다 오래 살고, 농약에 대하여 비교적 온실가루이좀벌보다 내성이 있다. 방사 후 방제 효과 여부는 약 3주가 지나야 확인할 수 있다. 온실가루이 약충에 기생된 것은 노란색으로 변하여 쉽게 구별될 수 있다. 방사 이후 뒤늦게 방제 효과가 나타나기 때문에 예방적 차원에서 이용되어져야 한다. 따라서 농가에서는 온실가루이가 어느정도 날아다니는 것이 보이면 바로 방사하는 것이 가장 이상적이다.

▶**효율성** *E. eremicus*가 탐색한 약충의 약 74%에 기생하였으며, 발육과 알 생산을 촉진하는 최적온도는 25~29℃이다. 온실환경에서, 온도를 25~29℃로 조절한다면 *E. eremicus*가 기주보다 더 빠르게 번식하게 할 수 있을 것이다. 미국 북동부의 포인세티아 온실에서는 3마리의 *E. eremicus*(plant/week)를 방사하여 첫 작물을 정식하고 6~8주 동안 높은 온실가루이의 치사율(98% 이상)을 기록했다.

가루이무당벌레(*Delphastus catalinae*)

이 무당벌레는 꼬마무당벌레와 같이 크기가 매우 작고 검은색을 띤다. 포식력이 대단하여 외국에서는 온실가루이가 대 발생하였을 경우에 많이 이용하는 종이다. 온실가루이의 밀도가 높은 환경을 선호하며, 알을 주로 포식한다. 온실가루이좀벌과 같이 사용했을 경우에는 기생된 머미는 포식하지 않는다. 또한 온도범위에 대한 활동 폭이 넓고(16~35℃), 단일조건에서도 휴면하지 않는다.

가루이무당벌레

▶**생태** 알, 유충, 번데기, 성충의 단계를 거치며 한 세대를 보낸다. 알에서 성충까지는 21~25일(25~30℃)이 걸리며 유충기간은 7~10일 정도다. 암컷은 하루에 2~6개를 산란하는데, 총 300여 개를 낳는다. 암컷 성충이 하루에 가루이 알을 150~640개를 포식하며 약충은 11마리 정도를 먹는다. 한 마리가 일생 동안(약65일) 먹어치우는 양은 가루이 알 10,000여 개와 약충 700여 마리를 포식하는 대식가이다.

▶**방제 효과** 가루이무당벌레는 유충과 성충단계 모두를 포식하기 때문에 속효적 방제효과를 볼 수 있다. 온실가루이가 저밀도로 발생할 때에는 좀벌을 이용하는 것이 유리하고, 고 밀도로 발생할 때에는 이 종이 유리하다. 방제 효과가 뛰어난 반면 대량 사육이 어려워 가격이 비싼 것이 단점이다.

가루이잡이노린재(*Macrolophus caliginosus*)

이 천적은 장님노린재과(Miridae)에 속하며 온실가루이, 응애, 나방류, 유충 그리고 다른 작은 절지동물의 포식자다. 이것은 북유럽에서는 자연상태에서 발견되지 않았다. 그러나 스페인, 프랑스와 같은 남유럽에서는 천적 생산회사에서 생산하여 판매하고 있어 매우 흔하다. 온실가루이좀벌과 황온좀벌과 같은 천적 기생봉 그리고 진디혹파리, 무당벌레와 같은 포식자가 유용한 생물적 방제인자로 이용되고 있다. 장님노린재는 아주 드물게 곤충병원성 곰팡이에 기생된다.

가루이잡이 노린재 - 성충

가루이잡이 노린재 - 약충

▶**형태 및 생태** 성충은 2.9mm~3.6mm 정도의 크기로 밝은 녹색을 띠며 빨간 눈, 긴 녹색의 촉각이 있다. 긴 다리를 가지고 있어서 식물체 표면을 빠르게 움직일 수 있으며, 암컷은 수컷보다 조금 크고 배에 산란관을 가지고 있다. 교미 후 3일이 지나면 암컷은 식물의 조직, 엽맥, 줄기에 알을 낳는다. 25℃에서는 11일 후에, 15℃에서는 37일 후에 약충이 태어나며, 5령 약충까지 있다. 1령 약충기간 동안은 연노랑 녹색이지만, 시간이 령기가 지날수록 성충과 같은 녹색을 띠게 된다. 마지막 4,5령기에 날개가 생기기 시작한다. 5령 약충기간은 25℃에서 약 19일, 15℃에서는 약 58일이 걸려서 발육이 매우 느린 편이다. 암컷은 25℃에서 40일, 15℃에서는 110일 정도를 살며 수컷의 생존기간이 암컷보다 조금 더 길다. 암컷은 총 100~250개의 알을 낳으며, 온도와 먹이가 산란에 가장 중요하다. 온실가루이의 알을 먹이로 제공할 때는 진딧물이나 응애를 먹이로 제공할 때보다 더 많은 양의 먹이가 필요하다. 여러 해충의 포식자이지만, 온실가루이의 알, 유충, 번데기를 더 선호하며 담배가루이의 알, 유충, 번데기도 포식한다.

▶**이용** 하우스의 토마토와 가지과작물에서 온실가루이를 방제하기 위하여 기생봉인 온실가루이좀벌과 함께 이용되고 있다. 이 천적은 온실가루이를 먹고 발육하나, 발육이 느리기 때문에 작기 초기에 방사해야 한다. 그래서 온실가루이좀벌과 함께 이용하면 처음 발생하는 온실가루이를 방제하는 데 상승 효과를 가져온다. 만약 온실가루이 없이 나방이 첫 발생되었다면, 나방 방제에 가장 좋을 것이다. 작기 초기 3~4주 동안 이 천적은 하우스에서 거의 발견되지 않는다. 적어도 2달이 걸려야 개체군을 형성한다. 온실가루이의 다른 천적(온실가루이좀벌)이 이용되는 작기 초기에는 없어도 된다. 몇 세대가 지난 후 개체군이 형성되면, 이 노린재는 예상치 못했던 온실가루이의 피해에 대한 가장 강력한 방제 수단이 된다. 이 천적은 먹이가 부족할 때 식물 즙액을 빨아먹기는 해도 경제적인 피해는 거의 없다.

▶**주의 사항**

◈ m^2당 0.25~1마리를 사용한다.

◈ 시설 문을 잘 닫는다.

◈ 선선한 아침이나 저녁에 사용하고, 한 낮에는 사용하지 않는다.

◈ 용기 뚜껑을 열고 걸어가면서 용기를 두드려 천적을 내보낸다.

◈ 이 천적은 미니토마토에는 피해를 줄 수 있다.

◈ 오이와 고추에서 정착률이 낮다.

◈ 10~20℃에서 운반한 뒤 18시간 이내에 사용해야 하며, 10℃ 정도의 어두운 곳에서 저장한다.

04 총채벌레의 천적

긴털가루응애를 이용하여 대량 생산이 잘 되는 포식성 응애인 *Amblyseius cucumeris*, *Amblyseius bakeri*, 포식력은 뛰어나지만 사육이 어려운 *Amblyseius degenerans*가 있고, 포식성 꽃노린재로 *Orius* spp.가 있다.

오이이리응애(*Amblyseius cucumeris*)

오이이리응애는 총채벌레의 천적으로 유럽과 북미에서 가장 많이 이용되고 있는 천적이다. 총채벌레 유충은 대부분 포식성 응애의 공격으로부터 몸을 보호하기 위해 복부를 사용하여 상대를 타격하기 때문에 오이이리응애가 포식할 수 있는 것은 주로 어린 총채벌레의 유충(1,2령)을 포식한다. 성충이나 노숙 유충은 포식하지 못한다.

오이이리응애가 총채벌레 1령충을 잡아먹고 있는 장면

▶**생태** 발육 단계는 알, 유충, 전약충, 후약충, 성충 단계를 거친다. 알은 잎 뒷면의 주맥 또는 측맥에 털 있는 위에 산란한다. 알부터 성충까지는 6~9일(25℃)이 걸린다. 하루에 약 2개씩 산란하여 약 20일간 40~50개를 산란하는 것으로 추정된다. 하루에 약 2~3마리 정도를 포식한다.

▶**이용** 방사량은 m^2당 약 100마리다. 천적은 사료(쌀겨+밀껍질)속에 긴털가루이응애와 같이 들어 있으며 방사는 스푼으로 떠서 작물의 잎 위에 올려 놓기도 하고, 먹이와 같이 있는 봉지를 식물체마다 매달아 놓고, 봉지에 바늘 구멍을 뚫어 천적이 이 구멍을 통해 서서히 나오도록 하는 방사법이 있다.

▶**방제효과** 총채벌레의 어린 유충만 포식하는 관계로 다른 종류의 포식성 천적보다는 효과가 늦으며 약 일주일 정도가 걸린다. 총채벌레의 발생밀도가 높을 때는 성충과 큰 유충을 잡아먹는 애꽃노린재와 함께 사용하는 것이 좋다.

▶**주의 사항**

◈ 햇빛이 닫지 않는 작물 아래에 천적봉지를 매달아 놓는다.

◈ 가열 파이프 옆에는 봉지를 매달아 놓지 않는다.

◈ 작물 한 주에 한 개의 봉지를 매달아 놓는다.

◈ 방제 효과는 6주간 지속된다.

으뜸애꽃노린재(*Orius strigicollis*)

애꽃노린재류는 대부분 포식성으로 크기가 작은 해충들을 포식하지만 주로 총채벌레를 선호하는 천적이다. 특히 총채벌레는 작물 구조상 꽃잎 사이 같은 은밀한 곳에 숨어들어가 살충제가 미치지 못하는 한계가 있다. 으뜸애꽃노린재는 크기가 작고(2mm) 납작한 형태로 되어 있어서 식물의 복잡한 구조속에서도 자유롭게 다니며 총채벌레를 사냥하러 다닌다. 따라서 유럽 등지에서는 총채벌레 방제에 90% 이상이 애꽃노린재류를 이용하고 있다. 해충인 총채벌레뿐만 아니라 어린 진딧물, 응애 등도 포식한다. 일일 포식량의 수가 많아 빠른 방제 효과를 거둘 수 있는 장점이 있다. 우리나라 온실에서는 애꽃노린재의 점유율이 높지만 으뜸애꽃노린재가 증식률, 생식, 비휴면성, 내서성 등에서 더 우수한 것으로 알려져 있다.

으뜸애꽃노린재 - 성충

으뜸애꽃노린재 - 약충

▶생태 알, 약충, 성충의 단계를 거치며, 알부터 성충까지는 약 2주 정도 걸린다(25~30℃). 산란은 새순 줄기나 엽맥 조직체 속에 산란한다. 하루 평균 5~7개씩 산란을 하여 일생 동안 60~70개를 산란한다. 포식 활동은 알에서 부화하면서부터 성충으로 죽을 때까지 이루어지며 약 400여 마리를 포식한다. 성충의 경우 하루에 약 25마리 정도를 포식하는 것으로 알려져 있다.

▶주의 사항

◈ m^2당 0.5~1마리를 사용한다.

◈ 시설 문을 잘 닫는다.

◈ 선선한 아침이나 저녁에 사용하고, 한 낮에는 사용하지 않는다.

◈ 작물 잎 위에 골고루 병의 내용물을 뿌린다.

◈ 직사광선을 피하여 저장하며 5~10℃에 보관하고 18시간 이내에 사용해야 한다.

05 잎굴파리의 천적

잎굴파리의 천적은 외부 기생을 하며 어린 잎굴파리 유충을 잡아먹고 사는 굴파리좀벌(Diglyphus isaea)과 굴파리고치벌(Dacnusa sibirica)이 널리 이용되고 있다. 이들 천적은 번식력이 낮기 때문에 잎굴파리가 발생하면 바로 조기에 투입해야 한다. 이들 천적은 상호 보완 효과가 있어 천적 생산 회사에서는 굴파리좀벌 90%와 굴파리고치벌 10%를 혼합하여 판매하고 있다.

굴파리좀벌(*Diglyphus isaea*)

기생벌 종류들은 생활방식에 따라 두 가지 부류로 나뉜다. 기주 몸체에 산란관을 찔러 넣어 내부에 산란하는 내부 기생벌과, 이와는 반대로 기주 몸체에 근접하여 산란한 후 부화한 기생벌의 유충이 기주 몸체에 접근하여 체액을 섭취하며 살아가는 외부 기생벌이다.

굴파리좀벌 - 성충

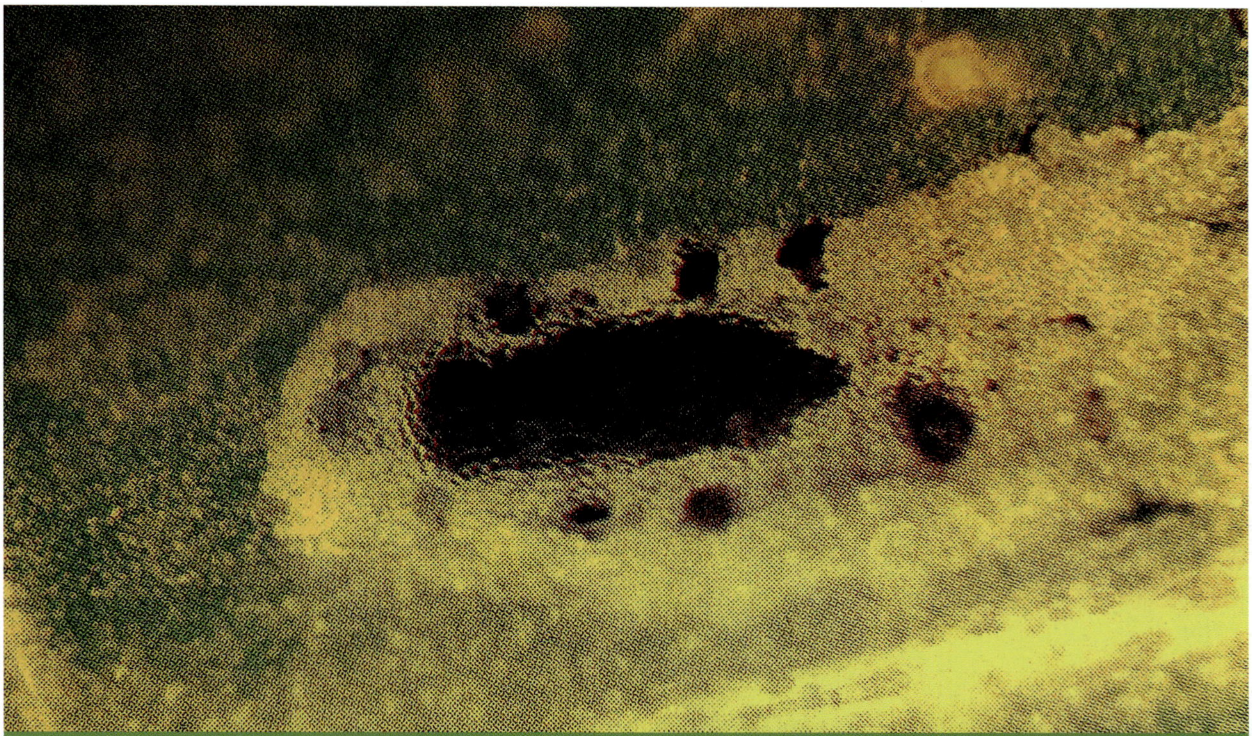

굴파리좀벌의 기생

▶형태 굴파리좀벌은 크기가 2~3mm인 기생벌로 아시아, 유럽, 북미지역에 널리 분포한다. 굴파리좀벌은 잎굴파리 2령 또한 3령 유충에 알을 붙여 두며, 부화한 유충이 기주에 붙어서 체액을 섭취하며 살아가는 외부 기생성 천적이다.

▶생태 알, 유충, 번데기, 성충의 발육단계를 거친다. 잎굴파리가 파 놓은 굴 속에서 번데기가 되며, 이는 육안으로 관찰이 가능하다. 성충은 우화할 때에 잎을 뚫고 나온다. 성충의 수명은 15~25℃ 정도 온도 범위에서 10~30일 정도이며, 20℃ 정도에서 약 1개월 정도 생존한다. 산란 수는 200~300개 정도에 이른다. 그 외에도 성충이 직접 체액을 섭취하여 죽이는 양도 기생벌 한 마리 당 70여 마리에 이른다. 기생벌 한 마리가 약 360여 마리의 굴파리 유충을 죽이지만 약 290여 마리는 산란에 의한 기생이고 70여 마리는 기주 체액을 섭취하는 것으로 사망시킨다.

▶방제 효과 잎굴파리좀벌의 장점은 번식속도가 빠르기 때문에 단기간에 잎굴파리 증식속도를 억제할 수 있다는 점이다. 단, 이동성이 떨어지기 때문에 잎굴파리의 밀도가 낮을 때는 효율성이 떨어진다. 따라서, 외국의 경우 잎굴파리의 밀도가 낮으면, 잎굴파리 좀벌 10%, *Dacnusa sibirica* 90%의 조합으로 사용하는 것이 보편적이다.

▶주의 사항

◈ m^2당 0.5~1마리를 2회 방사한다.

◈ 식물 속에서 병을 수평으로 누이고 조심스럽게 뚜껑을 열어서 작물 사이를 걸어다니면서 병을 두드리고 흔들어 천적을 내보낸다.

◈ 한 낮의 온도가 25℃가 되기 전 선선한 아침이나 저녁에 사용하고, 한 낮에는 사용하지 않는다.

◈ 저장은 직사광선을 피하고 5~10℃에서 보관하고 18시간 이내에 사용해야 한다.

굴파리고치벌(*Dacnusa sibirica*)

고치벌과에 속하는 기생벌이며, 굴파리좀벌과 달리 잎굴파리 유충의 몸속에 산란하는 내부 기생봉이며, 더듬이가 굴파리좀벌보다 훨씬 길기 때문에 쉽게 구별이 된다. 유럽과 북미에 분포하는 종이며, 1980년대부터 상업화되기 시작했다. 아직 국내 분포는 확인되지 않고 있다.

굴파리고치벌 - 성충

▶**생태** 알, 유충, 번데기, 성충의 발육단계를 거친다. 알부터 번데기단계를 잎굴파리의 몸 속에서 지낸다. 잎굴파리가 번데기가 되어 토양 속으로 들어가면, Dacnusa sibirica가 우화하면서 잎굴파리 번데기를 뚫고 나온다. 알에서 성충까지의 발육기간은 22℃ 항온조건에서 17~19일 정도다. 25℃일 때의 성충 수명은 7일 정도이고, 산란 수는 48개 정도이지만, 15℃에서의 성충 수명은 20일 정도이고 산란 수는 225개에 이른다.

▶**방제 효과** 잎굴파리의 번데기에서 월동을 하기 때문에, 이른 시기부터 출현한다. 잎굴파리좀벌과는 여러 가지 면에서 대조적이다. 잎굴파리를 직접 포식하지는 않으며, 기생이 된 잎굴파리와 건전한 잎굴파리를 구별할 수 있다. 한편 기주를 탐색하는 능력이 뛰어나기 때문에 아주 낮은 밀도에서도 이용이 가능하며, 고온에서도 이용할 수 있다. 단, 기생된 잎굴파리도 번데기까지 발육을 하기 때문에, 잎굴파리 번데기를 수거하여 *Dacnusa sibirica*의 기생률을 조사하기 전에는 육안으로 기생 여부를 확인하기 힘들다.

06 나비목 해충류의 천적

시설 내에 문제되는 나비목 해충에는 파밤나방, 담배거세미나방, 배추좀나방, 왕담배나방 등이 있다. 나비목 해충의 천적으로는 명충알벌류, 고치벌, 곤충병원성 선충 등이 있다. 나비목 해충의 유충기간은 약 20여 일 정도 되기 때문에 피해를 입히는 기간이 길다. 나비목 해충은 번식력이 강하기 때문에 초기 방제가 매우 중요하다. 파밤나방의 경우 약 1,000개, 담배거세미나방은 1,000~2,000개, 배추좀나방은 100~200개, 담배나방은 300~400개, 왕담배나방은 400~600개를 산란하여 방제가 쉽지 않은 해충이다. 초기 발생밀도 억제에 주력해야 할 것이다. 농가에서는 나방 한 두 마리 쯤 가볍게 생각해서는 안 되며, 나방 한 마리 살충시키는 것이 곧 유충 500마리 이상 방제하는 것으로 생각하면 피부에 쉽게 와 닿을 것이다. 나비목 해충의 방제는 천적 이외에 페르몬을 이용하기도 하고, 최근 일본에서는 황색등(黃色燈)을 이용하여 방제하기도 한다.

명충알벌류(*Trichogramma* spp.)

명충알벌류는 나비목 해충의 알에 기생하는 알기생벌로, 크기는 약 1mm정도로 아주 작은 기생벌이다. 이들은 기주 선호도에 대한 폭이 넓어 여러 종류의 나방 알을 공격하는 특성이 있다. 국내에 토착하는 알벌류도 여러 종이 있으며, 비교적 활동 온도 폭이 넓다.

명충알벌의 산란장

기생된 알 (검은색)과 기생되지 않은 알

▶**생태** 기주 알에서 유충과 번데기기간을 보내며 27~30℃ 정도의 환경에서 약 10~12일 이면 성충이 우화되어 나온다. 일반적으로 나방류의 산란 형태는 알을 무더기(난괴)로 낳는 것이다. 알벌이 나방의 알을 발견하여 공격하면 근방에 있는 모든 알들을 기생시키기 때문에 적합한 환경에서는 90% 이상 기생률을 보이는 경우가 많다. 알벌 한 마리가 산란하는 수는 약 200여 개 정도로 많은 양을 산란한다. 해충 알 한 개에 2마리 이상 산란하여 기주 알의 크기에 따라 산란량을 조절하는 능력을 갖고 있다.

▶**방제 효과** 명충알벌은 대부분 나방류 해충의 알에만 기생하는 벌이기 때문에 농가에서 이용하고자 할 때는 나방 성충이 발생함과 동시에 예방 차원으로 사용해야 한다. 시설에서 발생하는 나방류의 알 기간은 보통 3~4일 이내이므로 나방의 알이 부화한 이후에는 소용이 없다. 알벌 방사 후 기생 여부의 확인은 약 일주일 정도이며, 기생된 알은 검은색으로 변한다.

쌀좀알벌(*Trichogramma evanescens*)

쌀좀알벌은 한반도는 물론 중국 남부에서 북동부,시베리아, 일본에 분포하는 토착종으로 배추, 양배추 등의 십자화과작물 및 옥수수 밭에 주로 서식하며, 과수원과 산림에도 서식한다.

▶**생태** 성충은 꽃가루와 물을 주로 먹지만, 암컷은 때때로 산란을 끝낸 후 산란관을 꽂았던 구멍을 통해 알의 체액을 먹기도 한다. 기주 범위가 매우 넓어서 나방류 알의 대부분에 기생하지만, 나방의 산란 생태적 특성상 기생률이 높은 경우와 낮은 경우로 나누어 볼 수 있다.

▶**방제 효과** 쌀좀알벌의 수명과 산란 수는 온도와 기주 알의 존재 여부에 따라 크게 달라지며, 차색알락명나방(*Ephestia elutella*)알로 사육하는 경우에는 최적온도가 25~30℃이다. 알벌류가 기생하는 시기는 나방이 갓 낳은 알이거나 산란 1~2일 된 알에 기생할 수 있다. 3~4일 된 알은 이미 발육중인 유충이 알 속에 있기 때문에 기생되더라도 발육하지 않는다. 따라서 페로몬 트랩이나 기타 예찰법을 이용하여 지속적으로 예찰하는 것이 중요하며, 나비목 해충의 성충이 1마리 이상 관찰되면 즉시 알벌을 방사해야 한다.

▶**주의 사항**

◈ 알벌 카드를 설치할 때에는 그늘에 매달아 놓는다.

◈ 알벌 카드 설치 후 3일 이내에 분무 형태의 관수를 금한다.

◈ 방사 직후에 엽면 시비, 농약 살포를 금한다.

◈ 포장에 발생하는 나방이 적용 가능한 나방인지 전문가와 상의한다.

곤충병원성 선충(*Steinernema carpocapsae*)

곤충병원성 선충은 곤충에 기생하여 병(폐혈증)을 유발시켜 사망시키는 기생성 선충류이다. 이 선충들은 나비목 유충, 딱정벌레류 유충, 파리류 유충 등 기주범위가 넓다. 국내에서 생산하는 병원성 선충에는 *Steinernema carpocapsae*가 있다. 병원성이 뛰어나 농업 해충 및 잔디 해충, 산림 해충 등 다양하게 이용될 전망이다. 곤충병원성 선충은 일반 천적과는 이용방법이 달라서 일반 농약을 살포하는 것처럼 분무기를 사용하여 살포한다.

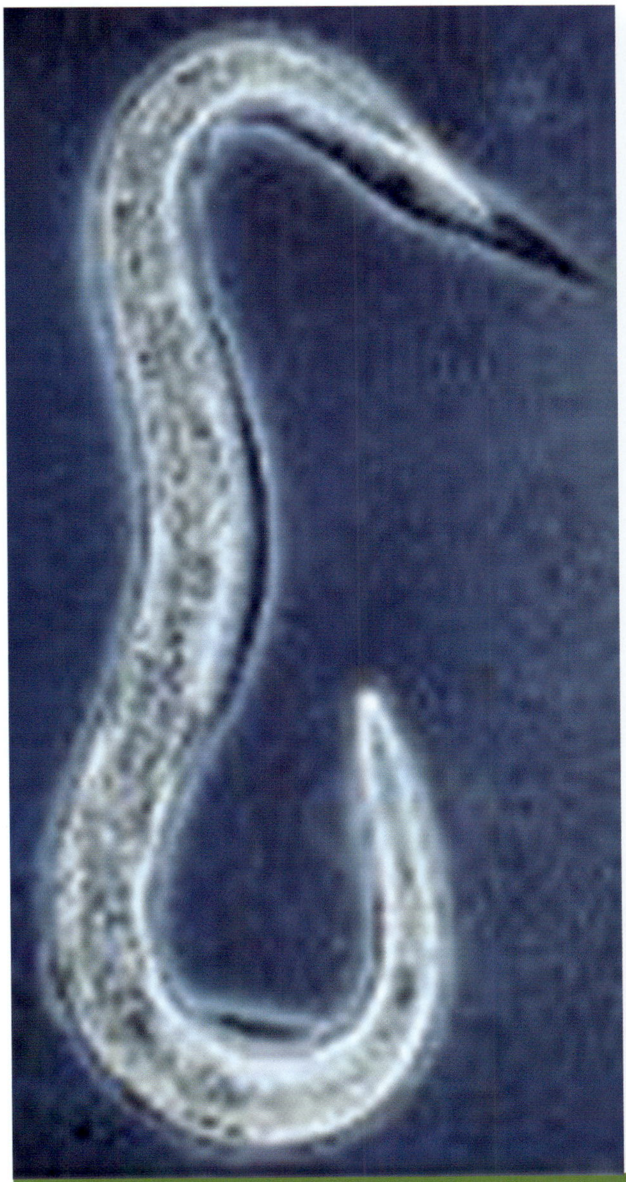

번데기에 감염된 곤충병원성 선충이 탈출하는 모습

▶번식 기주 몸체에 침입한 선충은 바로 자기증식에 들어가며, 나방류 유충 한 마리에 약 20만 마리의 선충이 증식된다. 기주 몸체에서 가득 증식되면 표피를 뚫고 밖으로 탈출한다.

▶방제 효과 곤충병원성 선충은 해충 몸체에 침입하면 보통 24시간 이내에 병을 일으켜 사망시키며, 기주 몸체의 성분으로 자체 증식을 시작한다. 병원성 선충을 살포한 직후 1일 이내에 사망되는 것을 확인할 수 있어서 독성이 큰 살충제와 같이 빠른 방제 효과를 볼 수 있다.

07 작은뿌리파리의 천적

작은뿌리파리의 서식장소는 부엽토, 퇴비, 상토 등과 같이 습한 곳에서 유충과 번데기 기간을 보낸다. 유충시기에 작물의 뿌리를 가해하여 생육을 저해시키는 원인이 된다. 특히, 상토를 많이 이용하는 육묘장에서 발생이 심하여 파종 후 육묘 관리기간에 적지 않은 피해를 주고 있다.

작은뿌리파리 - 성충

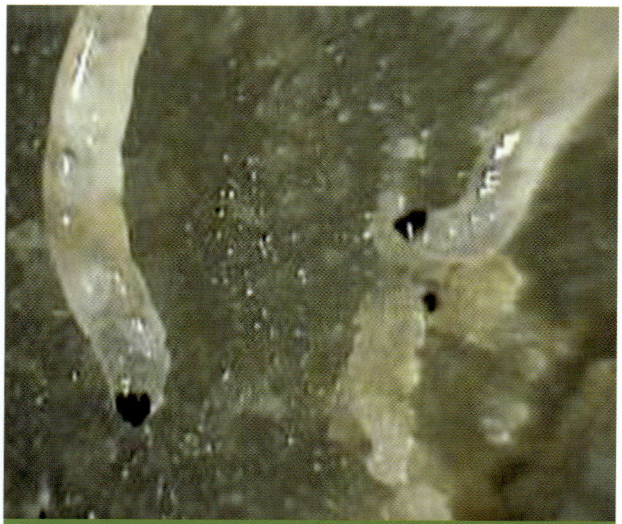
작은뿌리파리 - 유충

뿌리이리응애(*Hypoaspis miles*)

이 종은 외래 천적으로 습도가 있는 토양에 서식하는 작은(0.5mm)포식성 응애다. 주로 지표면으로부터 약 1cm 정도 되는 곳을 기어다니며 크기가 작은 해충들을 포식하며 살아간다. 외국에서는 시설 하우스에 발생하는 작은뿌리파리(fungus gnat)해충 방제에 널리 이용되고 있다. 우리나라의 시설재배는 대부분 토경재배 형태이며, 작기가 끝난 후 지력 향상을 위해 많은 양의 퇴비 같은 유기질 비료를 투입하여 발생이 많다. 뿐만 아니라 육묘장과 같은 곳에서 발생이 심하여 많은 피해를 보고 있어 우리 실정에서 유용하게 쓰여질 수 있는 포식응애로 주목받고 있다.

▶생태 알은 토양 속에 산란하며, 알에서 성충까지 약 7~11일 정도 걸린다. 먹이가 없을 경우 조류 또는 식물체 부스러기 등을 먹고 산다. 1일 포식량은 약 5마리 정도다.

▶방제 효과 어린 유충이나 알을 포식하기 때문에 발생 초기에 방사하는 것이 가장 좋다. 작은뿌리파리 이외에 톡토기, 총채벌레 번데기 등 다른 해충류들도 잡아먹어 해충밀도 억제에 많은 기여를 하고 있는 종이다.

▶주의 사항

◈ m^2당 작은뿌리파리가 증식하기 전 100마리, 그 후에는 300마리를 사용한다.

◈ 병을 열기 전에 여러 차례 병을 돌려서 골고루 섞이게 한다.

◈ 토양살충제를 살포한 곳에는 사용하지 않는다.

◈ 10~20℃에서 운반하고 18시간 이내에 사용해야 한다.

총채가시응애(*Hypoaspis aculeifer*)

이 종은 해충의 포식범위가 넓으며, 지표에서 서식한다. 1995년부터 유럽에서 사용하기 시작하였고, 총채벌레류 번데기, 뿌리응애류, 톡토기류, 작은뿌리파리 등의 해충 방제 목적으로 활용되고 있다.

총채가시응애가 먹이를 먹는 모습

▶**생태** 토양 지표면에서만 서식하는 해충이다. 작물의 줄기나 잎으로 기어서 올라가지 않는다. 발육 최적 온도는 22℃이며, 12~32℃의 온도에서 생존한다. 온도가 높아질수록 발육기간은 짧아지고, 총 산란수는 발육 적온 이상의 고온일수록 줄어든다. 최적 발육온도인 22℃에서 산란수가 87개로 가장 많고, 암컷 비율도 80%로 가장 높다.

▶**방제 효과** 총채가시응애 10마리/cm^2를 방사했을 때, 꽃노랑총재벌레의 번데기 우화율이 46%이상 감소했다는 보고가 있고 평균적으로 30% 이상의 방제 효과를 보인다.

▶**주의 사항**

◈ 작물의 정식 후에 바로 방사하여 사전에 정착시킨다.

◈ 독성이 강한 토양 살충제 사용을 금한다.

◈ 토양이 건조할 경우 습하도록 관수를 한다.

◈ 곤충병원성 선충과 함께 사용할 때는 방사 시기를 달리한다.

천적 이용의 클레임과 대책

클레임(claim)은 건설 분야에서 많이 사용하는 용어로 계약 당사자 일방에 문서상으로 요청 또는 주장하는 것인데, 여기서 클레임이란 천적을 이용한 사람이 해충 방제 효과가 없다고 주장하는 것으로 정의한다.

천적을 이용한 해충 방제 효과는 생물적 방제가 실용화된 구미 선진국에서 1970년대부터 검증되었으나 우리나라에서 천적 이용은 이제 시작단계로 충분한 검증을 거치지 못하고 있는 것이 현실이다. 아직 우리 농민 대부분은 해충 방제를 위해 천적을 이용한 경험이 없어 천적에 대한 충분한 이해가 부족한 형편이다. 천적을 사용한 경험이 있는 농민의 대부분은 아직 천적 사용의 효과에 대하여 불안해 하는 분위기다. 왜 천적 사용의 효과가 없는가를 밝히는 것은 천적을 사용해 본 농민 그리고 앞으로 사용할 농민에게 천적 이용 효과에 대한 불안감을 해소시켜 줄 수 있을 것으로 본다.

천적은 농약과 달리 살아 있는 생물로 환경의 영향을 많이 받는다. 우리의 환경에 맞는 천적 이용 프로그램이 아직 확립되어 있지 않기 때문에 천적 이용에 따른 문제점이 발생되고 있다. 천적 이용에 따른 클레임에는 어떤 것이 있는지를 주요 천적별로 원인과 그 대책을 살펴본다. 끝으로 천적 이용에 가장 큰 장애가 되는 농약 사용에 관해서도 살펴보기로 한다.

칠레이리응애 이용

♣칠레이리응애는 다른 어떤 천적보다 해충 방제 효과가 뛰어난 것으로 알려져 있지만 이 천적을 사용해 본 농민 중의 일부는 그 효과에 만족하지 못하고 있다. 칠레이리응애 사용에 따른 클레임의 유형은 (1) 칠레이리응애가 정착을 못하는 경우
(2) 칠레이리응애가 정착은 하지만 점박이응애의 밀도를 따라가지 못하는 경우가 있다. 그 외에도 제품 불량과 취급자의 천적에 관한 이해 부족으로 잘못 사용하여 발생되는 문제가 있다.

♣칠레이리응애가 전혀 정착을 못하는 원인은 첫째, 천적에 해로운 농약이나 유기농 자재의 영향이고, 둘째는 점박이응애가 전혀 없을 때 칠레이리응애를 방사하여 칠레이리응애가 먹이 부족으로 더 이상 생존할 수 없어 정착하지 못하게 된 경우이다. 칠레이리응애의 정착 여부는 방사지점(점박이응애 발생지점)을 표시하고 그 후 2~3일간 표시한 지점에서 칠레이리응애의 발견 여부로 알 수 있다. 방사한 천적이 잘 정착하지 못하면 천적 사용을 포기하는 것이 좋다.

♣칠레이리응애가 정착은 하였으나 점박이응애의 밀도를 따라 가지 못하는 경우는 다음의 3가지 원인으로 추측된다.
첫째, 시설 내의 온도는 높고 습도가 낮은 경우다. 칠레이리응애가 생활하기 좋은 습도조건은 75% 이상이며, 습도가 40% 이하로 낮아지면 칠레이리응애의 부화율이 떨어진다. 관수 후 칠레이리응애를 투입하면 방제 효과를 높일 수 있다. 칠레이리응애가 생존에 부적합할 정도로 온도가 높아지지 않도록 적절한 환기도 필요하다.
둘째, 칠레이리응애를 방사하기 전 천적에 해로운 농약을 살포하였을 경우다. 농약성분은 오랫동안

잔류하여 천적을 죽이기도 하지만 때로는 활력을 떨어뜨리고 증식력의 저하를 야기한다. 이런 경우도 천적 사용을 포기하거나 아니면 많은 양의 칠레이리응애를 추가로 방사해야한다.
셋째, 점박이응애의 밀도는 높은데 투입한 천적의 양은 충분하지 못한 경우이다. 이런 경우 상당기간 점박이응애로 인한 피해가 나타난 후에 천적의 투입 효과가 나타나기 때문에 천적 사용을 포기하거나 아니면 칠레이리응애의 방제 효과가 나타날 때까지 피해를 감수하면서 기다려야 한다. 천적 이용의 첫 번째 성공 포인트는 해충 밀도가 낮을 때 천적을 사용하는 것이다. 따라서 천적 투입 적기를 알아내기 위해서 해충의 발생 여부를 정밀하게 예찰하는 것이 무엇보다 중요하다.

♣천적 생산회사가 불량제품을 생산 보급하여 표시된 양보다 적은 천적을 투입할 수도 있다. 천적 구매자는 천적제품을 수령 즉시 제품의 이상 유무를 확인해야 할 필요가 있다.

♣천적 생산자가 규격에 맞는 천적을 공급하였으나 천적 이용자가 취급을 잘못하여 천적이 죽은 것도 모르고 이용할 수도 있다. 칠레이리응애는 위로 향하는 행동습성이 있어 상온에서 천적을 담은 병을 오랫동안 세워 두면 칠레이리응애는 병마개 쪽으로 올라와 동족 포식을 하게 되어 포장에 방사하기도 전에 천적의 기능을 할 수 없게 되는 경우도 있다.

온실가루이좀벌 이용

♣온실가루이좀벌에 의한 온실가루이의 방제 효과는 다른 천적에 비해서 확실하므로 실패할 경우가 많지 않으나 다음과 같은 경우에는 문제가 될 수 있다. 온실가루이좀벌을 방사한 후 15~20일 후에는 온실가루이좀벌의 머미가 보이지 않으면 거의 농약이나 유기농 자재의 영향을 받은 것으로 볼 수 있다. 이런 경우 천적의 사용을 포기하고 약제로 방제하는 것이 좋다.

♣온실가루이좀벌의 머미는 형성되지만 온실가루이 발생량이 증가하면 다음의 4가지 원인을 생각해 볼 수 있다. 첫째, 천적 도입 후 시설 내의 온도가 17℃ 이하의 저온인 경우다. 가을이나 겨울철에 시설 내의 온도가 낮으면 온실가루이좀벌은 활동을 제대로 하지 못한다. 둘째, 농약 잔류의 영향도 오랫동안 온실가루이좀벌은 정착하지 못하게 한다. 셋째, 온실가루이의 밀도가 높을 때 온실가루이좀벌을 충분하게 방사하지 못하면 방제 효과가 불확실하게 된다. 이런 경우에는 추가 방사를 하거나 아니면 천적 사용을 포기해야 한다. 칠레이리응애와 같이 해충 발생 초기에 천적을 이용하는 것이 무엇보다 중요하다. 넷째, 토마토의 결실을 위하여 하위 잎을 따주는 경우다. 온실가루이좀벌은 온실가루이의 3~4령에 기생하고, 그 후 10여일 이후에 머미가 형성된다. 따라서 새잎에는 머미가 형성되지 않고 오래된 잎에 천적인 온실가루이좀벌의 머미가 많이 붙어 있다. 천적이 붙어 있는 오래 된 잎을 밖으로 반출하면 천적은 번식을 하지 못하게 되는 것이다.

♣온실가루이좀벌도 칠레이리응애와 같이 불량제품 판매나 취급 불량으로 인한 클레임이 있을 수 있으나 기생자이기 때문에 포식자와 같은 문제는 없다.

총채벌레 방제의 천적 이용

♣애꽃노린재를 방사했으나 애꽃노린재와 다른 포식성 천적이 보이질 않고 총채벌레만 발생하면 농약이나 유기농자재에 의한 영향을 받았을 가능성이 있다. 이런 경우 천적 이용을 포기해야 한다. 총채벌레의 천적인 오이이리응애는 너무 작아 정착 여부를 확인하기 쉽지 않다.

♣애꽃노린재와 오이이리응애가 정착은 하지만 밀도가 낮고 총채벌레가 계속 발생하면 그 원인은 다음의 4가지로 구분해 볼 수 있다. 첫째, 우리나라에서 이용하고 있는 애꽃노린재는 으뜸애꽃노린재(*Orius strigicollis*)로 토착종이며 겨울에 휴면을 한다. 이런 천적을 가을이나 겨울에 조명없이 사용하면 산란이나 포식활동을 중지하고 겨울잠을 자기 때문에 방제 효과가 없다. 외국에서는 휴면을 하지 않는 미끌애꽃노린재(*Orius laevigatus*)를 이용하고 있다. 둘째, 천적에 해로운 농약이나 유기농자재의 잔류 영향을 들 수 있다. 농약은 직접 천적을 죽이지는 않지만 오랫동안 활력을 떨어뜨리게 할 수 있다. 이런 경우 천적 사용을 포기하거나 아니면 천적을 추가로 투입해야 한다. 셋째, 오이이리응애 투입 후 낮은 습도 조건이다. 투입할 때 습도가 낮으면 오이이리응애를 봉투에 넣어 방사하거나 관수하여 습도를 높여 주면 정착에 유리하다. 넷째, 천적 투입시기가 늦어 총채벌레의 발생밀도가 높은데 투입한 천적의 양이 상대적으로 적은 경우다. 이런 경우 천적을 추가로 방사해야 하지만 천적의 효과가 나올 때까지 피해를 감수해야 한다.

♣애꽃노린재와 오이이리응애도 불량제품이 있을 수 있다. 애꽃노린재는 포식성으로 동족 포식이 강하기 때문에 취급에 주의가 요망된다.

진딧물 방제의 천적 이용

♣진디벌 투입 후 진딧물은 발생하지만 진디벌이 전혀 보이지 않고, 10일이 지난 후에도 진디벌 머미가 보이지 않으면 농약이나 유기농자재에 의한 영향으로 볼 수 있다. 작물의 잎을 따서 샤레에 넣고 천적의 생존 여부를 확인하여 천적의 정착 가능성을 확인해야 한다. 천적이 생존해 있지 않으면 천적 이용을 포기하는 것이 좋다.

♣천적 유지식물인 뱅커플랜트가 불량하면 진딧물의 방제 효과를 기대할 수 없다. 뱅커플랜트의 불량 원인은 다음의 5가지로 구분할 수 있다. 첫째, 뱅커플랜트에 중기생자가 발생한 경우다. 이 때 뱅커플랜트를 교체하고 진디혹파리나 무당벌레 등 포식성 진딧물 천적을 방사해야한다. 둘째, 뱅커플랜트에 무당벌레나 풀잠자리가 발생하여 보리에 있는 진딧물을 포식하여 진딧물이 존재하지 않아 천적인 진디벌도 생존할 수 없게 된다. 이런 경우 포식자를 손으로 제거해야 한다. 셋째, 뱅커플랜트의 진딧물이 한꺼번에 기생벌에 의해 기생당하거나 또는 진딧물이 너무 적게 발생한 경우다. 이런 경우 보리두갈래진딧물을 추가적으로 접종해야한다. 넷째, 고온기에 뱅커플랜트의 보리가 고온 장애로 오래 생육할 수 없을 경우다. 이런 경우에는 보리 대신 옥수수 등과 같은 다른 식물을 뱅커플랜트로 사용해야 한다. 다섯째, 뱅커플랜트의 사용 시기가 늦은 경우다. 진디벌 뱅커플랜트는 예방용으로 사용해야 효과가 크지만 진딧물의 발생량이 많으면 방제 효과가 현저히 떨어진다. 이런 경우에는 포식력이 뛰어난 무당벌레나 풀잠자리를 진디벌과 함께 이용해야 한다.

♣끝으로 진디벌에 의한 진딧물의 밀도 억제 효과는 진딧물의 밀도가 아주 낮을 때 도입해야 만족할 만한 효과를 거둘 수 있다. 뱅커플랜트의 사용 효과는 설치 직후보다는 2~4개월이 지난 후에 효과가 크게 나타남으로 뱅커플랜트를 설치했다고 안심해서는 안되며, 진딧물 밀도가 높으면 진디벌이나 무당벌레와 같은 천적을 추가적으로 투입해야 한다.

잡초관리

01 잡초다루는 방법

미리막기

예방법 또는 예방적 방제법(preventive control method)이라고 한다. 잡초문제의 화근이 되는 잡초의 씨앗이나 번식체가 밖으로부터 흘러드는 것을 미리 막아서 문제를 만들지 않으려는 수단들을 말한다. 미리막기에는 농사나 땅 일구는 모든 일에서 청결하게 하고 화근을 옮겨지지 않도록 하는 위생법(sanitation)과 법제도를 만들어 검사하거나 수출입을 제한하는 법장치(legal measure)로 나누어진다.

〈위생법〉	〈법장치〉
▶ 씨뿌림과 가꾸기의 합리화 ▶ 농작물의 씨앗 고르기 ▶ 농기계나 농기구의 청소 ▶ 가축의 통제된 관리 ▶ 물대고 빼는 물길의 청결화 ▶ 운반되는 흙의 관리 ▶ 관상식물이나 날아 다니는 씨앗 관리 ▶ 농작물 씨앗거두기때의 오염 막기 ▶ 씨앗 고른 찌꺼기의 처리(퇴구비 및 사료화)	▶ 상품씨앗의 품질 밝히기(labelling) ▶ 상품씨앗의 검역법 제정 ▶ 문제 초종의 무리에 대한 법적 처방

흔히 경종적, 재배적 또는 생태적 방제법(ecological control method)이라고도 한다. 농작물과 잡초종의 생리 · 생태적 특성 차이에 바탕을 두고 농작물의 자리다툼력을 북돋아 주는 한편 잡초종의 자리다툼력을 떨어뜨릴 수 있는 재배 · 관리수단들을 일컫는다.

농사법다루기

자리다툼 특성 이용하기 농사짓기틀(작부체계)을 분명히 하고 모를 키워 모내기(옮겨심기)를 하며 심는 밀도를 높이고 농작물 종류나 품종은 물론 깨끗한 씨앗을잘 가려 가꾸되 씨뿌릴 곳을 철저하게 소독한다. 경우에 따라서는 보다 강건한 작물모를 확보하기 위하여 다시씨뿌림(재파종)하거나 대신씨뿌림(대파)하고 땅깔림성(피복성)이 큰 작물을 키우며, 농작물의 병 · 해충 · 선충의 피해를 막는 수단들이다.

환경다루기 농작물을 심어 가꾸는 환경을 바꾸어 주는 수단들로서 거름주기 · 물대고빼기 · 땅갈이 제한 · 땅의 산도를 개량하거나 특수환경을 만들기 위하여 설비를 하는 따위의 수단들을 일컫는다.

힘다루기

기계적 또는 물리적 방제법(mechanical 또는 physical control method) 이라고도 한다. 자라고 있는 잡초의 몸체나 잠들어 쉬고 있는 잡초의 씨앗 또는 번식체에 기계적인 힘을 기울여서 피해를 주고 억제하며 몰아내는 수단들을 일컫는다.대표적인 수단들로는 풀매기(손제초) · 갈아엎기 · 낫질 · 불태우기 · 덮어씌우기 · 열처리 · 물가두기 또는 사슬끌기(물속)나 뽑아내기(굴취법)와 같은 것들이 있다.

생물힘빌리기

흔히 생물적 방제법(biological control method)이라 한다. 잡초종에 대하여 특이한 빌붙어살기 · 먹어치우기 · 병일으키기를 하는 생물의 힘을 빌려서 잡초종의 무리크기를 떨어뜨리는 수단들을 일컫는다(Huffaker, 1964). 이들 수단은 목적하는 바가 결코 어떤 잡초종을 완전히 없애는 데 있지 않고 경제적인 점에서 무시해도 좋을 정도의 크기로 살아 남도록 조절하여 이끄는 데 있다. 여기에 이용되는 생물, 즉 잡초의 천적(natural enemy)으로는 특정한 잡초종만을 공격하는 병원균이나 벌레 · 작은 짐승 · 어패류 또는 독성물질을 흘려내는 식물들을 보기로 들 수 있다. 벼가 자라는 논에 왕우렁이나 아졸라(azolla) 또는 오리와 같은 생물을 집어넣는 잡초관리들이 모두 이 수단의 하나라 할 수 있다. 호주에서 야생선인장을 고추좀벌레로 억누를 수 있었던 좋은 본보기가 있다.

풀약뿌리기

흔히 제초제, 또는 화학적 방제법(herbicidal 또는 chemical control method)이라 부른다. 풀약은 농업의 생산력을 높이고 농산물의 품질을 좋게 하며 물의 관리를 쉽게하고 결과적으로 농사짓기에서 품의 효율을 높이는 데 더없이 좋다. 그러나 농작물과 잡초 사이에 나타나는 생리 · 삶꼴 · 생김새의 차이점과 환경조건의 변화, 풀약의 물리 · 화학적 특이성이나 뿌리는 방식의 차이점 등에 바탕을 두고 가려죽이기(선택살초)를 이룩해야 하기 때문에 농작물이나 환경에 풀약의 피해가 전혀 없도록 하면서도 ,잡초를 효과적으로 몰아내는 데는 어쩔 수 없는 어려움이 따른다. 따라서 풀약이 갖추어야 할 조건들을 들어보면 다음과 같다.

▶독성이 낮아서 사람이나 가축, 그리고 환경에 대한 위험성이 적어야 한다.

▶농작물에 대한 피해가 적은 동시에 풀몰이 효과를 높이기 위하여 농작물과 잡초에 대한 가려죽임성이 분명해야 한다. 대체로 작물가림성이 높을 경우에는 쓸 수 있는 작물종류의 폭이 좁아지고 잡초종류의 폭이 커지는 반면에 작물가림성이 낮을 경우에는 잡초종류의 폭이 좁아진다.

▶온도 · 물끼 · 햇살 · 땅과 같은 환경의 변화에 따른 안정성(stability)이 분명해야한다. 풀약을 뿌릴 때에는 식물 마다 차이와 뿌리는 수단이나 기술의 특성을 이용하게 되므로 환경에 의한 안정성이 없다면 실제의 사용면에서 불안과 어려움이 따른다.

▶값이 싸서 잡초의 약뿌려 몰아내기에 경제적 만족이 뒤따라야 한다. 그 까닭은 풀약뿌리기가 품의 고통을 덜어 주기에 앞서서 경제적인 노동생산성을 높이는데 더욱 목적이 있기 때문이다.

▶풀약의 만들어진 모양이나 무게 · 부피 · 담아꾸리기 및 이화학적 성질이 풀약을 만들고 옮기며 갈무리하거나 뿌리는데 안전하고 편리해야 한다.

02 잡초다루기 설계기술 자료

잡초다루기를 설계하기 위해서는 지금까지 연구 · 조사되고 시험된 결과들을 현장기술로 정리하여 각 처리단계마다 필요한 기술을 골라낼 수 있어야 한다. 이 부분의 기술들을 체계적으로 정리하여 나타낸 본보기로서 Aldrich와 Kremer(1977)의 'Principles in Weed Management' 의 필요한 예비지식 내용을 소개하고자 한다.

잡초씨앗의 힘

- ▶ 작물의 경우에는 씨앗맺기를 억누르는 조건에서도 대부분의 잡초는 정상적인 힘을 지킨다.
- ▶ 씨앗맺기가 일찍 시작되고 뒤늦게까지 지속된다.
- ▶ 제대로 맺지 않은 씨앗도 싹튼다.
- ▶ 그늘에서는 씨앗맺힘이 줄어진다.
- ▶ 흙속으로 흘러드는 밖의 씨앗량은 많지 않다.
- ▶ 밖의 씨앗은 새로운 땅으로 흘러들기에 앞서서 대부분 죽게 된다.

번식체의 힘

- ▶ 잡초로 나타나 몇 주일이 지나면 영양체가 만들어진다.
- ▶ 몸체자람의 촉진요소(예, 고농도 질소 · 음지 · 과도한 물끼와 낮은 온도 따위)는 번식체 자람을 억제한다.
- ▶ 번식체 자람에 생장조절제의 영향이 있다.
- ▶ 그늘에서 번식체 자람이 떨어진다.

씨앗의 목숨

- ▶ 잡초 씨앗은 흔히 잠들어쉬기를 하며 온도 · 물끼에 대한 견딜성이 크다.
- ▶ 흙속에 흘러들면 2 ~ 3년에 대부분 싹터 나오지만 잠들어쉬는 기간이 더욱 긴 것들도 많다.
- ▶ 흙속에 깊이 묻히면 목숨이 길게 연장된다.
- ▶ 땅갈이하면 목숨이 짧아진다.

번식체의 모습

▶ 잠들어쉬기가 일정하지 않다.

▶ 대부분은 한 해 안에 싹터 나오거나 죽지만 길게 사는 것들도 있다.

▶ 자연상태에서는 살아 남는 견딜성이 크다.

▶ 흙에 깊이 묻히면 오래 사는 것이 보통이다.

▶ 땅갈이로 목숨이 짧아진다.

씨앗의 싹트기와 땅위 솟아나기

▶ 땅위 솟아나기는 땅속 깊이에 역비례한다. 4cm 이상의 깊이에서 땅위 솟아나기가 크게 줄지만 싹트기 자체는 조건에 따라 깊이문제를 벗어난다.

▶ 대부분의 잡초씨앗은 흙깊이나 그늘만으로도 잠들어쉬기를 가능케 한다.

▶ 대부분 씨앗에는 화학적 발아억제물질이 포함되어 있다.

▶ 흔히 싹트기에는 햇살이 요구된다.

▶ 대부분 씨앗은 싹트기와 정상의 자람에 조건이 알맞는지를 미리 아는 힘이 있다.

▶ 대부분 환경요인은 절대적이 아니라 상대적으로 받아들여진다.

영양체의 싹트기와 땅위 솟아나기

▶ 땅위로 솟는 빠르기는 묻힌 흙의 깊이에 반비례하지만 씨앗보다 깊은 층에서 솟아나는 경우도 많다.

▶ 땅위 솟아나기는 영양체의 크기에 직접 관련한다.

▶ 싹트기는 질소와 탄소함량에 직접 연관된다.

▶ 번식체의 눈 사이에는 서로간의 싹트기 억제원리가 있다. 끝눈의 영향력이 가장 크다. 다만 번식체를 모체에서 떼어 놓으면 영향력이 커지고, 뿌리줄기에 의한 쪽을 떼어내면 영향력이 줄지만 영향력 자체가 사라지진 않는다.

자리다툼

- ▶ 잡초관리는 이를수록 효과적이다.
- ▶ 농작물 자람기간의 앞쪽 $\frac{1}{3}$지점 이후에 나타나는 잡초는 자리다툼력이 작다.
- ▶ 작물소출에 대한 잡초발생숫자의 영향은 곡선회귀적이고 발생무게의 영향은 직선회귀적이다.
- ▶ 대부분 한해살이 잡초종은 자리다툼 견딜성이 약하다.
- ▶ 작물종류나 품종마다 자리다툼력이 다르다.
- ▶ 한해살이 잡초종은 한해살이 농작물에, 여러해살이 잡초종은 여러해살이 농작물에 자리다툼력이 크다.
- ▶ 잎과 줄기는 땅위 부분 다툼의 주체로서 받아들이는 햇살량과 질에 영향을 미친다.
- ▶ 뿌리는 땅속 부분 다툼의 주체로서 흩어져 뻗어 있는 범위의 크기로 다툼력을 나타낸다.
- ▶ 대부분의 한해살이 잡초종은 다툼하는 농작물보다 사는 기간이 짧다.
- ▶ 자람조건에 대한 자리다툼의 결과는 다른 요인에도 영향을 끼친다.
- ▶ 자리다툼의 정도에 따라 작물과 잡초 모두의 생산성이나 생장조절력이 달라질 수 있다.

서로 맞서 억누르는 작용

- ▶ 억제물질은 일부 식물종에서 흘러나와 다른 종의 싹트기나 자람을 억누른다.
- ▶ 억제물질은 식물체 어느 부위에서도 흘러날 수 있다.
- ▶ 분비량에 따라 억제력이 직접 달라진다.
- ▶ 억제작용은 어느 식물의 자람에서나 또는 기능에 영향을 끼칠 수 있으며 어느자람 단계에서도 가능하다.
- ▶ 억제물질은 휘발 · 용탈 · 증산 · 분해과정을 거치며 환경 속으로 흘러든다.
- ▶억제물질은 여러 가지 화학구조로 되어 있고 식물의 어떤 대사과정에서도 나타날 수 있다.

생물적 관리처방

- ▶ 잡초에 대한 천적은 식물을 가해하는 곤충 · 병원균 또는 선충 안에 있다.
- ▶ 일부의 천적생물은 잡초의 꽃이나 씨앗을 가려서 가해한다.
- ▶ 가장 효과적인 생물적 관리처방은 같은 종류의 잡초에 붙어 사는 천적을 이용하는 경우이다.
- ▶ 천적 도입후 3~5년, 또는 그 이상에 걸쳐서 골라 가며 가해할 천적생물의 새끼 불리기와 자리 굳히기 과정이 요구된다.
- ▶ 식물병원균을 이용할 경우에는 한 차례 접종만으로도 순발력있는 효과가 나타나야 실용적이다.

재배적 관리처방

- ▶ 고정된 수단만으로 풀몰이를 하면 견딜성의 다시나기(진화)가 진전되어 잡초 무리의 꾸밈이 달라진다.
- ▶ 한작물짓기를 하면 잡초종은 단순해지지만 전체적인 발생량은 늘어 간다.
- ▶ 풀약으로 잡초무리꾸밈을 골라 조절할 수 있다.
- ▶ 땅갈지않기는 여러해살이 잡초종 몰이에 비효과적이다.
- ▶ 한해살이 잡초종 가운데 땅덜갈기를 하게 되면 땅 겉면 싹트기를 하는 바랭이와 같은 초종은 나타나는데 도움이 되지만 나팔꽃과 같이 땅속 깊은 데서 싹트는 초종에는 불리하다.
- ▶ 풀약은 농작물과 잡초가 함께 사는 공간에서도 풀몰이를 가능케 한다.
- ▶ 땅갈이 방식이나 깊이에 따라 잡초 씨앗의 땅겉면 자리차지가 달라지며, 표준화된 쟁기질에 의하면 이들을 비교적 균일하게 흩뜨릴 수 있다.
- ▶ 땅겉의 부스러기가 잡초씨앗의 싹트기 · 살아남기 · 무리짓기를 다르게 하고 땅에 뿌리는 풀약의 효과를 다르게 한다.
- ▶ 작물 종류나 품종마다 자리다툼력이 다르고 가꾸는 햇수에 따라 잡초종 꾸밈이 달라질 수 있다.
- ▶ 씨뿌림량을 늘리거나 씨뿌림나비를 좁혀서 작물의 밀도를 높이면 키 큰 잡초의 자람이 좋아진다.
- ▶ 농작물에 대한 틀잡힌 풀약의 골라쓰기로 잡초종의 자람량이나 꾸밈이 달라진다.
- ▶ 잡초의 씨맺힘을 억누르는 풀약을 뿌릴 수 있다.
- ▶ 농작물 종류나 주요 잡초종에 따라 잡초의 경제적 발생허용 범위를 비교적 정밀하게 알아낼 수 있다.
- ▶ 땅속의 잡초씨앗과 환경에 바탕을 두고 잡초의 나타남과 자람량을 미리 짐작할 수 있다.
- ▶ 농경지의 특정한 여러해살이 잡초종은 작물가꾸기 앞뒤로 사이짓기하거나, 또는 돌려짓기를 하므로써 쉽게 몰아낼 수 있다.
- ▶ 잡초관리 설계는 잡초자람량을 가장 적게 할 수 있는 때와 처리시간 흐름에 따른 비용산출을 함께 하며 만들 수 있다.

03 미리막기

▶ 잡초자람 · 씨맺음 억제용 천적 도입

◈ 씨맺기 · 사는힘 · 잠들어쉬기 억제용 기술 처리

◈ 씨앗 · 번식체 싹트기 도움용 약처리

◈ 씨앗 죽이기 미생물 활용

▶ 겨울나기 때에 씨앗 · 번식체를 땅 위로 끌어 올려 건조처리

◈ 계획적인 낮추갈이 반복

▶ 햇살가리개 역할 큰 작물품종 고르기

◈ 햇살가리개 먼저차지를 위한 이른 씨뿌림 또는 깔이 이용

◈ 작물걷우기 뒤에 깔이작물 가꾸기 또는 깔이 이용

◈ 서로 맞서 억누르는 작물품종 고르기

◈ 작물 가림성 질소거름법

04 잡초나타나기 억제 기술설계

▶ 잡초종수 줄이기 목적의 깊이갈이

◈ 작물씨뿌리기 앞선 낮추갈이

▶ 자리다툼력 큰 작물품종 고르기

▶ 서로 맞서 억누르는 작물이나 품종고르기

◈ 농사짓기틀 변화

◈ 농사짓기때 조절

◈ 깔이가꾸기

▶ 나타나기 앞뒤의 땅 뿌림 풀약

◈ 풀약의 돌림사용 또는 점처리

05 잡초의 자리다툼 줄이기 기술설계

▶ 작물기르기 기술을 함께 하는 제한적 땅갈이

▶ 자리다툼성 · 서로 맞서 억누르는 작물이나 품종 고르기

◈ 작물에게만 미치도록 깊은층 거름주기 또는 물대기

▶ 풀약의 돌림사용이나 점처리 따위

벼

병해충방제 핵심재배법

인 쇄 2024년 3월 10일
발 행 2024년 3월 15일

지 은 이 차광홍 · 정우진 · 김길용
발 행 처 학술정보센터 · 전남대학교 친환경농업연구소
기 획 학술정보센터

신고번호 제 2018-000065호
제 작 학술정보센터
주 소 서울시 강서구 개화동로 8길 38
홈페이지 www.dogamnara.co.kr 학술정보센터 도감나라
전 화 02-878-0538
팩 스 02-878-0937
정 가 ₩ 50,000
I S B N 978-89-94174-21-1(96520)

사사

본 결과물은 농림축산식품부의 재원으로 농림식품기술기획평가원의 농생명 산업 기술개발사업의 지원을 받아 연구되었음(no316032-5)

• 식물병원체, 잡초관리, 천적이용방제편 내용은 학술정보센터 출처

이 책의 저작권은 학술정보센터에 있으며, 저작권법에 따라 보호를 받는 저작물이므로 무단전재나 무단복제, 무단촬영을 금하며, 위반 시 관련법의 처벌을 받을 수 있습니다.